线性代数

郑恒武　王树泉　编著

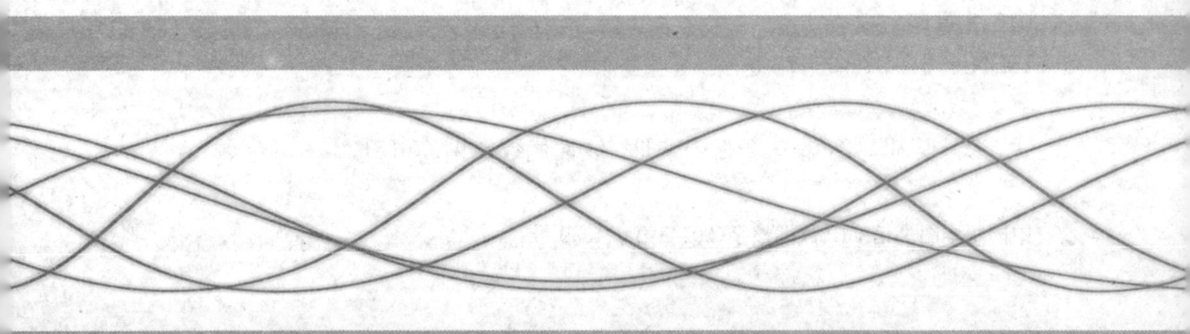

中国科学技术大学出版社

内 容 简 介

全书共分5章，内容包括：行列式、矩阵、线性方程组与向量、矩阵的特征值与特征向量、二次型与正定矩阵．本书按节配备适当的习题．

本书精选内容，突出重点，注重基础理论的严谨性，强调基本方法的实用性，适合作为普通高等学校理工类、经济类、管理类本科专业的教材或参考书．

图书在版编目(CIP)数据

线性代数/郑恒武，王树泉编著．—合肥：中国科学技术大学出版社，2014.6（2015.8重印）

ISBN 978-7-312-03472-5

Ⅰ．线…　Ⅱ．①郑…②王…　Ⅲ．线性代数　Ⅳ．O151.2

中国版本图书馆CIP数据核字(2014)第094330号

出版　中国科学技术大学出版社
安徽省合肥市金寨路96号，230026
http://press.ustc.edu.cn

印刷　合肥万银印刷有限公司

发行　中国科学技术大学出版社

经销　全国新华书店

开本　710 mm×960 mm　1/16

印张　14.25

字数　231千

版次　2014年6月第1版

印次　2015年8月第2次印刷

印数　4001—6500册

定价　25.00元

前　言

日本数学家米山国藏在其专著《数学的精神、思想和方法》中的一段话引人深思, 他指出:"在学校学的数学知识, 毕业后没什么机会去用, 一两年后很快就忘掉了. 然而, 不管他们从事什么工作, 唯有深深铭刻在心中的数学精神, 数学的思维方法、研究方法、推理方法和看问题的着眼点等, 却随时随地发生作用, 使他们受益终生." 而这正是当我们把所学的数学知识都排除或忘掉之后剩下的东西——数学素养.

线性代数作为理工类、经济类、管理类本科专业的必修课高等数学的重要组成部分, 对培养学生的数学素养发挥着无可替代的作用.

线性代数的主要研究对象是矩阵、线性方程组与向量以及线性空间与线性变换. 本书讲述线性代数的基本内容, 包括行列式、矩阵、线性方程组、向量、特征值与特征向量、二次型与正定矩阵. 线性空间与线性变换不在本书中介绍. 线性代数的内容对后续课程以及在自然科学、工程技术、经济学及管理科学等众多领域都有广泛的应用.

在本书的处理上有如下的一些想法和做法:

1. 精选内容, 突出重点, 着重体现以矩阵为工具, 以线性方程组为主线的思想.

行列式、矩阵、向量是以如何解线性方程组这个问题联结起来的. 利用行列式解线性方程组, 有克拉默法则. 利用矩阵解线性方程组, 有矩阵的初等行变换解线性方程组, 即高斯消元法. 利用向量解线性方程组, 有线性方程组解的结构. 特征值与特征向量是行列式与线性方程组的应用. 二次型是行列式、矩阵与线性方程组的综合应用.

矩阵不仅是数学中一个极其重要的工具, 更重要地, 它还是线性代数的研究对象, 它渗入线性代数的各个章节中. 这是因为, 行列式其实可以视为方阵的行列式, 线性方程组可以通过其增广矩阵刻画, 向量是特殊的矩阵, 二次型可以通过对称阵刻画.

2. 注重基础理论的严谨性和强调基本方法的实用性. 重视基本概念和基本理论的叙述, 力求做到深入浅出、清晰严谨.

在引入概念之前, 首先给出一个具体例子，比如矩阵的秩、齐次线性方程组的基础解系、矩阵的特征值与特征向量; 或者首先回忆已有知识, 比如引入二阶及三阶行列式的概念之前介绍二元及三元线性方程组的求解, 然后利用归纳法推广到 n 阶行列式; 在给出矩阵的初等行变换的概念之前, 先看一个用消元法解三元线性方程组的具体例子; 向量组的线性相关性的引入先考察齐次方程组有非零解.

在介绍计算方法之前, 首先回忆已有相关知识, 比如介绍用可逆线性变换化二次型为标准形的方法时, 首先给出一个二元二次型化为标准形的例子.

有些定理与性质没有给出证明, 或因证明较复杂, 或因证明用到超出教育部非数学类专业数学基础课程教学指导分委员会制定的非数学专业线性代数课程教学基本要求及教育部最新颁布的全国硕士研究生入学统一考试数学考试大纲的内容和要求, 有的只是通过实例加以说明. 这样做的目的是减少初学者的一些困难.

3. 注重逻辑性与叙述表述. 线性代数对于抽象性与逻辑性有较高的要求, 注重培养学生的抽象思维能力和逻辑推理能力. 同时线性代数是一门严谨的课程, 注意语言的叙述表达准确、简明.

4. 有意识地培养学生的数值计算能力. 虽然用数学软件 Mathematica 或 MATLAB 可以快速而准确地进行计算, 比如, 计算行列式, 求矩阵的逆矩阵, 求解线性方程组, 求向量组的秩与极大无关组等, 但是本书依然配备有关涉及数字或参数的行列式、矩阵、线性方程组、向量、二次型的例子. 只是在这些例子中有意选取特殊的数字, 以便教师授课和有意识地培养学生的数值计算能力, 尽管这些数字在实际应用中不那么巧合地出现.

5. 书中出现以数学家姓氏命名的结果, 则在该节的最后用“人物简介”栏目介绍该数学家.

6. 书中出现的概念用中英文在书末以索引列出, 以便学生查找.

7. 部分内容加 * 号, 目的是便于青年教师备课时参考, 并供学生进一步学习时使用.

本书在编写过程中得到王宜举教授的大力支持和帮助, 雷玉霞博士和王琳提出了诸多好的建议, 在此编者对他们表示衷心的感谢. 本书的出版得到曲阜师范大学教材建设立项资助, 在此表示感谢. 特别感谢中国科学技术大学出版社, 由于他们对本书的出版给予了热情的支持和帮助, 本书才得以顺利与读者见面.

由于作者水平有限, 书中难免会出现这样那样的缺点和错误, 恳请专家和读者提出宝贵的意见, 给予批评和指正.

编　者

2014 年 3 月

目　录

第 1 章 行 列 式

管理科学与工程技术等领域的很多实际问题都可以归结为解一个线性方程组的问题. 在中学里我们学过用消元法解二元及三元线性方程组. 一般的线性方程组如何求解? 这一章讨论一类特殊线性方程组的求解, 所用工具是行列式. 一般的线性方程组将在第 3 章中讨论.

行列式是重要的数学工具和概念之一, 它来源于解线性方程组. 在矩阵、线性方程组、向量、二次型中都需要用到行列式. 行列式在数学、工程技术、经济学及管理科学等众多领域也有广泛的应用. 本章首先从求二元及三元线性方程组的解引入二阶及三阶行列式的概念, 然后利用归纳法引入 n 阶行列式的概念. 接着讨论行列式的性质及其计算方法. 最后介绍用 n 阶行列式求解 n 元线性方程组的克拉默 (Cramer) 法则.

除特殊说明, 本书所涉及的数都是实数.

1.1 行列式的概念

本节首先从求二元及三元线性方程组的解引入二阶及三阶行列式的概念, 然后利用归纳法引入 n 阶行列式的概念.

1.1.1 二阶行列式

在中学里我们学过用加减消元法解二元线性方程组. 对于二元线性方程组

$$\begin{cases} a_{11}x_1+a_{12}x_2=b_1, \\ a_{21}x_1+a_{22}x_2=b_2, \end{cases} \tag{1}$$

a_{22} 乘以第一个方程, a_{12} 乘以第二个方程, 然后将两式相减, 消去 x_2, 得

$$(a_{11}a_{22}-a_{12}a_{21})x_1=b_1a_{22}-a_{12}b_2.$$

类似地, a_{21} 乘以第一个方程, a_{11} 乘以第二个方程, 然后将两式相减, 消去 x_1, 得

$$(a_{11}a_{22}-a_{12}a_{21})x_2=a_{11}b_2-b_1a_{21}.$$

因此当 $a_{11}a_{22}-a_{12}a_{21}\neq 0$ 时, 方程组 (1) 有唯一解:

$$x_1=\frac{b_1a_{22}-a_{12}b_2}{a_{11}a_{22}-a_{12}a_{21}},\quad x_2=\frac{a_{11}b_2-b_1a_{21}}{a_{11}a_{22}-a_{12}a_{21}}. \tag{2}$$

我们发现, 公式 (2) 中两个分式的分母都是 $a_{11}a_{22}-a_{12}a_{21}$. 把这些未知量的系数按照在方程组 (1) 中的位置排成一个正方形:

$$\begin{matrix} a_{11} & a_{12} \\ a_{21} & a_{22} \end{matrix},$$

在正方形四个数的两侧各画一条竖线, 得到符号

$$\begin{vmatrix} a_{11} & a_{12} \\ a_{21} & a_{22} \end{vmatrix},$$

规定它等于 $a_{11}a_{22}-a_{12}a_{21}$, 并称为二阶行列式, 即下列的

定义 1 由 4 个数 $a_{ij}(i,j=1,2)$ 组成的**二阶行列式** (determinant)

$$\begin{vmatrix} a_{11} & a_{12} \\ a_{21} & a_{22} \end{vmatrix}=a_{11}a_{22}-a_{12}a_{21},$$

其中 $a_{ij}(i=1,2;j=1,2)$ 称为行列式的**元素**，横排称为**行**, 纵排称为**列**.

图 1 所示的对角线法则: 图中有一条实线 (**主对角线**, 即从左上角到右下角这条对角线), 一条虚线 (**次对角线**, 即从右上角到左下角这条对角线), 实线上两元素的乘积冠正号, 虚线上两元素的乘积冠负号.

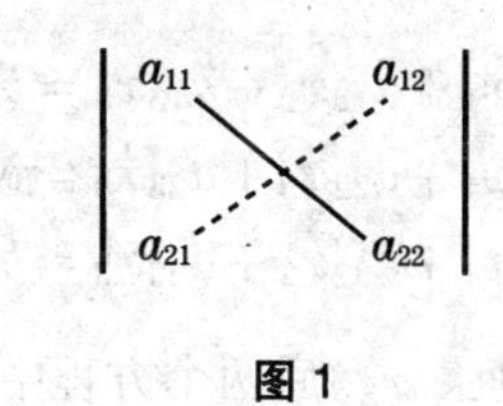

图 1

例如,

$$\begin{vmatrix} 1 & 2 \\ 3 & 4 \end{vmatrix} = 1\times 4 - 2\times 3 = -2.$$

按照二阶行列式的定义, 式 (2) 中分母都是二阶行列式

$$a_{11}a_{22}-a_{12}a_{21}=\begin{vmatrix} a_{11} & a_{12} \\ a_{21} & a_{22} \end{vmatrix},$$

而两个分子分别是

$$b_1a_{22}-a_{12}b_2=\begin{vmatrix} b_1 & a_{12} \\ b_2 & a_{22} \end{vmatrix},$$

$$a_{11}b_2-b_1a_{21}=\begin{vmatrix} a_{11} & b_1 \\ a_{21} & b_2 \end{vmatrix}.$$

令

$$D=\begin{vmatrix} a_{11} & a_{12} \\ a_{21} & a_{22} \end{vmatrix},\quad D_1=\begin{vmatrix} b_1 & a_{12} \\ b_2 & a_{22} \end{vmatrix},\quad D_2=\begin{vmatrix} a_{11} & b_1 \\ a_{21} & b_2 \end{vmatrix}.$$

容易看出, D_1 是 D 的第 1 列换成 b_1,b_2 而第 2 列不变所得到的行列式, D_2 是 D 的第 2 列换成 b_1,b_2 而第 1 列不变所得到的行列式.

当 $D\neq 0$ 时, 方程组 (1) 的唯一解可改写为

$$x_1=\frac{D_1}{D},\quad x_2=\frac{D_2}{D}.$$

1.1.2 三阶行列式

解三元线性方程组

$$\begin{cases} a_{11}x_1+a_{12}x_2+a_{13}x_3=b_1, \\ a_{21}x_1+a_{22}x_2+a_{23}x_3=b_2, \\ a_{31}x_1+a_{32}x_2+a_{33}x_3=b_3. \end{cases} \tag{3}$$

从方程组 (3) 的前两个方程中消去 x_3, 后两个方程中消去 x_3, 再从所得到的两个方程中消去 x_2, 得到

$$\begin{aligned}&(a_{11}a_{22}a_{33}+a_{12}a_{23}a_{31}+a_{13}a_{21}a_{32}-a_{11}a_{23}a_{32}-a_{12}a_{21}a_{33}-a_{13}a_{22}a_{31})x_1\\ &\quad=b_1a_{22}a_{33}+a_{12}a_{23}b_3+a_{13}b_2a_{32}-b_1a_{23}a_{32}-a_{12}b_2a_{33}-a_{13}a_{22}b_3.\end{aligned}$$

若

$$D=a_{11}a_{22}a_{33}+a_{12}a_{23}a_{31}+a_{13}a_{21}a_{32}-a_{11}a_{23}a_{32}-a_{12}a_{21}a_{33}-a_{13}a_{22}a_{31}\neq 0,$$

则

$$x_1=\frac{1}{D}(b_1a_{22}a_{33}+a_{12}a_{23}b_3+a_{13}b_2a_{32}-b_1a_{23}a_{32}-a_{12}b_2a_{33}-a_{13}a_{22}b_3).$$

同样, 得到

$$\begin{aligned}x_2&=\frac{1}{D}(a_{11}b_2a_{33}+b_1a_{23}a_{31}+a_{13}a_{21}b_3-a_{11}a_{23}b_3-b_1a_{21}a_{33}-a_{13}b_2a_{31}),\\ x_3&=\frac{1}{D}(a_{11}a_{22}b_3+a_{12}b_2a_{31}+b_1a_{21}a_{32}-a_{11}b_2a_{32}-a_{12}a_{21}b_3-b_1a_{22}a_{31}).\end{aligned}$$

我们发现, 上述 x_1,x_2,x_3 的表达式中三个分式的分母都是 D. 把这些未知量的系数按照在方程组 (3) 中的位置排成一个正方形:

$$\begin{matrix} a_{11} & a_{12} & a_{13} \\ a_{21} & a_{22} & a_{23} \\ a_{31} & a_{32} & a_{33} \end{matrix}$$

在这些正方形数的两侧各画一条竖线, 得到符号

$$\begin{vmatrix} a_{11} & a_{12} & a_{13} \\ a_{21} & a_{22} & a_{23} \\ a_{31} & a_{32} & a_{33} \end{vmatrix},$$

规定它等于

$$a_{11}a_{22}a_{33}+a_{12}a_{23}a_{31}+a_{13}a_{21}a_{32}-a_{11}a_{23}a_{32}-a_{12}a_{21}a_{33}-a_{13}a_{22}a_{31},$$

并称为三阶行列式, 即下列的

定义 2 由 9 个数 $a_{ij}(i,j=1,2,3)$ 组成的**三阶行列式**

$$\begin{vmatrix} a_{11} & a_{12} & a_{13} \\ a_{21} & a_{22} & a_{23} \\ a_{31} & a_{32} & a_{33} \end{vmatrix} = a_{11}a_{22}a_{33}+a_{12}a_{23}a_{31}+a_{13}a_{21}a_{32} -a_{11}a_{23}a_{32}-a_{12}a_{21}a_{33}-a_{13}a_{22}a_{31}.$$

图 2 所示的对角线法则: 图中有三条实线看作是平行于**主对角线** (从左上角到右下角这条对角线) 的连线, 三条虚线看作是平行于**次对角线** (从右上角到左下角这条对角线) 的连线, 实线上三元素的乘积冠正号, 虚线上三元素的乘积冠负号.

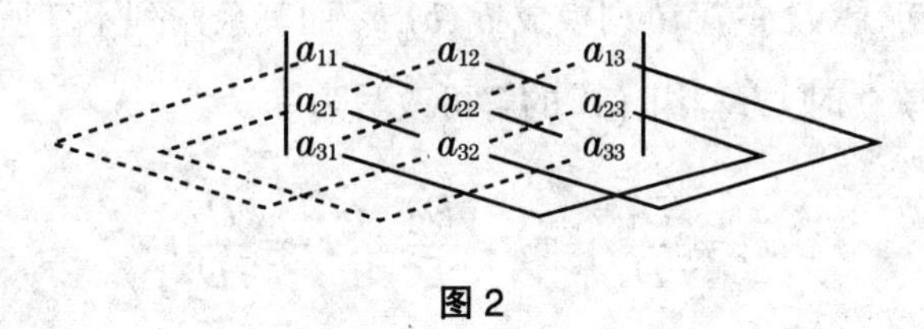

图 2

例如, 三阶行列式

$$\begin{vmatrix} 1 & 2 & 3 \\ 3 & 2 & 1 \\ 2 & 3 & 5 \end{vmatrix} = 1\times2\times5+2\times1\times2+3\times3\times3$$

$$-1\times1\times3-2\times3\times5-3\times2\times2$$

$$=-4.$$

引入三阶行列式后, 上述 x_1,x_2,x_3 的表达式中分母都是三阶行列式

$$D=\begin{vmatrix} a_{11} & a_{12} & a_{13} \\ a_{21} & a_{22} & a_{23} \\ a_{31} & a_{32} & a_{33} \end{vmatrix},$$

而分子分别是行列式

$$D_1=\begin{vmatrix} b_1 & a_{12} & a_{13} \\ b_2 & a_{22} & a_{23} \\ b_3 & a_{32} & a_{33} \end{vmatrix},$$

$$D_2=\begin{vmatrix} a_{11} & b_1 & a_{13} \\ a_{21} & b_2 & a_{23} \\ a_{31} & b_3 & a_{33} \end{vmatrix},$$

$$D_3=\begin{vmatrix} a_{11} & a_{12} & b_1 \\ a_{21} & a_{22} & b_2 \\ a_{31} & a_{32} & b_3 \end{vmatrix}.$$

容易看出, D_i 是 D 的第 i 列换成 b_1,b_2,b_3 而其余两列不变所得到的行列式, $i=1,2,3$. 当 $D\neq0$ 时, 方程组 (3) 的解可改写为

$$x_1=\frac{D_1}{D},\quad x_2=\frac{D_2}{D},\quad x_3=\frac{D_3}{D}.$$

1.1.3 n 阶行列式

有了二阶和三阶行列式的概念, 线性方程组 (1) 与 (3) 的解就可以分别用二阶和三阶行列式简捷地表示出来. 在这一章中我们将把这个结果推广到 n 元线性

方程组

$$\begin{cases} a_{11}x_1+a_{12}x_2+\cdots+a_{1n}x_n=b_1, \\ a_{21}x_1+a_{22}x_2+\cdots+a_{2n}x_n=b_2, \\ \qquad\qquad\vdots \\ a_{n1}x_1+a_{n2}x_2+\cdots+a_{nn}x_n=b_n. \end{cases}$$

这里遇到的问题是如何定义 n 阶行列式. 为此, 先考察二阶和三阶行列式, 找出内在的联系, 然后根据这些联系定义 n 阶行列式.

先考察二阶行列式. 首先规定一阶行列式

$$\begin{vmatrix} a_{11} \end{vmatrix} = a_{11}.$$

注意一阶行列式与数的绝对值的区别. 因此

$$D=\begin{vmatrix} a_{11} & a_{12} \\ a_{21} & a_{22} \end{vmatrix}=a_{11}a_{22}-a_{12}a_{21}=a_{11}|a_{22}|-a_{12}|a_{21}|.$$

令

$$M_{11}=|a_{22}|, \quad M_{12}=|a_{21}|.$$

注意到, M_{1j} 是 D 中划去元素 a_{1j} 所在的第 1 行和第 j 列后余下的 1 个元素构成的 1 阶行列式, 其中 $j=1,2$. 则

$$D=a_{11}M_{11}-a_{12}M_{12}.$$

上式右边第 1 项前面是正号, 而第 2 项前面是负号. 为了使每一项前面都是正号, 注意到

$$D=a_{11}\cdot(-1)^{1+1}M_{11}+a_{12}\cdot(-1)^{1+2}M_{12}.$$

令

$$A_{11}=(-1)^{1+1}M_{11}, \quad A_{12}=(-1)^{1+2}M_{12}.$$

则

$$D=a_{11}A_{11}+a_{12}A_{12}.$$

注意到, 上式右边的 2 个数 a_{11}, a_{12} 是 D 的第一行. 因此二阶行列式可以由一阶行列式表示.

例如,

$$\begin{vmatrix} 1 & 2 \\ 3 & 4 \end{vmatrix} = 1A_{11} + 2A_{12} = 1(-1)^{1+1}M_{11} + 2(-1)^{1+2}M_{12}$$
$$= 1 \times |4| - 2 \times |3| = -2.$$

接下来考察三阶行列式

$$D = \begin{vmatrix} a_{11} & a_{12} & a_{13} \\ a_{21} & a_{22} & a_{23} \\ a_{31} & a_{32} & a_{33} \end{vmatrix}$$
$$= a_{11}a_{22}a_{33} + a_{12}a_{23}a_{31} + a_{13}a_{21}a_{32} - a_{11}a_{23}a_{32} - a_{12}a_{21}a_{33} - a_{13}a_{22}a_{31}$$
$$= a_{11}(a_{22}a_{33} - a_{23}a_{32}) - a_{12}(a_{21}a_{33} - a_{23}a_{31}) + a_{13}(a_{21}a_{32} - a_{22}a_{31})$$
$$= a_{11}\begin{vmatrix} a_{22} & a_{23} \\ a_{32} & a_{33} \end{vmatrix} - a_{12}\begin{vmatrix} a_{21} & a_{23} \\ a_{31} & a_{33} \end{vmatrix} + a_{13}\begin{vmatrix} a_{21} & a_{22} \\ a_{31} & a_{32} \end{vmatrix}.$$

令

$$M_{11} = \begin{vmatrix} a_{22} & a_{23} \\ a_{32} & a_{33} \end{vmatrix}, \quad M_{12} = \begin{vmatrix} a_{21} & a_{23} \\ a_{31} & a_{33} \end{vmatrix}, \quad M_{13} = \begin{vmatrix} a_{21} & a_{22} \\ a_{31} & a_{32} \end{vmatrix}.$$

注意到, M_{1j} 是 D 中划去元素 a_{1j} 所在的第 1 行和第 j 列后余下的 4 个元素按照在 D 中原来的位置构成的二阶行列式, 其中 $j = 1,2,3$. 则

$$D = a_{11}M_{11} - a_{12}M_{12} + a_{13}M_{13}.$$

上式右边第 2 项前面是负号, 其余两项是正号. 为了使每一项前面都是正号, 注意到

$$D = a_{11} \cdot (-1)^{1+1}M_{11} + a_{12} \cdot (-1)^{1+2}M_{12} + a_{13}(-1)^{1+3}M_{13}.$$

令

$$A_{11} = (-1)^{1+1}M_{11}, \quad A_{12} = (-1)^{1+2}M_{12}, \quad A_{13} = (-1)^{1+3}M_{13}.$$

则

$$D=a_{11}A_{11}+a_{12}A_{12}+a_{13}A_{13}.$$

注意到, 上式右边的 3 个数 a_{11},a_{12},a_{13} 是 D 的第一行. 因此三阶行列式可以由二阶行列式表示.

例如, 三阶行列式

$$\begin{aligned}\begin{vmatrix}1&2&3\\3&2&1\\2&3&5\end{vmatrix}&=1A_{11}+2A_{12}+3A_{13}\\&=1(-1)^{1+1}M_{11}+2(-1)^{1+2}M_{12}+3(-1)^{1+3}M_{13}\\&=\begin{vmatrix}2&1\\3&5\end{vmatrix}-2\begin{vmatrix}3&1\\2&5\end{vmatrix}+3\begin{vmatrix}3&2\\2&3\end{vmatrix}\\&=7-2\times13+3\times5\\&=-4.\end{aligned}$$

现在根据二阶和三阶行列式的规则, 用归纳法定义 n 阶行列式.

定义 3 由 $n^2(n\geqslant2)$ 个数 $a_{ij}(i,j=1,2,\cdots,n)$ 组成的**n 阶行列式**

$$\begin{aligned}D=\begin{vmatrix}a_{11}&a_{12}&\cdots&a_{1n}\\a_{21}&a_{22}&\cdots&a_{2n}\\\vdots&\vdots&&\vdots\\a_{n1}&a_{n2}&\cdots&a_{nn}\end{vmatrix}\\=a_{11}A_{11}+a_{12}A_{12}+\cdots+a_{1n}A_{1n},\end{aligned}$$

其中

$$A_{1j}=(-1)^{1+j}M_{1j},$$

而 M_{1j} 是 D 中划去元素 a_{1j} 所在的第 1 行和第 j 列后余下的 $(n-1)^2$ 个元素按照在 D 中原来的位置构成的 $n-1$ 阶行列式, 其中 $j=1,2,\cdots,n$.

例如, 4 阶行列式

$$\begin{aligned}\begin{vmatrix}0&1&2&3\\1&2&3&0\\2&3&0&1\\3&0&1&2\end{vmatrix}&=0A_{11}+1A_{12}+2A_{13}+3A_{14}\\&=-1M_{12}+2M_{13}-3M_{14}\\&=-\begin{vmatrix}1&3&0\\2&0&1\\3&1&2\end{vmatrix}+2\begin{vmatrix}1&2&0\\2&3&1\\3&0&2\end{vmatrix}\\&\quad-3\begin{vmatrix}1&2&3\\2&3&0\\3&0&1\end{vmatrix}\\&=(-1)\times(-4)+2\times4-3\times(-28)\\&=96.\end{aligned}$$

至于上述 3 个三阶行列式既可以按对角线法则计算, 又可以按第 1 行展开计算.

注 1. 这里用归纳法给出行列式的定义, 即先引入二阶及三阶行列式的定义, 再按照行列式按第 1 行展开, 利用归纳法给出 n 阶行列式的定义. 现行的国内外线性代数教材有的是利用排列逆序数法或公理法给出行列式的定义.

2. 行列式是一个数, 所用符号是两条竖线 "| |".

3. 对角线法则只适应于二阶与三阶行列式.

4. 根据行列的定义, 行列式是按第 1 行展开的. 下一节将介绍的行列式性质 1 与性质 6 表明, 行列式可以按任意行 (列) 展开.

习　题

1. 填空题

(1) $\begin{vmatrix} 1 & 1 \\ a & b \end{vmatrix} =$ ____.　(2) $\begin{vmatrix} 0 & 1 & 1 \\ 1 & 0 & 1 \\ 1 & 1 & 0 \end{vmatrix} =$ ____.

(3) $\begin{vmatrix} 1 & 0 & 0 \\ 0 & 2 & 0 \\ 0 & 0 & 3 \end{vmatrix} =$ ____.

2. 计算 4 阶行列式

$$\begin{vmatrix} 1 & 2 & 3 & 0 \\ 2 & 3 & 0 & 1 \\ 3 & 0 & 1 & 2 \\ 0 & 1 & 2 & 3 \end{vmatrix}.$$

1.2 行列式的性质

用行列式的定义计算行列式, 计算量一般是比较大的. 因为按这一定义计算一个 n 阶行列式要计算 n 个 $n-1$ 阶行列式. 为了介绍行列式的计算方法, 首先讨论行列式的性质, 这些性质是奇妙而有趣的结果, 它们在行列式的计算中起着十分重要的作用. 这些性质这里就不证明了.

根据行列式的定义, 行列式是按第 1 行展开的. 为了说明行列式可以按任意行展开, 先引入余子式和代数余子式的概念.

定义 在 n 阶行列式中划去元素 a_{ij} 所在的第 i 行和第 j 列后余下的 $(n-1)^2$ 个元素按照原来的位置构成的 $n-1$ 阶行列式称为元素 a_{ij} 的**余子式** (cofactor), 记为 M_{ij}. 令

$$A_{ij} = (-1)^{i+j} M_{ij}.$$

称 A_{ij} 为元素 a_{ij} 的**代数余子式** (algebraic cofactor).

元素 a_{ij} 的余子式 M_{ij} 和代数余子式 A_{ij} 都与这个行列式的第 i 行与第 j 列元素无关, 只与元素所在行列式的位置有关.

例如, 4 阶行列式

$$\begin{vmatrix} 0 & 1 & 2 & 3 \\ 1 & 2 & 3 & 0 \\ 2 & 3 & 0 & 1 \\ 3 & 0 & 1 & 2 \end{vmatrix}$$

中元素 $a_{32}=3$ 的余子式和代数余子式分别是

$$M_{32}=\begin{vmatrix} 0 & 2 & 3 \\ 1 & 3 & 0 \\ 3 & 1 & 2 \end{vmatrix}=-28,$$

$$A_{32}=(-1)^{3+2}M_{32}=-M_{32}=28.$$

性质 1 (行列式按行展开公式) 行列式等于它的任一行的元素与这一行的对应元素的代数余子式乘积的和, 即

$$D=a_{i1}A_{i1}+a_{i2}A_{i2}+\cdots+a_{in}A_{in},\quad i=1,2,\cdots,n.$$

例如, 行列式 $D=\begin{vmatrix} 1 & 2 & 3 \\ 3 & 2 & 1 \\ 2 & 3 & 5 \end{vmatrix}$ 按第 2 行展开, 得

$$D=3\times(-1)^{2+1}\begin{vmatrix} 2 & 3 \\ 3 & 5 \end{vmatrix}+2\times(-1)^{2+2}\begin{vmatrix} 1 & 3 \\ 2 & 5 \end{vmatrix}+1\times(-1)^{2+3}\begin{vmatrix} 1 & 2 \\ 2 & 3 \end{vmatrix}$$
$$=-3-2+1=-4.$$

性质 2 (只有一行不同的两个行列式相加的规则) 只有一行不同的两个行列

式相加等于这一行的两组数相加而其余行都与原行列式相同所得到的行列式, 即

$$\begin{vmatrix} a_{11} & \cdots & a_{1n} \\ \vdots & & \vdots \\ b_{i1} & \cdots & b_{in} \\ \vdots & & \vdots \\ a_{n1} & \cdots & a_{nn} \end{vmatrix} + \begin{vmatrix} a_{11} & \cdots & a_{1n} \\ \vdots & & \vdots \\ c_{i1} & \cdots & c_{in} \\ \vdots & & \vdots \\ a_{n1} & \cdots & a_{nn} \end{vmatrix} = \begin{vmatrix} a_{11} & \cdots & a_{1n} \\ \vdots & & \vdots \\ b_{i1}+c_{i1} & \cdots & b_{in}+c_{in} \\ \vdots & & \vdots \\ a_{n1} & \cdots & a_{nn} \end{vmatrix},$$

即, 若行列式某一行的每个元素都是两个数的和, 则此行列式是两个行列式的和, 而这两个行列式的这一行分别是这两组数, 其余行都与原行列式相同, 即

$$\begin{vmatrix} a_{11} & \cdots & a_{1n} \\ \vdots & & \vdots \\ b_{i1}+c_{i1} & \cdots & b_{in}+c_{in} \\ \vdots & & \vdots \\ a_{n1} & \cdots & a_{nn} \end{vmatrix} = \begin{vmatrix} a_{11} & \cdots & a_{1n} \\ \vdots & & \vdots \\ b_{i1} & \cdots & b_{in} \\ \vdots & & \vdots \\ a_{n1} & \cdots & a_{nn} \end{vmatrix} + \begin{vmatrix} a_{11} & \cdots & a_{1n} \\ \vdots & & \vdots \\ c_{i1} & \cdots & c_{in} \\ \vdots & & \vdots \\ a_{n1} & \cdots & a_{nn} \end{vmatrix}.$$

例如,

$$\begin{vmatrix} 1 & 2 & 3 \\ 3 & 2 & 1 \\ 1+1 & 1+2 & 2+3 \end{vmatrix} = \begin{vmatrix} 1 & 2 & 3 \\ 3 & 2 & 1 \\ 1 & 1 & 2 \end{vmatrix} + \begin{vmatrix} 1 & 2 & 3 \\ 3 & 2 & 1 \\ 1 & 2 & 3 \end{vmatrix} = -4+0=-4.$$

性质 3　一个数乘行列式等于这个数乘这个行列式的一行的元素, 即

$$k\begin{vmatrix} a_{11} & a_{12} & \cdots & a_{1n} \\ \vdots & \vdots & & \vdots \\ a_{i1} & a_{i2} & \cdots & a_{in} \\ \vdots & \vdots & & \vdots \\ a_{n1} & a_{n2} & \cdots & a_{nn} \end{vmatrix} = \begin{vmatrix} a_{11} & a_{12} & \cdots & a_{1n} \\ \vdots & \vdots & & \vdots \\ ka_{i1} & ka_{i2} & \cdots & ka_{in} \\ \vdots & \vdots & & \vdots \\ a_{n1} & a_{n2} & \cdots & a_{nn} \end{vmatrix},$$

即, 一个数乘行列式的一行等于这个数乘这个行列式, 即

$$\begin{vmatrix} a_{11} & a_{12} & \cdots & a_{1n} \\ \vdots & \vdots & & \vdots \\ ka_{i1} & ka_{i2} & \cdots & ka_{in} \\ \vdots & \vdots & & \vdots \\ a_{n1} & a_{n2} & \cdots & a_{nn} \end{vmatrix} = k \begin{vmatrix} a_{11} & a_{12} & \cdots & a_{1n} \\ \vdots & \vdots & & \vdots \\ a_{i1} & a_{i2} & \cdots & a_{in} \\ \vdots & \vdots & & \vdots \\ a_{n1} & a_{n2} & \cdots & a_{nn} \end{vmatrix}.$$

例如,

$$\begin{vmatrix} 5\times 1 & 5\times 2 \\ 3 & 4 \end{vmatrix} = 5\begin{vmatrix} 1 & 2 \\ 3 & 4 \end{vmatrix}.$$

性质 4 交换行列式的两行, 行列式变号.

例如,

$$\begin{vmatrix} 1 & 2 \\ 3 & 4 \end{vmatrix} = -\begin{vmatrix} 3 & 4 \\ 1 & 2 \end{vmatrix}.$$

由性质 4, 可得下列的

推论 1 两行相同的行列式等于零.

事实上, 因为把行列式 D 中相同的两行交换, 行列式不变, 但由性质 4, 知它们又应当反号, 所以 $D=-D$, 即 $2D=0$. 故 $D=0$.

由性质 3 和推论 1, 可得

推论 2 两行成比例的行列式等于零.

推论 3 行列式中一行的元素与另一行的对应元素的代数余子式乘积的和等于零, 即

$$a_{i1}A_{j1}+a_{i2}A_{j2}+\cdots+a_{in}A_{jn}=0, \quad i\neq j.$$

证明 把行列式 D 的第 j 行换成 D 的第 i 行 $(i\neq j)$, 而其余各行不动得到

行列式 D_1, 即

$$D_1=\begin{vmatrix} a_{11} & a_{12} & \cdots & a_{1n} \\ \vdots & \vdots & & \vdots \\ a_{i1} & a_{i2} & \cdots & a_{in} \\ \vdots & \vdots & & \vdots \\ a_{i1} & a_{i2} & \cdots & a_{in} \\ \vdots & \vdots & & \vdots \\ a_{n1} & a_{n2} & \cdots & a_{nn} \end{vmatrix} \begin{matrix} \\ \\ \leftarrow 第\ i\ 行 \\ \\ \leftarrow 第\ j\ 行 \\ \\ \\ \end{matrix}.$$

由于 D_1 有两行相同, 故 $D_1=0$. 将 D_1 按第 j 行展开, 由于 D_1 中第 j 行各元素的代数余子式是原行列式 D 中第 j 行各元素的代数余子式, 故

$$D_1=a_{i1}A_{j1}+a_{i2}A_{j2}+\cdots+a_{in}A_{jn}=0,\quad i\neq j.$$

证毕.

性质 5　一个数乘行列式的一行加到另一行上, 行列式不变, 即

$$\begin{vmatrix} a_{11} & a_{12} & \cdots & a_{1n} \\ \vdots & \vdots & & \vdots \\ a_{i1} & a_{i2} & \cdots & a_{in} \\ \vdots & \vdots & & \vdots \\ a_{j1} & a_{j2} & \cdots & a_{jn} \\ \vdots & \vdots & & \vdots \\ a_{n1} & a_{n2} & \cdots & a_{nn} \end{vmatrix} = \begin{vmatrix} a_{11} & a_{12} & \cdots & a_{1n} \\ \vdots & \vdots & & \vdots \\ a_{i1} & a_{i2} & \cdots & a_{in} \\ \vdots & \vdots & & \vdots \\ a_{j1}+ka_{i1} & a_{j2}+ka_{i2} & \cdots & a_{jn}+ka_{in} \\ \vdots & \vdots & & \vdots \\ a_{n1} & a_{n2} & \cdots & a_{nn} \end{vmatrix}.$$

例如, 2 乘行列式 $D=\begin{vmatrix} 1 & 2 & 3 \\ 3 & 2 & 1 \\ 2 & 3 & 5 \end{vmatrix}$ 的第 1 行加到第 2 行上, 得

$$D=\begin{vmatrix} 1 & 2 & 3 \\ 3+2 & 2+4 & 1+6 \\ 2 & 3 & 5 \end{vmatrix}=\begin{vmatrix} 1 & 2 & 3 \\ 5 & 6 & 7 \\ 2 & 3 & 5 \end{vmatrix}.$$

注 这里是一个数乘行列式的一行加到另一行上, 而不是同一行上. 如果 k 乘第 i 行又加到第 i 行上, 这样就等于 $k+1$ 乘第 i 行, 其结果是 $(k+1)D$ 而不是 D.

上述性质和推论都是关于行列式的行的结果. 关于行列式的列的结果, 首先注意到行列式有下列性质:

性质 6 行列互换, 行列式的值不变.

例如,

$$\begin{vmatrix} 1 & 2 \\ 3 & 4 \end{vmatrix} = \begin{vmatrix} 1 & 3 \\ 2 & 4 \end{vmatrix}.$$

性质 6 表明, 在行列式中行与列的地位是对称的. 因此, 行列式的凡是对行成立的结果对列同样也成立, 反之亦然. 比如, 我们有行列式按行展开公式. 同样, 我们有行列式按列展开公式. 因此有关于代数余子式的性质:

$$a_{i1}A_{j1}+a_{i2}A_{j2}+\cdots+a_{in}A_{jn}=\begin{cases} D, & i=j, \\ 0, & i\neq j, \end{cases}$$

且

$$a_{1i}A_{1j}+a_{2i}A_{2j}+\cdots+a_{ni}A_{nj}=\begin{cases} D, & i=j, \\ 0, & i\neq j. \end{cases}$$

例如, 行列式 $D=\begin{vmatrix} 1 & 2 & 3 \\ 3 & 2 & 1 \\ 2 & 3 & 5 \end{vmatrix}$ 按第 3 列展开, 得

$$\begin{aligned} D &= 3\times(-1)^{1+3}\begin{vmatrix} 3 & 2 \\ 2 & 3 \end{vmatrix}+1\times(-1)^{2+3}\begin{vmatrix} 1 & 2 \\ 2 & 3 \end{vmatrix}+5\times(-1)^{3+3}\begin{vmatrix} 1 & 2 \\ 3 & 2 \end{vmatrix} \\ &= 15+1-20=-4. \end{aligned}$$

注 数 k 乘第 i 行 (row), 记为 $\mathrm{r}_i\times k$, 数 k 乘第 i 列 (column), 记为 $c_i\times k$; 交换 i,j 两行, 记为 $r_i\leftrightarrow \mathrm{r}_j$, 交换 i,j 两列, 记为 $\mathrm{c}_i\leftrightarrow \mathrm{c}_j$; 数 k 乘第 i 行加到第 j 行上, 记为 $\mathrm{r}_j+k\mathrm{r}_i$, 数 k 乘第 i 列加到第 j 列上, 记为 $\mathrm{c}_j+k\mathrm{c}_i$.

习 题

1. 选择题

(1) 若行列式 $\begin{vmatrix} 0 & 0 & 1 & 0 \\ 2 & 0 & 0 & 0 \\ 0 & -3 & 0 & 0 \\ 4 & 0 & 0 & a \end{vmatrix} = 24$, 则 $a=$(　　).

(A) 4　　(B) -4　　(C) 8　　(D) -8

(2) 设 $\begin{vmatrix} a_{11} & a_{12} & a_{13} \\ a_{21} & a_{22} & a_{23} \\ a_{31} & a_{32} & a_{33} \end{vmatrix} = 1$. 则 $\begin{vmatrix} 2a_{11} & 3a_{11}-4a_{12} & a_{13} \\ 2a_{21} & 3a_{21}-4a_{22} & a_{23} \\ 2a_{31} & 3a_{31}-4a_{32} & a_{33} \end{vmatrix} =$(　　).

(A) 0　　(B) 1　　(C) 8　　(D) -8

2. 填空题

(1) 行列式 $\begin{vmatrix} 1 & 2 & 3 \\ 2 & 3 & 1 \\ 3 & 1 & 2 \end{vmatrix}$ 的 $a_{23}=1$ 的代数余子式及其值是____.

(2) 已知 4 阶行列式 D 的第 3 列元素依次是 $2,1,0,-1$, 它们的余子式依次是 $-2,-1,0,1$. 则 $D=$____.

(3)

$$\begin{vmatrix} a_{21} & a_{22} & \cdots & a_{2n} \\ a_{31} & a_{32} & \cdots & a_{3n} \\ \vdots & \vdots & & \vdots \\ a_{n1} & a_{n2} & \cdots & a_{nn} \\ a_{11} & a_{12} & \cdots & a_{1n} \end{vmatrix} = \underline{\qquad} \begin{vmatrix} a_{11} & a_{12} & \cdots & a_{1n} \\ a_{21} & a_{22} & \cdots & a_{2n} \\ a_{31} & a_{32} & \cdots & a_{3n} \\ \vdots & \vdots & & \vdots \\ a_{n1} & a_{n2} & \cdots & a_{nn} \end{vmatrix},$$

$$\begin{vmatrix} a_{n1} & a_{n2} & \cdots & a_{nn} \\ \vdots & \vdots & & \vdots \\ a_{31} & a_{32} & \cdots & a_{3n} \\ a_{21} & a_{22} & \cdots & a_{2n} \\ a_{11} & a_{12} & \cdots & a_{1n} \end{vmatrix} = \underline{\qquad} \begin{vmatrix} a_{11} & a_{12} & \cdots & a_{1n} \\ a_{21} & a_{22} & \cdots & a_{2n} \\ a_{31} & a_{32} & \cdots & a_{3n} \\ \vdots & \vdots & & \vdots \\ a_{n1} & a_{n2} & \cdots & a_{nn} \end{vmatrix}.$$

1.3 行列式的计算

本节通过例子介绍三种常用的行列式的计算方法.

1.3.1 降阶法

计算行列式可以利用行列式按行 (列) 展开公式. 一般总是按含 0 最多的行或列展开, 因为 0 的代数余子式可不必计算. 尽管如此, 直接利用展开公式计算行列式, 一般计算量还是较大. 通常是先利用行列式的性质把行列式的某一行 (列) 化为仅有一个或少数几个非零元素, 然后按此行 (列) 展开, 化为低一阶的行列式. 这是计算行列式的重要方法之一, 通常称为**降阶法**.

例 1 计算行列式

$$D=\begin{vmatrix} 4 & 1 & 2 & 3 \\ 3 & 4 & 1 & 2 \\ 2 & 0 & 1 & 2 \\ 1 & 2 & 3 & 4 \end{vmatrix}.$$

解 注意到, D 的第 3 行第 2 列元素是 0. 把第 2 列除第 1 行元素外化为 0, 然后按第 2 列展开,

$$D=\begin{vmatrix} 4 & 1 & 2 & 3 \\ -13 & 0 & -7 & -10 \\ 2 & 0 & 1 & 2 \\ -7 & 0 & -1 & -2 \end{vmatrix}=(-1)^{1+2}\begin{vmatrix} -13 & -7 & -10 \\ 2 & 1 & 2 \\ -7 & -1 & -2 \end{vmatrix}$$

$$\xlongequal{r_3+r_2}-\begin{vmatrix} -13 & -7 & -10 \\ 2 & 1 & 2 \\ -5 & 0 & 0 \end{vmatrix}\xlongequal{\text{按第 3 行展开}}5\begin{vmatrix} -7 & -10 \\ 1 & 2 \end{vmatrix}=-20.$$

注 1. 利用降阶法计算行列式时, 代数余子式所带的符号 $(-1)^{i+j}$ 不要遗忘. 按某一行或某一列展开时, 展开式中各项所带符号有下列规律:

$$\begin{vmatrix} + & - & + & - & \cdots \\ - & + & - & + & \cdots \\ + & - & + & - & \cdots \\ - & + & - & + & \cdots \\ & \cdots & \cdots & & \end{vmatrix},$$

即行列式中主对角线上元素的代数余子式总是带正号, 其他元素的代数余子式所带符号依次是负正相间.

*2. 计算一个行列式的同一行 (列) 中若干 (包括所有) 元素的 (代数) 余子式的线性组合, 可以利用行列式按行 (列) 展开公式, 巧妙地转化为计算另一个行列式. 一般情况下这个方法相对于按定义计算要简捷.

例如, 设 $D=\begin{vmatrix} 1 & 2 & 3 & 4 \\ 5 & 6 & 7 & 8 \\ 2 & 3 & 4 & 5 \\ 6 & 7 & 8 & 9 \end{vmatrix}$. 求 $3A_{12}+7A_{22}-4M_{32}+8A_{42}$.

注意到, $M_{32}=-A_{32}$, 且 A_{i2} 是 D 中元素 a_{i2} 的代数余子式 $(i=1, 2, 3, 4)$. 因此, 将 D 中第 2 列元素依次换为 3,7,4,8, 可得

$$3A_{12}+7A_{22}-4M_{32}+8A_{42}=3A_{12}+7A_{22}+4A_{32}+8A_{42}$$

$$=\begin{vmatrix} 1 & 3 & 3 & 4 \\ 5 & 7 & 7 & 8 \\ 2 & 4 & 4 & 5 \\ 6 & 8 & 8 & 9 \end{vmatrix}=0,$$

因为这个行列式的第 2 列与第 3 列相同.

1.3.2 归纳法

例 2 证明 $D_n=\begin{vmatrix} a_{11} & a_{12} & \cdots & a_{1,n-1} & a_{1n} \\ 0 & a_{22} & \cdots & a_{2,n-1} & a_{2n} \\ \vdots & \vdots & & \vdots & \vdots \\ 0 & 0 & \cdots & a_{n-1,n-1} & a_{n-1,n} \\ 0 & 0 & \cdots & 0 & a_{nn} \end{vmatrix}=a_{11}a_{22}\cdots a_{nn}$.

证明 对 n 用数学归纳法. 当 $n=1$ 时, 等式显然成立.

假设 $n-1$ 时等式成立, 下证 n 时等式成立. 按第 n 行展开,

$$D_n=a_{nn}(-1)^{n+n}D_{n-1}=a_{nn}D_{n-1}.$$

由归纳假设,

$$D_{n-1}=a_{11}a_{22}\cdots a_{n-1,n-1}.$$

因此

$$D_n=a_{11}a_{22}\cdots a_{n-1,n-1}a_{nn}.$$

由归纳法原理, 知对任意 n 等式成立.

这是计算行列式的方法之一, 通常称为**归纳法**.

主对角线 (从左上角到右下角这条对角线) 以下的元素都是 0 的行列式称为**上三角形行列式**. 由例 2, 知上三角形行列式等于它的主对角线上的元素的乘积.

主对角线以上的元素都是 0 的行列式称为**下三角形行列式**, 而主对角线以外的元素都是 0 的行列式称为**对角形行列式**. 同样, 用归纳法可得: 下三角形行列式 (对角形行列式) 等于它的主对角线上的元素的乘积.

例 3 证明范德蒙 (Vandermonde) 行列式

$$D_n=\begin{vmatrix} 1 & 1 & \cdots & 1 \\ a_1 & a_2 & \cdots & a_n \\ a_1^2 & a_2^2 & \cdots & a_n^2 \\ \vdots & \vdots & & \vdots \\ a_1^{n-1} & a_2^{n-1} & \cdots & a_n^{n-1} \end{vmatrix}$$

$$= \prod_{n\geqslant i>j\geqslant 1}(a_i-a_j),$$

其中符号 Π 表示全体因子的乘积.

* **证明**　对 n 用数学归纳法. 当 $n=2$ 时, 有

$$D_2=\begin{vmatrix} 1 & 1 \\ a_1 & a_2 \end{vmatrix}=a_2-a_1.$$

故当 $n=2$ 时等式成立.

假设对于 $n-1$ 阶范德蒙行列式等式成立, 下证对于 n 阶范德蒙行列式等式成立. 在 D_n 中第 n 行减去第 $n-1$ 行的 a_1 倍, 第 $n-1$ 行减去第 $n-2$ 行的 a_1 倍, $\cdots$, 第 2 行减去第 1 行的 a_1 倍, 也就是从第 n 行开始, 每一行减去它上一行的 a_1 倍, 有

$$D_n=\begin{vmatrix} 1 & 1 & 1 & \cdots & 1 \\ 0 & a_2-a_1 & a_3-a_1 & \cdots & a_n-a_1 \\ 0 & a_2(a_2-a_1) & a_3(a_3-a_1) & \cdots & a_n(a_n-a_1) \\ \vdots & \vdots & \vdots & & \vdots \\ 0 & a_2^{n-2}(a_2-a_1) & a_3^{n-2}(a_3-a_1) & \cdots & a_n^{n-2}(a_n-a_1) \end{vmatrix}.$$

按第一列展开, 并把每列的公因子 a_i-a_1 提出, 则有

$$D_n=(a_2-a_1)(a_3-a_1)\cdots(a_n-a_1)\begin{vmatrix} 1 & 1 & \cdots & 1 \\ a_2 & a_3 & \cdots & a_n \\ a_2^2 & a_3^2 & \cdots & a_n^2 \\ \vdots & \vdots & & \vdots \\ a_2^{n-2} & a_3^{n-2} & \cdots & a_n^{n-2} \end{vmatrix}.$$

注意到, 上式右边的行列式是 $n-1$ 阶范德蒙行列式. 由归纳假设, 它等于所有 a_i-a_j 的乘积, 其中 $n\geqslant i>j\geqslant 2$. 因此

$$\begin{aligned} D_n &= (a_2-a_1)(a_3-a_1)\cdots(a_n-a_1)\prod_{n\geqslant i>j\geqslant 2}(a_i-a_j) \\ &= \prod_{n\geqslant i>j\geqslant 1}(a_i-a_j). \end{aligned}$$

由归纳法原理, 知对于 n 阶范德蒙行列式等式成立.

范德蒙行列式可以作为公式用于求特殊的范德蒙行列式. 例如,

$$\begin{vmatrix} 1 & 1 & 1 \\ a & b & c \\ a^2 & b^2 & c^2 \end{vmatrix} = (b-a)(c-a)(c-b),$$

而

$$\begin{vmatrix} 1 & 2 & 4 & 8 \\ 1 & 3 & 9 & 27 \\ 1 & 4 & 16 & 64 \\ 1 & 5 & 25 & 125 \end{vmatrix} = \begin{vmatrix} 1 & 1 & 1 & 1 \\ 2 & 3 & 4 & 5 \\ 4 & 9 & 16 & 25 \\ 8 & 27 & 64 & 125 \end{vmatrix} = \begin{vmatrix} 1 & 1 & 1 & 1 \\ 2 & 3 & 4 & 5 \\ 2^2 & 3^2 & 4^2 & 5^2 \\ 2^3 & 3^3 & 4^3 & 5^3 \end{vmatrix}$$
$$= (3-2)(4-2)(5-2)(4-3)(5-3)(5-4)$$
$$= 1\cdot 2\cdot 3\cdot 1\cdot 2\cdot 1 = 12.$$

1.3.3 化三角法

把行列式化为三角形行列式, 是计算行列式最基本的方法之一, 通常称为**化三角法**.

例 4 计算行列式

$$D = \begin{vmatrix} 0 & 1 & 2 & 3 \\ 1 & 2 & 3 & 4 \\ 2 & 3 & 5 & 7 \\ 3 & 4 & 7 & 7 \end{vmatrix}.$$

解

$$D \xlongequal{r_1 \leftrightarrow r_2} -\begin{vmatrix} 1 & 2 & 3 & 4 \\ 0 & 1 & 2 & 3 \\ 2 & 3 & 5 & 7 \\ 3 & 4 & 7 & 7 \end{vmatrix} \xlongequal[r_4 - 3r_1]{r_3 - 2r_1} -\begin{vmatrix} 1 & 2 & 3 & 4 \\ 0 & 1 & 2 & 3 \\ 0 & -1 & -1 & -1 \\ 0 & -2 & -2 & -5 \end{vmatrix}$$

$$\xlongequal[r_4+2r_2]{r_3+r_2} -\begin{vmatrix} 1 & 2 & 3 & 4 \\ 0 & 1 & 2 & 3 \\ 0 & 0 & 1 & 2 \\ 0 & 0 & 2 & 1 \end{vmatrix} \xlongequal{r_4-2r_3} -\begin{vmatrix} 1 & 2 & 3 & 4 \\ 0 & 1 & 2 & 3 \\ 0 & 0 & 1 & 2 \\ 0 & 0 & 0 & -3 \end{vmatrix} = 3.$$

注 由于交换行列式的两行 (列) 行列式变号, 故在利用化三角法计算行列式时如遇交换两行 (列) 需注意负号.

由上例可以看出, 将行列式 D 化为上三角形的一般步骤如下:

1. 若有必要, 先将 D 的第一行 (列) 与其他一行 (列) 交换, 使得第一行第一个元素不为 0(最好为 1);

2. 把第一行分别乘以适当的数加到其余各行上, 使得第一列除第一个元素不是 0 外, 其余元素都是 0;

3. 再以同样的方法处理划去第一行第一列后余下的低一阶行列式;

4. 依次进行, 直到把 D 化为上三角形行列式, 而上三角形行列式的值等于主对角线上的元素的乘积, 从而求出 D 的值.

例 5 计算

$$D = \begin{vmatrix} 3 & 1 & 1 & 1 \\ 1 & 3 & 1 & 1 \\ 1 & 1 & 3 & 1 \\ 1 & 1 & 1 & 3 \end{vmatrix}.$$

解 这个行列式的特点是主对角线上的元素都相同, 而其余元素又都相同. 把第 2, 3, 4 列同时加到第 1 列, 提出公因子 6, 然后各行减去第一行化为上三角形行列式:

$$D = \begin{vmatrix} 6 & 1 & 1 & 1 \\ 6 & 3 & 1 & 1 \\ 6 & 1 & 3 & 1 \\ 6 & 1 & 1 & 3 \end{vmatrix} = 6\begin{vmatrix} 1 & 1 & 1 & 1 \\ 1 & 3 & 1 & 1 \\ 1 & 1 & 3 & 1 \\ 1 & 1 & 1 & 3 \end{vmatrix} = 6\begin{vmatrix} 1 & 1 & 1 & 1 \\ 0 & 2 & 0 & 0 \\ 0 & 0 & 2 & 0 \\ 0 & 0 & 0 & 2 \end{vmatrix} = 48.$$

注 按照此方法可得到一般的结果: n 阶行列式

$$\begin{vmatrix} a & b & b & \cdots & b \\ b & a & b & \cdots & b \\ \vdots & \vdots & \vdots & & \vdots \\ b & b & b & \cdots & a \end{vmatrix} = (a+(n-1)b)(a-b)^{n-1}.$$

例 6 计算行列式

$$\begin{vmatrix} x & a_1 & a_2 & \cdots & a_{n-1} & 1 \\ a_1 & x & a_2 & \cdots & a_{n-1} & 1 \\ a_1 & a_2 & x & \cdots & a_{n-1} & 1 \\ \vdots & \vdots & \vdots & & \vdots & \vdots \\ a_1 & a_2 & a_3 & \cdots & x & 1 \\ a_1 & a_2 & a_3 & \cdots & a_n & 1 \end{vmatrix}.$$

解 把行列式的第 $n+1$ 列分别乘以 $-a_1, -a_2, \cdots, -a_n$ 加到第 1, 2, $\cdots$, n 列上, 则行列式化为上三角形行列式

$$\begin{vmatrix} x-a_1 & a_1-a_2 & a_2-a_3 & \cdots & a_{n-1}-a_n & 1 \\ 0 & x-a_2 & a_2-a_3 & \cdots & a_{n-1}-a_n & 1 \\ 0 & 0 & x-a_3 & \cdots & a_{n-1}-a_n & 1 \\ \vdots & \vdots & \vdots & & \vdots & \vdots \\ 0 & 0 & 0 & \cdots & x-a_n & 1 \\ 0 & 0 & 0 & \cdots & 0 & 1 \end{vmatrix}$$

$$= (x-a_1)(x-a_2)\cdots(x-a_n).$$

人物简介

范德蒙 (Alexandre Theophile Vandermonde, 1735~1796), 法国数学家. 生于巴黎. 1771 年成为巴黎科学院院士.

范德蒙在代数学方面有重要贡献. 他在 1771 年发表的论文中证明了多项式方程根的任何对称式都能用方程的系数表示出来. 他不仅把行列式应用于解线性

方程组, 而且对行列式理论本身进行了开创性研究, 是行列式的奠基人. 他给出了用二阶子式和它的余子式来展开行列式的法则, 还提出了专门的行列式符号. 他具有拉格朗日的预解式、置换理论等思想, 为群的概念的产生做了一些准备工作.

在牛顿幂和公式的影响下, 对称函数开始引起人们的普遍关注. 1771 年, 范德蒙在他的论文中提出重要的定理: “根的任何有理对称函数都可以用方程的系数表示出来”. 他还首次构造了对称函数表. 至此, 人们对对称函数的兴趣更加浓厚了, 许多著名数学家如华林、欧拉、克拉默、拉格朗日、柯西等都在对称函数的研究中取得了重要结果.

习　题

1. 选择题

(1) 4 阶行列式 $\begin{vmatrix} a_1 & 0 & 0 & b_1 \\ 0 & a_2 & b_2 & 0 \\ 0 & b_3 & a_3 & 0 \\ b_4 & 0 & 0 & a_4 \end{vmatrix}$ 的值等于 (　　).

(A) $a_1a_2a_3a_4-b_1b_2b_3b_4$　　(B) $a_1a_2a_3a_4+b_1b_2b_3b_4$

(C) $(a_1a_2-b_1b_2)(a_3a_4-b_3b_4)$　　(D) $(a_2a_3-b_2b_3)(a_1a_4-b_1b_4)$

(2) 设

$$D_n=\begin{vmatrix} 1 & a & a & \cdots & a \\ a & 1 & a & \cdots & a \\ \vdots & \vdots & \vdots & & \vdots \\ a & a & a & \cdots & 1 \end{vmatrix}=0,$$

但 $D_{n-1}\neq 0$. 则 $a=$ (　　).

(A) 1　　(B) -1　　(C) $\dfrac{1}{n-1}$　　(D) $\dfrac{1}{1-n}$

2. 填空题

(1) $\begin{vmatrix} 1 & 4 & 16 \\ 1 & 5 & 25 \\ 1 & 6 & 36 \end{vmatrix} =$ ____. (2) $\begin{vmatrix} 1 & 1 & 1 & 1 \\ 2 & 1 & 3 & 4 \\ 4 & 1 & 9 & 16 \\ 8 & 1 & 27 & 64 \end{vmatrix} =$ ____.

*(3) 设 $D = \begin{vmatrix} 3 & 2 & 1 \\ 4 & -3 & 3 \\ 0 & 1 & -4 \end{vmatrix}$, 用 A_{ij} 表示 D 的元素 a_{ij} 的代数余子式 $(i,j=1,2,3)$. 则 $A_{13}+3A_{23}-4A_{33}=$ ____, $4A_{21}+3M_{22}+2A_{23}=$ ____.

3. 计算下列行列式:

(1) $\begin{vmatrix} a+b & c & 1 \\ b+c & a & 1 \\ c+a & b & 1 \end{vmatrix}$. (2) $\begin{vmatrix} 1 & 2 & 3 & 4 \\ 2 & 3 & 4 & 1 \\ 3 & 4 & 1 & 2 \\ 4 & 1 & 2 & 3 \end{vmatrix}$.

(3) $\begin{vmatrix} 2 & -1 & 1 & 4 \\ 0 & -5 & 3 & -1 \\ 1 & 2 & 1 & 0 \\ 5 & 0 & 3 & 6 \end{vmatrix}$. (4) $\begin{vmatrix} a & 0 & 0 & b \\ b & a & 0 & 0 \\ 0 & b & a & 0 \\ 0 & 0 & b & a \end{vmatrix}$.

(5) $D_n = \begin{vmatrix} a & 0 & \cdots & 0 & b \\ 0 & a & \cdots & 0 & 0 \\ \vdots & \vdots & & \vdots & \vdots \\ 0 & 0 & \cdots & a & 0 \\ b & 0 & \cdots & 0 & a \end{vmatrix}$. (6) $\begin{vmatrix} 1 & 0 & 0 & \cdots & 0 & b_1 \\ 0 & 1 & 0 & \cdots & 0 & b_2 \\ \vdots & \vdots & \vdots & & \vdots & \vdots \\ 0 & 0 & 0 & \cdots & 1 & b_n \\ a_1 & a_2 & a_3 & \cdots & a_n & 0 \end{vmatrix}$.

(7) $\begin{vmatrix} 1 & a_1 & a_2 & \cdots & a_n \\ 1 & a_1+b_1 & a_2 & \cdots & a_n \\ 1 & a_1 & a_2+b_2 & \cdots & a_n \\ \vdots & \vdots & \vdots & & \vdots \\ 1 & a_1 & a_2 & \cdots & a_n+b_n \end{vmatrix}$.

(8) $D_n=\begin{vmatrix} 1+a_1 & 1 & \cdots & 1 \\ 1 & 1+a_2 & \cdots & 1 \\ \vdots & \vdots & & \vdots \\ 1 & 1 & \cdots & 1+a_n \end{vmatrix}$, 其中 $a_1a_2\cdots a_n\neq 0$.

4. 证明:

(1) $D_n=\begin{vmatrix} 0 & \cdots & 0 & 0 & a_{1n} \\ 0 & \cdots & 0 & a_{2,n-1} & a_{2n} \\ \vdots & & \vdots & \vdots & \vdots \\ a_{n1} & \cdots & a_{n,n-2} & a_{n,n-1} & a_{nn} \end{vmatrix}=(-1)^{\frac{n(n-1)}{2}}a_{1n}a_{2,n-1}\cdots a_{n1}$.

(2) $\begin{vmatrix} x & -1 & 0 & \cdots & 0 & 0 \\ 0 & x & -1 & \cdots & 0 & 0 \\ \vdots & \vdots & \vdots & & \vdots & \vdots \\ 0 & 0 & 0 & \cdots & x & -1 \\ a_n & a_{n-1} & a_{n-2} & \cdots & a_2 & x+a_1 \end{vmatrix}=x^n+a_1x^{n-1}+\cdots+a_{n-1}x+a_n$.

1.4 行列式的应用

作为行列式的应用之一, 本节讨论一类特殊的方程个数和未知量个数相等的线性方程组, 将二元和三元线性方程组的结果推广到 n 元线性方程组. 主要结果是

定理 (克拉默法则) 若 n 个方程 n 个未知量的线性方程组

$$\begin{cases} a_{11}x_1+a_{12}x_2+\cdots+a_{1n}x_n=b_1, \\ a_{21}x_1+a_{22}x_2+\cdots+a_{2n}x_n=b_2, \\ \qquad\vdots \\ a_{n1}x_1+a_{n2}x_2+\cdots+a_{nn}x_n=b_n \end{cases}$$

的系数行列式

$$D=\begin{vmatrix} a_{11} & \cdots & a_{1n} \\ \vdots & & \vdots \\ a_{n1} & \cdots & a_{nn} \end{vmatrix} \neq 0,$$

则该方程组有唯一解:

$$x_1=\frac{D_1}{D},\quad x_2=\frac{D_2}{D},\quad \cdots,\quad x_n=\frac{D_n}{D},$$

其中 $D_i(i=1,2,\cdots,n)$ 是把系数行列式 D 的第 i 列换成常数项 $b_1, b_2, \cdots, b_n$, 而其余各列不变所得到的行列式, 即

$$D_i=\begin{vmatrix} a_{11} & \cdots & a_{1,i-1} & b_1 & a_{1,i+1} & \cdots & a_{1n} \\ \vdots & & \vdots & \vdots & \vdots & & \vdots \\ a_{n1} & \cdots & a_{n,i-1} & b_n & a_{n,i+1} & \cdots & a_{nn} \end{vmatrix}.$$

注 1. 这个法则可以用行列式的性质证明, 这里就不证明了. 在第 3 章第 1 节中给出这个法则的另一个证明方法. 这个法则是利用行列式求线性方程组的解, 但计算量一般是比较大的, 因为按这一法则解 n 个方程 n 个未知量的线性方程组要计算 $n+1$ 个 n 阶行列式. 这个法则的主要意义在于, 当方程组的系数行列式不是零时, 方程组的解由系数和常数项构成的行列式表示出来, 它具有更大的理论价值.

2. 用这个法则解线性方程组需要两个条件, 一是这个线性方程组的方程个数与未知量个数相等, 二是这个线性方程组的系数行列式 $D\neq 0$. 但是在管理科学与工程技术等领域更多的是需要求解这样的线性方程组: 方程的个数与未知量的个数不相等, 即便方程的个数与未知量的个数相等, 但系数行列式却等于零. 这时如何求线性方程组的解? 这就需要引入新的工具和介绍新的方法, 这就是第 2 章将要介绍的矩阵和第 3 章将要介绍的一般线性方程组的解法.

人物简介

克拉默 (Gabriel Cramer, 1704~1752), 瑞士数学家. 生于日内瓦, 卒于法国塞兹河畔巴尼奥勒. 早年在日内瓦读书, 1724 年起在日内瓦加尔文学院任教. 1734

年成为几何学教授，1750 年任哲学教授. 他自 1727 年进行为期两年的旅行访学. 在巴塞尔与约翰 · 伯努利、欧拉等人学习交流，结为挚友. 后又到英国、荷兰、法国等地拜见了许多数学名家，回国后在与他们的长期通信中，加强了数学家之间的联系，为数学宝库留下大量有价值的文献. 他一生未婚，专心治学，平易近人且德高望重，先后当选为伦敦皇家学会、柏林研究院和法国、意大利等学会的成员.

克拉默对数学的贡献主要在代数学和解析几何方面. 其主要著作是《代数曲线的分析引论》(1750). 克拉默法则 (Cramer's Rule) 在他的这一著作中发表. 该法则由德国数学家、物理学家、哲学家莱布尼茨 (1693), 以及英国数学家麦克劳林 (1729 年得到, 1748 年发表) 得到, 但他们的记法不如克拉默的记法, 尽管克拉默当时并没有用行列式这个名词.

习　题

解线性方程组

$$\begin{cases} x_1 + a_1 x_2 + a_1^2 x_3 + \cdots + a_1^{n-1} x_n = 1, \\ x_1 + a_2 x_2 + a_2^2 x_3 + \cdots + a_2^{n-1} x_n = 1, \\ \qquad\qquad\vdots \\ x_1 + a_n x_2 + a_n^2 x_3 + \cdots + a_n^{n-1} x_n = 1, \end{cases}$$

其中当 $i \neq j$ 时, $a_i \neq a_j$.

第 2 章　矩　　阵

第 1 章讨论了一类特殊线性方程组的求解. 但是管理科学与工程技术等很多实际问题需要求解一般的线性方程组. 行列式这个工具不够用了, 必须引入新的工具, 这就是矩阵.

矩阵是数学中重要的基本概念之一, 是代数学的一个主要研究对象, 也是数学研究和应用的一个重要工具. 它不仅在代数学自身有广泛的应用, 而且它在数学的其他分支以及物理学、力学、电气工程学科、工程技术、经济学、管理学等都有广泛的应用. 本章主要介绍矩阵的概念及运算、逆矩阵、矩阵的初等变换及矩阵的秩.

2.1　矩阵的概念

本节给出矩阵的概念和几类特殊的矩阵.

2.1.1　矩阵的概念

设 s 个方程 n 个未知量的线性方程组是

$$\begin{cases} a_{11}x_1+a_{12}x_2+\cdots+a_{1n}x_n=b_1, \\ a_{21}x_1+a_{22}x_2+\cdots+a_{2n}x_n=b_2, \\ \qquad\qquad\vdots \\ a_{s1}x_1+a_{s2}x_2+\cdots+a_{sn}x_n=b_s. \end{cases} \tag{1}$$

这个方程组的**系数** a_{ij} 按照在方程组中的位置构成一个 s 行 n 列的数表:

$$\begin{matrix} a_{11} & a_{12} & \cdots & a_{1n} \\ a_{21} & a_{22} & \cdots & a_{2n} \\ \vdots & \vdots & & \vdots \\ a_{s1} & a_{s2} & \cdots & a_{sn}, \end{matrix}$$

而这个方程组的系数和**常数项** b_i 按照在方程组中的位置构成一个 s 行 $n+1$ 列的数表:

$$\begin{matrix} a_{11} & a_{12} & \cdots & a_{1n} & b_1 \\ a_{21} & a_{22} & \cdots & a_{2n} & b_2 \\ \vdots & \vdots & & \vdots & \vdots \\ a_{s1} & a_{s2} & \cdots & a_{sn} & b_s \end{matrix}$$

我们对这样的数表加以研究. 为此, 引入下列概念.

定义 由 $s\times n$ 个数 $a_{ij}(i=1,2,\cdots,s;j=1,2,\cdots,n)$ 排成的 s 行 n 列的矩形数表称为一个s **行**、n **列矩阵**, 简称 $s\times n$ **矩阵**. 这个矩阵用一个圆括号把两侧括起来, 记为

$$\begin{pmatrix} a_{11} & a_{12} & \cdots & a_{1n} \\ a_{21} & a_{22} & \cdots & a_{2n} \\ \vdots & \vdots & & \vdots \\ a_{s1} & a_{s2} & \cdots & a_{sn} \end{pmatrix}.$$

a_{ij} 称为矩阵的**元素**. 元素 a_{ij} 的第一个下脚标 i 表示这个元素的位置在矩阵的第 i 行, 第二个下脚标 j 表示这个元素的位置在矩阵的第 j 列. 通常用大写字母 $\boldsymbol{A},\boldsymbol{B},\boldsymbol{C}$ 等表示矩阵. 需要标明矩阵的行数 s 和列数 n 时, 记为 $\boldsymbol{A}_{s\times n}$, 有时也记为 $(a_{ij})_{s\times n}$.

若两个矩阵分别有相同的行数与相同的列数，则称它们是**同型矩阵**.

若 $\boldsymbol{A}$ 与 $\boldsymbol{B}$ 是同型矩阵，且对应的元素都相等，则称矩阵 $\boldsymbol{A}$ 与矩阵 $\boldsymbol{B}$ **相等**，记为 $\boldsymbol{A}=\boldsymbol{B}$.

注 注意矩阵和行列式的区别.

1. 矩阵是一个数表，而不是一个数，所用符号是圆括号“(　)”，而不是花括号“{　}”. 行列式是一个数，所用符号是两条竖线“|　|”.

2. 矩阵的行数和列数不一定相等，而行列式的行数和列数一定相等.

3. 两个矩阵相等是要求两个矩阵对应的元素都相等，而两个行列式相等只要它们表示的数值相等即可.

矩阵的概念是从实际问题中抽象出来的. 以下仅举三例.

例 1 线性方程组 (1) 的系数按照在方程组中的位置构成一个 $s\times n$ 矩阵:

$$\begin{pmatrix} a_{11} & a_{12} & \cdots & a_{1n} \\ a_{21} & a_{22} & \cdots & a_{2n} \\ \vdots & \vdots & & \vdots \\ a_{s1} & a_{s2} & \cdots & a_{sn} \end{pmatrix},$$

而方程组 (1) 的系数和常数项按照在方程组中的位置构成一个 $s\times(n+1)$ 矩阵:

$$\begin{pmatrix} a_{11} & a_{12} & \cdots & a_{1n} & b_1 \\ a_{21} & a_{22} & \cdots & a_{2n} & b_2 \\ \vdots & \vdots & & \vdots & \vdots \\ a_{s1} & a_{s2} & \cdots & a_{sn} & b_s \end{pmatrix}.$$

例 2 s 个变量 $x_1,x_2,\cdots,x_s$ 与 n 个变量 $y_1,y_2,\cdots,y_n$ 之间的关系式

$$\begin{cases} x_1=a_{11}y_1+a_{12}y_2+\cdots+a_{1n}y_n, \\ x_2=a_{21}y_1+a_{22}y_2+\cdots+a_{2n}y_n, \\ \qquad\vdots \\ x_s=a_{s1}y_1+a_{s2}y_2+\cdots+a_{sn}y_n, \end{cases}$$

表示由变量 $x_1,x_2,\cdots,x_s$ 到变量 $y_1,y_2,\cdots,y_n$ 的线性变换，其中 a_{ij} 为数. 这个线性变换的系数 a_{ij} 构成矩阵 $\boldsymbol{A}=(a_{ij})_{s\times n}$.

例 3　某公司生产 s 种产品 $A_1, A_2, \cdots, A_s$, 在世界各地分布 n 个专卖店 B_1, $B_2, \cdots, B_n$. 则产品的销售金额的某年度某月度报表构成一个矩阵：

$$\begin{pmatrix} a_{11} & a_{12} & \cdots & a_{1n} \\ a_{21} & a_{22} & \cdots & a_{2n} \\ \vdots & \vdots & & \vdots \\ a_{s1} & a_{s2} & \cdots & a_{sn} \end{pmatrix},$$

其中 a_{ij} 表示产品 A_i 在第 j 个专卖店 B_j 的销售金额.

2.1.2　几类特殊的矩阵

元素都是零的矩阵称为**零矩阵**, 记作 $\mathbf{0}$. 注意, 不同型的零矩阵是不同的.

行数与列数相等的矩阵称为**方阵**. 若方阵 $\boldsymbol{A}$ 的行数与列数都等于 n, 则称 $\boldsymbol{A}$ 是 n **阶方阵**.

注　n 阶方阵和 n 阶行列式是两个完全不同的概念. n 阶方阵是 n^2 个数排成的一个表, 而不是一个数, 而 n 阶行列式是一个数.

主对角线 (从左上角到右下角这条对角线) 以外的元素都是 0 的 n 阶方阵

$$\begin{pmatrix} a_1 & 0 & \cdots & 0 \\ 0 & a_2 & \cdots & 0 \\ \vdots & \vdots & & \vdots \\ 0 & 0 & \cdots & a_n \end{pmatrix}$$

称为n **阶对角矩阵** (a diagonal matrix of order n), 简称为n **阶对角阵**. 为节省版面篇幅, 有时记为

$$\operatorname{diag}(a_1, a_2, \cdots, a_n).$$

主对角线上的元素都是 1 的 n 阶对角阵

$$\operatorname{diag}(1,1,\cdots,1)=\begin{pmatrix}1 & 0 & \cdots & 0\\ 0 & 1 & \cdots & 0\\ \vdots & \vdots & & \vdots\\ 0 & 0 & \cdots & 1\end{pmatrix}$$

称为n **阶单位矩阵**, 简称为n **阶单位阵**, 记为 $\boldsymbol{E}_n$ 或 $\boldsymbol{E}$.

只有一行的矩阵

$$(a_1\ a_2\ \cdots\ a_n)$$

称为 n **维行向量**. 为避免元素间的混淆, n 维行向量记为

$$\boldsymbol{A}=(a_1,a_2,\cdots,a_n).$$

只有一列的矩阵

$$\begin{pmatrix}a_1\\ a_2\\ \vdots\\ a_n\end{pmatrix}$$

称为 n **维列向量**.

2.2 矩阵的运算

我们知道, 数有四则运算: 加法、减法、乘法、除法. 矩阵可以认为是数的推广. 本节讨论矩阵的运算: 加法、减法、数量乘法、乘法、转置以及方阵的行列式.

2.2.1 矩阵的加法

矩阵的加法运算源自实际生活中. 例如, 从上述实际问题出发, 假设某公司生产 s 种产品 $A_1,A_2,\cdots,A_s$, 在世界各地分布 n 个专卖店 $B_1,B_2,\cdots,B_n$. 产品的销售金额某年度某两个月度报表分别用矩阵 $\boldsymbol{A}$ 与 $\boldsymbol{B}$ 表示:

$$\boldsymbol{A}=\begin{pmatrix} a_{11} & a_{12} & \cdots & a_{1n} \\ a_{21} & a_{22} & \cdots & a_{2n} \\ \vdots & \vdots & & \vdots \\ a_{s1} & a_{s2} & \cdots & a_{sn} \end{pmatrix},$$

$$\boldsymbol{B}=\begin{pmatrix} b_{11} & b_{12} & \cdots & b_{1n} \\ b_{21} & b_{22} & \cdots & b_{2n} \\ \vdots & \vdots & & \vdots \\ b_{s1} & b_{s2} & \cdots & b_{sn} \end{pmatrix},$$

其中 a_{ij},b_{ij} 分别表示这两月份的产品 A_i 在第 j 个专卖店 B_j 的销售金额. 则这两月份的产品的销售总金额是

$$\boldsymbol{C}=\begin{pmatrix} a_{11}+b_{11} & a_{12}+b_{12} & \cdots & a_{1n}+b_{1n} \\ a_{21}+b_{21} & a_{22}+b_{22} & \cdots & a_{2n}+b_{2n} \\ \vdots & \vdots & & \vdots \\ a_{s1}+b_{s1} & a_{s2}+b_{s2} & \cdots & a_{sn}+b_{sn} \end{pmatrix}.$$

从问题的实际意义很自然地应当把 $\boldsymbol{C}$ 称为矩阵 $\boldsymbol{A}$ 与 $\boldsymbol{B}$ 的和. 一般地, 有下列的

定义 1 两个 $s\times n$ 矩阵 $\boldsymbol{A}=(a_{ij})_{s\times n}$ 和 $\boldsymbol{B}=(b_{ij})_{s\times n}$ 对应位置上的元素相加得到的 $s\times n$ 矩阵, 称为 $\boldsymbol{A}$ 与 $\boldsymbol{B}$ 的**和**, 记为 $\boldsymbol{A}+\boldsymbol{B}$, 即

$$\boldsymbol{A}+\boldsymbol{B}=(a_{ij})_{s\times n}+(b_{ij})_{s\times n}=(a_{ij}+b_{ij})_{s\times n}.$$

注 只有同型矩阵才能进行加法运算.

例如,

$$\boldsymbol{A}=\begin{pmatrix}1&2&3\\4&5&6\end{pmatrix},\quad \boldsymbol{B}=\begin{pmatrix}0&1&2\\3&4&5\end{pmatrix}.$$

则

$$\boldsymbol{A}+\boldsymbol{B}=\begin{pmatrix}1&3&5\\7&9&11\end{pmatrix}.$$

设矩阵 $\boldsymbol{A}=(a_{ij})_{s\times n}$. 记

$$-\boldsymbol{A}=(-a_{ij})_{s\times n}.$$

称 $-\boldsymbol{A}$ 为矩阵 $\boldsymbol{A}$ 的**负矩阵**.

由此规定**矩阵的减法**为

$$\boldsymbol{A}-\boldsymbol{B}=\boldsymbol{A}+(-\boldsymbol{B}).$$

2.2.2 矩阵的数量乘法

我们仍然从上述实际问题出发, 假设某公司某年度 1 月份的销售金额是 $\boldsymbol{A}=(a_{ij})_{s\times n}$, 2 月份每种产品在每个专卖店的销售金额都是 1 月份的 k 倍, 那么这家公司的产品在 2 月份的销售金额是

$$\boldsymbol{B}=\begin{pmatrix}ka_{11}&ka_{12}&\cdots&ka_{1n}\\ka_{21}&ka_{22}&\cdots&ka_{2n}\\\vdots&\vdots&&\vdots\\ka_{s1}&ka_{s2}&\cdots&ka_{sn}\end{pmatrix}.$$

从问题的实际意义很自然地应当把 $\boldsymbol{B}$ 称为数 k 与矩阵 $\boldsymbol{A}$ 的数量乘积. 一般地, 有下列的

定义 2 数 k 乘以矩阵 $\boldsymbol{A}$ 的每一个元素得到的矩阵称为数 k 与矩阵 $\boldsymbol{A}$ 的**数量乘积**, 简称为**数乘**, 记为 $k\boldsymbol{A}$, 即

$$k\boldsymbol{A}=k(a_{ij})_{s\times n}=(ka_{ij})_{s\times n}.$$

例如,

$$A = \begin{pmatrix} 1 & 2 & 3 \\ 4 & 5 & 6 \end{pmatrix}.$$

则

$$3A = \begin{pmatrix} 3 & 6 & 9 \\ 12 & 15 & 18 \end{pmatrix}.$$

注　数 k 乘矩阵是将 k 乘矩阵的所有元素. 数 k 乘行列式是将 k 只乘行列式的某一行 (列), 而不是将 k 乘行列式的所有元素.

矩阵的加法与矩阵的数量乘法统称为**矩阵的线性运算**. 容易验证, 它满足下列运算规律:

设 $\boldsymbol{A},\boldsymbol{B},\boldsymbol{C},\boldsymbol{0}$ 是同型矩阵, k,l 是数. 则

(1) $\boldsymbol{A}+\boldsymbol{B}=\boldsymbol{B}+\boldsymbol{A}$;

(2) $(\boldsymbol{A}+\boldsymbol{B})+\boldsymbol{C}=\boldsymbol{A}+(\boldsymbol{B}+\boldsymbol{C})$;

(3) $\boldsymbol{A}+\boldsymbol{0}=\boldsymbol{A}$;

(4) $\boldsymbol{A}+(-\boldsymbol{A})=\boldsymbol{0}$;

(5) $1\boldsymbol{A}=\boldsymbol{A}$;

(6) $k(l\boldsymbol{A})=(kl)\boldsymbol{A}$;

(7) $(k+l)\boldsymbol{A}=k\boldsymbol{A}+l\boldsymbol{A}$;

(8) $k(\boldsymbol{A}+\boldsymbol{B})=k\boldsymbol{A}+k\boldsymbol{B}$.

2.2.3　矩阵的乘法

先看一个具体问题. 设

$$\begin{cases} x_1 = a_{11}y_1 + a_{12}y_2 + a_{13}y_3, \\ x_2 = a_{21}y_1 + a_{22}y_2 + a_{23}y_3 \end{cases} \tag{1}$$

与

$$\begin{cases} y_1 = b_{11}z_1 + b_{12}z_2, \\ y_2 = b_{21}z_1 + b_{22}z_2, \\ y_3 = b_{31}z_1 + b_{32}z_2 \end{cases} \tag{2}$$

分别是 x_1,x_2 到 y_1,y_2,y_3 与 y_1,y_2,y_3 到 z_1,z_2 的线性变换. 则 x_1,x_2 到 z_1,z_2 的线性变换是

$$\begin{cases} x_1 = (a_{11}b_{11} + a_{12}b_{21} + a_{13}b_{31})z_1 + (a_{11}b_{12} + a_{12}b_{22} + a_{13}b_{32})z_2, \\ x_2 = (a_{21}b_{11} + a_{22}b_{21} + a_{23}b_{31})z_1 + (a_{21}b_{12} + a_{22}b_{22} + a_{23}b_{32})z_2. \end{cases} \tag{3}$$

线性变换 (1), (2), (3) 的系数矩阵分别记为

$$\boldsymbol{A} = \begin{pmatrix} a_{11} & a_{12} & a_{13} \\ a_{21} & a_{22} & a_{23} \end{pmatrix}, \quad \boldsymbol{B} = \begin{pmatrix} b_{11} & b_{12} \\ b_{21} & b_{22} \\ b_{31} & b_{32} \end{pmatrix},$$

$$\boldsymbol{C} = \begin{pmatrix} a_{11}b_{11} + a_{12}b_{21} + a_{13}b_{31} & a_{11}b_{12} + a_{12}b_{22} + a_{13}b_{32} \\ a_{21}b_{11} + a_{22}b_{21} + a_{23}b_{31} & a_{21}b_{12} + a_{22}b_{22} + a_{23}b_{32} \end{pmatrix}.$$

从问题的实际意义很自然地应当把 $\boldsymbol{C}$ 称为矩阵 $\boldsymbol{A}$ 与 $\boldsymbol{B}$ 的乘积, 记为 $\boldsymbol{AB}$, 即

$$\begin{pmatrix} a_{11} & a_{12} & a_{13} \\ a_{21} & a_{22} & a_{23} \end{pmatrix} \begin{pmatrix} b_{11} & b_{12} \\ b_{21} & b_{22} \\ b_{31} & b_{32} \end{pmatrix}$$
$$= \begin{pmatrix} a_{11}b_{11} + a_{12}b_{21} + a_{13}b_{31} & a_{11}b_{12} + a_{12}b_{22} + a_{13}b_{32} \\ a_{21}b_{11} + a_{22}b_{21} + a_{23}b_{31} & a_{21}b_{12} + a_{22}b_{22} + a_{23}b_{32} \end{pmatrix}.$$

一般地, 有下列的

定义 3 设 $\boldsymbol{A} = (a_{ij})_{s \times n}$, $\boldsymbol{B} = (b_{ij})_{n \times m}$. 令 $\boldsymbol{C} = (c_{ij})_{s \times m}$, 其中

$$c_{ij} = a_{i1}b_{1j} + a_{i2}b_{2j} + \cdots + a_{in}b_{nj},$$

$i = 1,2,\cdots,s; j = 1,2,\cdots,m$. 称矩阵 $\boldsymbol{C}$ 为矩阵 $\boldsymbol{A}$ 与矩阵 $\boldsymbol{B}$ 的**乘积**, 记为 $\boldsymbol{C} = \boldsymbol{AB}$.

注　1. 只有当第一个矩阵 (左矩阵)$\boldsymbol{A}$ 的列数与第二个矩阵 (右矩阵)$\boldsymbol{B}$ 的行数相同时, 矩阵 $\boldsymbol{A}$ 与 $\boldsymbol{B}$ 才能相乘.

2. 乘积 $\boldsymbol{AB}$ 的行数是 $\boldsymbol{A}$ 的行数, 其列数是 $\boldsymbol{B}$ 的列数.

3. $\boldsymbol{AB}$ 的第 i 行第 j 列的元素 c_{ij} 是矩阵 $\boldsymbol{A}$ 的第 i 行的所有元素与矩阵 $\boldsymbol{B}$ 的第 j 列的对应元素乘积的和. c_{ij} 可简单地表示为

$$\begin{pmatrix} \cdots & \cdots & \cdots \\ \cdots & c_{ij} & \cdots \\ \cdots & \cdots & \cdots \end{pmatrix} = \begin{pmatrix} & \cdots & \cdots & \\ a_{i1} & a_{i2} & \cdots & a_{in} \\ & \cdots & \cdots & \end{pmatrix} \begin{pmatrix} & b_{1j} & \\ \vdots & b_{2j} & \vdots \\ \vdots & \vdots & \vdots \\ & b_{nj} & \end{pmatrix}.$$

例 1　已知矩阵

$$\boldsymbol{A} = \begin{pmatrix} 1 & 2 \\ 3 & 4 \end{pmatrix},\quad \boldsymbol{B} = \begin{pmatrix} 4 & 3 & 2 \\ 1 & 0 & -1 \end{pmatrix}.$$

求乘积 $\boldsymbol{AB}$.

解　由 $\boldsymbol{A}$ 是 2 阶方阵, $\boldsymbol{B}$ 是 2×3 矩阵, 知矩阵 $\boldsymbol{A}$ 与 $\boldsymbol{B}$ 可以相乘, 其乘积 $\boldsymbol{AB}$ 是 2×3 矩阵:

$$\boldsymbol{AB} = \begin{pmatrix} 1 & 2 \\ 3 & 4 \end{pmatrix} \begin{pmatrix} 4 & 3 & 2 \\ 1 & 0 & -1 \end{pmatrix} = \begin{pmatrix} 6 & 3 & 0 \\ 16 & 9 & 2 \end{pmatrix}.$$

乘积的矩阵中各个元素是按照定义得出的, 例如, 第 2 行第 1 列的元素 16 是矩阵 $\boldsymbol{A}$ 的第 2 行的所有元素与矩阵 $\boldsymbol{B}$ 的第 1 列的对应元素乘积的和:

$$3\times4+4\times1=16.$$

上节例 1 中的 s 个方程 n 个未知量的线性方程组:

$$\begin{cases} a_{11}x_1+a_{12}x_2+\cdots+a_{1n}x_n=b_1, \\ a_{21}x_1+a_{22}x_2+\cdots+a_{2n}x_n=b_2, \\ \qquad\qquad\vdots \\ a_{s1}x_1+a_{s2}x_2+\cdots+a_{sn}x_n=b_s, \end{cases}$$

利用矩阵的乘法可以写为

$$Ax = b,$$

其中

$$A = (a_{ij})_{s\times n},\quad x = \begin{pmatrix} x_1 \\ x_2 \\ \vdots \\ x_n \end{pmatrix},\quad b = \begin{pmatrix} b_1 \\ b_2 \\ \vdots \\ b_s \end{pmatrix}.$$

上节例 2 中的线性变换:

$$\begin{cases} x_1 = a_{11}y_1 + a_{12}y_2 + \cdots + a_{1n}y_n, \\ x_2 = a_{21}y_1 + a_{22}y_2 + \cdots + a_{2n}y_n, \\ \qquad \vdots \\ x_s = a_{s1}y_1 + a_{s2}y_2 + \cdots + a_{sn}y_n, \end{cases}$$

利用矩阵的乘法可以写为

$$x = Ay,$$

其中

$$A = (a_{ij})_{s\times n},\quad x = \begin{pmatrix} x_1 \\ x_2 \\ \vdots \\ x_s \end{pmatrix},\quad y = \begin{pmatrix} y_1 \\ y_2 \\ \vdots \\ y_n \end{pmatrix}.$$

对于单位阵 E, 显然

$$E_s A_{s\times n} = A_{s\times n},\quad A_{s\times n} E_n = A_{s\times n}.$$

特别地, 当 A 是 n 阶方阵时,

$$E_n A = A E_n = A.$$

不难证明, 矩阵满足下列运算规律 (在运算可以进行的前提条件下):

(1) $(AB)C = A(BC)$ (结合律);

(2) $\boldsymbol{A}(\boldsymbol{B}+\boldsymbol{C})=\boldsymbol{AB}+\boldsymbol{AC}$ (左分配律);

(3) $(\boldsymbol{B}+\boldsymbol{C})\boldsymbol{A}=\boldsymbol{BA}+\boldsymbol{CA}$ (右分配律);

(4) $k(\boldsymbol{AB})=(k\boldsymbol{A})\boldsymbol{B}=\boldsymbol{A}(k\boldsymbol{B})$ (其中 k 是数).

由于矩阵的乘法适合结合律, 我们可以定义方阵的幂.

设 $\boldsymbol{A}$ 是方阵, k 是正整数. k 个 $\boldsymbol{A}$ 的连乘积称为 **$\boldsymbol{A}$ 的 k 次幂**, 记为 $\boldsymbol{A}^k$, 即

$$\boldsymbol{A}^k=\underbrace{\boldsymbol{A}\cdot\boldsymbol{A}\cdots\boldsymbol{A}}_{k}.$$

规定 $\boldsymbol{A}^0=\boldsymbol{E}$. 容易看出

$$\boldsymbol{A}^k\boldsymbol{A}^l=\boldsymbol{A}^{k+l},\quad (\boldsymbol{A}^k)^l=\boldsymbol{A}^{kl},$$

其中 k,l 是非负整数.

注　注意矩阵的运算规律与数的运算规律的区别.

1. 我们知道, 数的乘法满足交换律. 但, 矩阵的乘法不满足交换律. 在例 1 中, $\boldsymbol{AB}$ 存在. 但, 由于 $\boldsymbol{B}$ 的列数与 $\boldsymbol{A}$ 的行数不相同, 故 $\boldsymbol{BA}$ 不存在. 即便 $\boldsymbol{AB}$ 与 $\boldsymbol{BA}$ 都存在, 两者也不一定相等. 例如, 矩阵

$$\boldsymbol{A}=\begin{pmatrix}1&0\\0&0\end{pmatrix},\quad \boldsymbol{B}=\begin{pmatrix}0&1\\0&0\end{pmatrix}.$$

则乘积

$$\boldsymbol{AB}=\begin{pmatrix}1&0\\0&0\end{pmatrix}\begin{pmatrix}0&1\\0&0\end{pmatrix}=\begin{pmatrix}0&1\\0&0\end{pmatrix},$$

$$\boldsymbol{BA}=\begin{pmatrix}0&1\\0&0\end{pmatrix}\begin{pmatrix}1&0\\0&0\end{pmatrix}=\begin{pmatrix}0&0\\0&0\end{pmatrix}.$$

因此 $\boldsymbol{AB}\neq\boldsymbol{BA}$.

2. 我们知道, 两个非零数的乘积是非零数. 但, 两个非零矩阵的乘积可以是零矩阵. 这一点从注 1 中的 2 阶方阵 $\boldsymbol{A}$ 与 $\boldsymbol{B}$ 就可以看出. 因此, 从 $\boldsymbol{AB}=\boldsymbol{0}$ 不能推出 $\boldsymbol{A}=\boldsymbol{0}$ 或 $\boldsymbol{B}=\boldsymbol{0}$.

2.2.4 矩阵的转置

定义 4 把矩阵 $\boldsymbol{A}$ 的行列互换得到的矩阵, 称为 $\boldsymbol{A}$ 的**转置矩阵** (transpose matrix), 记为 $\boldsymbol{A}^{\mathrm{T}}$.

例如, 矩阵

$$\boldsymbol{A}=\begin{pmatrix}1 & 2 & 3\\ 4 & 5 & 6\end{pmatrix}.$$

则 $\boldsymbol{A}$ 的转置矩阵是

$$\boldsymbol{A}^{\mathrm{T}}=\begin{pmatrix}1 & 4\\ 2 & 5\\ 3 & 6\end{pmatrix}.$$

矩阵的转置满足下列运算规律:

(1) $(\boldsymbol{A}^{\mathrm{T}})^{\mathrm{T}}=\boldsymbol{A}$;

(2) $(\boldsymbol{A}+\boldsymbol{B})^{\mathrm{T}}=\boldsymbol{A}^{\mathrm{T}}+\boldsymbol{B}^{\mathrm{T}}$;

(3) $(k\boldsymbol{A})^{\mathrm{T}}=k\boldsymbol{A}^{\mathrm{T}}$;

(4) $(\boldsymbol{AB})^{\mathrm{T}}=\boldsymbol{B}^{\mathrm{T}}\boldsymbol{A}^{\mathrm{T}}$ (穿脱鞋袜原则).

(1), (2), (3), 显然成立. (4) 式只是通过一个例子加以说明.

例 2 设矩阵

$$\boldsymbol{A}=\begin{pmatrix}1 & 2\\ 3 & 4\end{pmatrix},\quad \boldsymbol{B}=\begin{pmatrix}4 & 3 & 2\\ 1 & 0 & -1\end{pmatrix}.$$

则

$$\boldsymbol{AB}=\begin{pmatrix}1 & 2\\ 3 & 4\end{pmatrix}\begin{pmatrix}4 & 3 & 2\\ 1 & 0 & -1\end{pmatrix}=\begin{pmatrix}6 & 3 & 0\\ 16 & 9 & 2\end{pmatrix}.$$

而

$$\boldsymbol{A}^{\mathrm{T}}=\begin{pmatrix}1 & 3\\ 2 & 4\end{pmatrix},\quad \boldsymbol{B}^{\mathrm{T}}=\begin{pmatrix}4 & 1\\ 3 & 0\\ 2 & -1\end{pmatrix},$$

因此

$$B^{\mathrm{T}}A^{\mathrm{T}}=\begin{pmatrix}4&1\\3&0\\2&-1\end{pmatrix}\begin{pmatrix}1&3\\2&4\end{pmatrix}=\begin{pmatrix}6&16\\3&9\\0&2\end{pmatrix}$$

$$=\begin{pmatrix}6&3&0\\16&9&2\end{pmatrix}^{\mathrm{T}}=(AB)^{\mathrm{T}}.$$

设 A 是 n 阶方阵. 若 A 满足 $A^{\mathrm{T}}=A$, 即

$$a_{ij}=a_{ji},\quad i,j=1,2,\cdots,n,$$

则称 A 为**对称矩阵**, 简称为**对称阵**. 对称阵的特点是: 它的元素以主对角线为对称轴对应相等.

例如,

$$\begin{pmatrix}1&-1\\-1&1\end{pmatrix},\quad \begin{pmatrix}1&2\\2&3\end{pmatrix},\quad \begin{pmatrix}1&2&3\\2&0&-1\\3&-1&0\end{pmatrix}$$

都是对称阵.

2.2.5 方阵的行列式

定义 5 由方阵 A 的元素保持位置不变所构成的行列式称为**方阵 A 的行列式**, 记为 $|A|$.

注 只有方阵才有对应的行列式.

方阵的行列式满足下列运算规律, 这里就不证明了.

(1) $|kA|=k^n|A|$, 其中 A 是 n 阶方阵, k 是数;

(2) 若 A,B 是同阶方阵, 则

$$|AB|=|A||B|,$$

即方阵乘积的行列式等于各因子的行列式的乘积, 也即行列式的柯西 (Cauchy) 乘法定理:

$$|\boldsymbol{A}||\boldsymbol{B}| = |\boldsymbol{AB}|;$$

(3) $|\boldsymbol{A}^{\mathrm{T}}| = |\boldsymbol{A}|$, 其中 $\boldsymbol{A}$ 是方阵.

注 对于同阶方阵 $\boldsymbol{A}$ 与 $\boldsymbol{B}$, 一般地, $\boldsymbol{AB} \neq \boldsymbol{BA}$. 但由 (2), 总有

$$|\boldsymbol{AB}| = |\boldsymbol{BA}|.$$

一般地, $|\boldsymbol{A}+\boldsymbol{B}| \neq |\boldsymbol{A}|+|\boldsymbol{B}|$, 其中 $\boldsymbol{A},\boldsymbol{B}$ 是同阶方阵. 例如, 对于

$$\boldsymbol{A} = \begin{pmatrix} 1 & 0 \\ 0 & 0 \end{pmatrix}, \quad \boldsymbol{B} = \begin{pmatrix} 0 & 0 \\ 0 & 1 \end{pmatrix},$$

有 $|\boldsymbol{A}+\boldsymbol{B}| = 1$, 而 $|\boldsymbol{A}|+|\boldsymbol{B}| = 0$.

人物简介

柯西 (Augustin-Louis Cauchy, 1789~1857), 法国数学家、力学家. 他的数学功底是相当深厚的, 很多数学的定理、公式都以他的姓氏来命名, 如柯西不等式、柯西积分公式. 柯西最重要的数学贡献在微积分、复变函数和微分方程等方面. 柯西在代数学方面也做了许多工作. 1812 年, 柯西首先采用行列式这个名词, 在 1815 年引入了把元素排成方阵并采用双重脚标的记法, 并系统地研究了行列式理论. 他得到了行列式和矩阵的许多性质以及二次型的正交变换方法, 推广了鲁非尼定理等. 他的主要成果之一是行列式的乘法定理.

此外, 柯西对力学和天文学也有许多贡献. 特别是, 他弄清了弹性理论的基本数学结构, 为力学奠定了严格的理论基础.

他的著作甚丰, 共出版了 7 部著作, 发表了 789 篇论文, 以《分析教程》(1821) 和《关于定积分理论的报告》(1827) 最为著名. 1882 年开始出版他的全集, 至 1970 年已达 27 卷之多.

习　题

1. 选择题

(1) 已知 $\boldsymbol{A},\boldsymbol{B}$ 都是 3 阶方阵, 且 $|\boldsymbol{A}|=|\boldsymbol{B}|=2$. 则 $|2\boldsymbol{AB}|=($　　$)$.

(A) 2^3　　(B) 2^4　　(C) 2^5　　(D) 2^6

(2) 设 $\boldsymbol{A},\boldsymbol{B}$ 是同阶方阵, 且 $\boldsymbol{AB}=\boldsymbol{0}$. 则必有 (　　).

(A) $\boldsymbol{A}=\boldsymbol{0}$ 或 $\boldsymbol{B}=\boldsymbol{0}$　　(B) $\boldsymbol{BA}=\boldsymbol{0}$

(C) $|\boldsymbol{A}|=0$ 或 $|\boldsymbol{B}|=0$　　(D) $|\boldsymbol{A}|+|\boldsymbol{B}|=0$

(3) 设 $\boldsymbol{A},\boldsymbol{B}$ 是同阶方阵. 则必有 (　　).

(A) $|\boldsymbol{A}+\boldsymbol{B}|=|\boldsymbol{A}|+|\boldsymbol{B}|$

(B) $|k(\boldsymbol{A}+\boldsymbol{B})|=k|\boldsymbol{A}|+k|\boldsymbol{B}|$, 其中 k 是数

(C) $|\boldsymbol{AB}|=|\boldsymbol{BA}^{\mathrm{T}}|$

(D) $(\boldsymbol{AB})^{\mathrm{T}}=\boldsymbol{A}^{\mathrm{T}}\boldsymbol{B}^{\mathrm{T}}$

(4) 设 $\boldsymbol{A},\boldsymbol{B},\boldsymbol{C}$ 是同阶方阵. 则矩阵的下列运算中不成立的是 (　　).

(A) $(\boldsymbol{A}+\boldsymbol{B})^{\mathrm{T}}=\boldsymbol{A}^{\mathrm{T}}+\boldsymbol{B}^{\mathrm{T}}$　　(B) $|\boldsymbol{AB}|=|\boldsymbol{BA}|$

(C) $\boldsymbol{A}(\boldsymbol{B}+\boldsymbol{C})=\boldsymbol{BA}+\boldsymbol{CA}$　　(D) $(\boldsymbol{AB})^{\mathrm{T}}=\boldsymbol{B}^{\mathrm{T}}\boldsymbol{A}^{\mathrm{T}}$

2. 填空题

(1) $(1,2,3)\begin{pmatrix}3\\2\\1\end{pmatrix}=$____.　(2) $\begin{pmatrix}1\\2\\3\end{pmatrix}(3,2,1)=$____.

(3) 若 $\boldsymbol{A}=\begin{pmatrix}1&1&1\\1&1&-1\\1&-1&1\end{pmatrix}$, $\boldsymbol{B}=\begin{pmatrix}1&2&3\\-1&-2&4\\0&5&1\end{pmatrix}$, 则 $\boldsymbol{A}^{\mathrm{T}}=$____, $\boldsymbol{AB}-\boldsymbol{BA}=$____.

3. 设 $\boldsymbol{\alpha}=(1,2,3),\boldsymbol{\beta}=\left(1,\dfrac{1}{2},\dfrac{1}{3}\right),\boldsymbol{A}=\boldsymbol{\alpha}^{\mathrm{T}}\boldsymbol{\beta}$. 求 $\boldsymbol{A}^n$.

4. 设 $\boldsymbol{A},\boldsymbol{B}$ 是同阶方阵, 且 $\boldsymbol{A}$ 是对称阵. 证明: $\boldsymbol{B}^{\mathrm{T}}\boldsymbol{AB}$ 也是对称阵.

2.3 矩阵的分块

本节讨论矩阵的分块, 它是处理行数和列数较大的矩阵时一个常用的方法, 并讨论分块矩阵的运算.

2.3.1 分块矩阵的概念

在矩阵的运算和讨论中, 有时需要把一个矩阵分成若干小矩阵, 每个小矩阵称为**子块**. 因此, 这个矩阵被视为由这些子块组成, 这就是矩阵的**分块**, 而以子块为元素的形式上的矩阵称为**分块矩阵**.

同一个矩阵一般有多种分法, 可根据需要而定. 例如, 4 阶矩阵

$$\boldsymbol{A}=\begin{pmatrix}1&0&0&0\\0&1&0&0\\1&2&1&0\\3&4&0&1\end{pmatrix}=\begin{pmatrix}\boldsymbol{E}_2&\boldsymbol{0}\\\boldsymbol{A}_1&\boldsymbol{E}_2\end{pmatrix},$$

其中 $\boldsymbol{E}_2$ 是 2 阶单位阵, 而

$$\boldsymbol{A}_1=\begin{pmatrix}1&2\\3&4\end{pmatrix},\quad \boldsymbol{0}=\begin{pmatrix}0&0\\0&0\end{pmatrix}.$$

$\boldsymbol{A}$ 也可写成

$$\boldsymbol{A}=\begin{pmatrix}\boldsymbol{A}_2&\boldsymbol{0}\\\boldsymbol{A}_3&\boldsymbol{E}_1\end{pmatrix},$$

其中 $\boldsymbol{E}_1$ 是 1 阶单位阵, 而

$$\boldsymbol{A}_2=\begin{pmatrix}1&0&0\\0&1&0\\1&2&1\end{pmatrix},\quad \boldsymbol{0}=\begin{pmatrix}0\\0\\0\end{pmatrix},\quad \boldsymbol{A}_3=(3,4,0).$$

矩阵按行分块和按列分块是两种常用的分块方法. $s\times n$ 矩阵 $\boldsymbol{A}$ 有 s 行, 第 i 行记为

$$\boldsymbol{\alpha}_i=(a_{i1},a_{i2},\cdots,a_{in}).$$

则

$$\boldsymbol{A}=\begin{pmatrix}\boldsymbol{\alpha}_1\\\boldsymbol{\alpha}_2\\\vdots\\\boldsymbol{\alpha}_s\end{pmatrix}.$$

$s\times n$ 矩阵 $\boldsymbol{A}$ 有 n 列, 第 j 列记为

$$\boldsymbol{\beta}_j=\begin{pmatrix}a_{1j}\\a_{2j}\\\vdots\\a_{sj}\end{pmatrix}.$$

则

$$\boldsymbol{A}=(\boldsymbol{\beta}_1,\boldsymbol{\beta}_2,\cdots,\boldsymbol{\beta}_n).$$

*2.3.2 分块矩阵的运算

分块矩阵的运算是把子块当做元素来处理, 与普通矩阵的运算规则类似.

1. 加法

设 $\boldsymbol{A}$ 与 $\boldsymbol{B}$ 是同型矩阵, 采用相同的分块法:

$$\boldsymbol{A}=\begin{pmatrix}\boldsymbol{A}_{11}&\cdots&\boldsymbol{A}_{1t}\\\vdots&&\vdots\\\boldsymbol{A}_{s1}&\cdots&\boldsymbol{A}_{st}\end{pmatrix},\quad \boldsymbol{B}=\begin{pmatrix}\boldsymbol{B}_{11}&\cdots&\boldsymbol{B}_{1t}\\\vdots&&\vdots\\\boldsymbol{B}_{s1}&\cdots&\boldsymbol{B}_{st}\end{pmatrix},$$

其中 $\boldsymbol{A}_{ij}$ 与 $\boldsymbol{B}_{ij}$ 是同型矩阵. 则

$$\boldsymbol{A}+\boldsymbol{B}=\begin{pmatrix} \boldsymbol{A}_{11}+\boldsymbol{B}_{11} & \cdots & \boldsymbol{A}_{1t}+\boldsymbol{B}_{1t} \\ \vdots & & \vdots \\ \boldsymbol{A}_{s1}+\boldsymbol{B}_{s1} & \cdots & \boldsymbol{A}_{st}+\boldsymbol{B}_{st} \end{pmatrix}.$$

2. 数量乘法

设 $\boldsymbol{A}=\begin{pmatrix} \boldsymbol{A}_{11} & \cdots & \boldsymbol{A}_{1t} \\ \vdots & & \vdots \\ \boldsymbol{A}_{s1} & \cdots & \boldsymbol{A}_{st} \end{pmatrix}$, k 是数. 则

$$k\boldsymbol{A}=\begin{pmatrix} k\boldsymbol{A}_{11} & \cdots & k\boldsymbol{A}_{1t} \\ \vdots & & \vdots \\ k\boldsymbol{A}_{s1} & \cdots & k\boldsymbol{A}_{st} \end{pmatrix}.$$

3. 乘法

设 $m\times l$ 矩阵 $\boldsymbol{A}$ 和 $l\times n$ 矩阵 $\boldsymbol{B}$ 的分块分别是

$$\boldsymbol{A}=\begin{pmatrix} \boldsymbol{A}_{11} & \cdots & \boldsymbol{A}_{1t} \\ \vdots & & \vdots \\ \boldsymbol{A}_{s1} & \cdots & \boldsymbol{A}_{st} \end{pmatrix}, \quad \boldsymbol{B}=\begin{pmatrix} \boldsymbol{B}_{11} & \cdots & \boldsymbol{B}_{1r} \\ \vdots & & \vdots \\ \boldsymbol{B}_{t1} & \cdots & \boldsymbol{B}_{tr} \end{pmatrix},$$

其中 $\boldsymbol{A}_{i1},\boldsymbol{A}_{i2},\cdots,\boldsymbol{A}_{it}$ 的列数分别等于 $\boldsymbol{B}_{1j},\boldsymbol{B}_{2j},\cdots,\boldsymbol{B}_{tj}$ 的行数. 则

$$\boldsymbol{A}\boldsymbol{B}=\begin{pmatrix} \boldsymbol{C}_{11} & \cdots & \boldsymbol{C}_{1r} \\ \vdots & & \vdots \\ \boldsymbol{C}_{s1} & \cdots & \boldsymbol{C}_{sr} \end{pmatrix},$$

其中

$$\boldsymbol{C}_{ij}=\boldsymbol{A}_{i1}\boldsymbol{B}_{1j}+\boldsymbol{A}_{i2}\boldsymbol{B}_{2j}+\cdots+\boldsymbol{A}_{it}\boldsymbol{B}_{tj}, \quad i=1,\cdots,s; \quad j=1,\cdots,r.$$

例 1 设

$$\boldsymbol{A}=\begin{pmatrix} 1 & 0 & 0 & 0 \\ 0 & 1 & 0 & 0 \\ 1 & 2 & 1 & 0 \\ 3 & 4 & 0 & 1 \end{pmatrix}, \quad \boldsymbol{B}=\begin{pmatrix} 0 & 0 & 4 & 3 \\ 0 & 0 & 0 & 0 \\ 1 & 0 & 0 & 0 \\ 0 & 1 & 2 & 1 \end{pmatrix}.$$

计算 $\boldsymbol{A}+\boldsymbol{B}, k\boldsymbol{A}, \boldsymbol{AB}$.

解　把 $\boldsymbol{A},\boldsymbol{B}$ 分块:

$$\boldsymbol{A}=\begin{pmatrix}1&0&0&0\\0&1&0&0\\1&2&1&0\\3&4&0&1\end{pmatrix}=\begin{pmatrix}\boldsymbol{E}_2&\boldsymbol{0}\\\boldsymbol{A}_1&\boldsymbol{E}_2\end{pmatrix},$$

$$\boldsymbol{B}=\begin{pmatrix}0&0&4&3\\0&0&0&0\\1&0&0&0\\0&1&2&1\end{pmatrix}=\begin{pmatrix}\boldsymbol{0}&\boldsymbol{B}_1\\\boldsymbol{E}_2&\boldsymbol{B}_2\end{pmatrix},$$

其中 $\boldsymbol{E}_2$ 是 2 阶单位矩阵, 而

$$\boldsymbol{A}_1=\begin{pmatrix}1&2\\3&4\end{pmatrix},\quad \boldsymbol{0}=\begin{pmatrix}0&0\\0&0\end{pmatrix},\quad \boldsymbol{B}_1=\begin{pmatrix}4&3\\0&0\end{pmatrix},\quad \boldsymbol{B}_2=\begin{pmatrix}0&0\\2&1\end{pmatrix}.$$

则

$$\boldsymbol{A}+\boldsymbol{B}=\begin{pmatrix}\boldsymbol{E}_2&\boldsymbol{0}\\\boldsymbol{A}_1&\boldsymbol{E}_2\end{pmatrix}+\begin{pmatrix}\boldsymbol{0}&\boldsymbol{B}_1\\\boldsymbol{E}_2&\boldsymbol{B}_2\end{pmatrix}=\begin{pmatrix}\boldsymbol{E}_2&\boldsymbol{B}_1\\\boldsymbol{A}_1+\boldsymbol{E}_2&\boldsymbol{E}_2+\boldsymbol{B}_2\end{pmatrix},$$

$$k\boldsymbol{A}=k\begin{pmatrix}\boldsymbol{E}_2&\boldsymbol{0}\\\boldsymbol{A}_1&\boldsymbol{E}_2\end{pmatrix}=\begin{pmatrix}k\boldsymbol{E}_2&\boldsymbol{0}\\k\boldsymbol{A}_1&k\boldsymbol{E}_2\end{pmatrix},$$

$$\boldsymbol{AB}=\begin{pmatrix}\boldsymbol{E}_2&\boldsymbol{0}\\\boldsymbol{A}_1&\boldsymbol{E}_2\end{pmatrix}\begin{pmatrix}\boldsymbol{0}&\boldsymbol{B}_1\\\boldsymbol{E}_2&\boldsymbol{B}_2\end{pmatrix}=\begin{pmatrix}\boldsymbol{0}&\boldsymbol{B}_1\\\boldsymbol{E}_2&\boldsymbol{A}_1\boldsymbol{B}_1+\boldsymbol{B}_2\end{pmatrix}.$$

然后分别计算 $\boldsymbol{A}_1+\boldsymbol{E}_2, \boldsymbol{E}_2+\boldsymbol{B}_2, k\boldsymbol{A}_1, \boldsymbol{A}_1\boldsymbol{B}_1+\boldsymbol{B}_2$, 代人上述各式, 得到

$$\boldsymbol{A}+\boldsymbol{B}=\begin{pmatrix}1&0&4&3\\0&1&0&0\\2&2&1&0\\3&5&2&2\end{pmatrix},\quad k\boldsymbol{A}=\begin{pmatrix}k&0&0&0\\0&k&0&0\\k&2k&k&0\\3k&4k&0&k\end{pmatrix},$$

$$\boldsymbol{AB}=\begin{pmatrix}0&0&4&3\\0&0&0&0\\1&0&4&3\\0&1&14&10\end{pmatrix}.$$

例 2 设 4 阶方阵 $\boldsymbol{A}=(\boldsymbol{\alpha},\boldsymbol{\gamma}_1,\boldsymbol{\gamma}_2,\boldsymbol{\gamma}_3),\boldsymbol{B}=(\boldsymbol{\beta},\boldsymbol{\gamma}_1,\boldsymbol{\gamma}_2,\boldsymbol{\gamma}_3)$, 其中 $\boldsymbol{\alpha},\boldsymbol{\beta},\boldsymbol{\gamma}_1,\boldsymbol{\gamma}_2,\boldsymbol{\gamma}_3$ 都是 4 维列向量, 且已知 $|\boldsymbol{A}|=4,|\boldsymbol{B}|=1$. 求行列式 $|\boldsymbol{A}+\boldsymbol{B}|$ 的值.

解 先求矩阵 $\boldsymbol{A}$ 与 $\boldsymbol{B}$ 的和. 注意到, 两矩阵相加是各列分别相加. 故

$$\boldsymbol{A}+\boldsymbol{B}=(\boldsymbol{\alpha}+\boldsymbol{\beta},\boldsymbol{\gamma}_1+\boldsymbol{\gamma}_1,\boldsymbol{\gamma}_2+\boldsymbol{\gamma}_2,\boldsymbol{\gamma}_3+\boldsymbol{\gamma}_3)=(\boldsymbol{\alpha}+\boldsymbol{\beta},2\boldsymbol{\gamma}_1,2\boldsymbol{\gamma}_2,2\boldsymbol{\gamma}_3).$$

因行列式中某一列有公因式就可提出公因式, 而 $|\boldsymbol{A}+\boldsymbol{B}|$ 中有公因式的列共有 3 列, 故可提出 3 个公因式 2. 因此

$$|\boldsymbol{A}+\boldsymbol{B}|=2^3|\boldsymbol{\alpha}+\boldsymbol{\beta},\boldsymbol{\gamma}_1,\boldsymbol{\gamma}_2,\boldsymbol{\gamma}_3|.$$

又因行列式有一列为两组数的和就可拆分为两个行列式的和, 故

$$\begin{aligned}|\boldsymbol{A}+\boldsymbol{B}|&=8|\boldsymbol{\alpha},\boldsymbol{\gamma}_1,\boldsymbol{\gamma}_2,\boldsymbol{\gamma}_3|+8|\boldsymbol{\beta},\boldsymbol{\gamma}_1,\boldsymbol{\gamma}_2,\boldsymbol{\gamma}_3|\\&=8(|\boldsymbol{A}|+|\boldsymbol{B}|)=8(4+1)=40.\end{aligned}$$

习　题

1. 选择题　若 $\boldsymbol{\alpha}_1,\boldsymbol{\alpha}_2,\boldsymbol{\alpha}_3,\boldsymbol{\beta}_1,\boldsymbol{\beta}_2$ 都是 4 维列向量, 且 4 阶行列式

$$|\boldsymbol{\alpha}_1,\boldsymbol{\alpha}_2,\boldsymbol{\alpha}_3,\boldsymbol{\beta}_1|=a,\quad |\boldsymbol{\alpha}_1,\boldsymbol{\alpha}_2,\boldsymbol{\beta}_2,\boldsymbol{\alpha}_3|=b.$$

则 4 阶行列式 $|\boldsymbol{\alpha}_3,\boldsymbol{\alpha}_2,\boldsymbol{\alpha}_1,\boldsymbol{\beta}_1+\boldsymbol{\beta}_2|=($　　$)$.

(A) $a+b$　　(B) $a-b$　　(C) $b-a$　　(D) $-a-b$

2. 填空题　设 3 阶方阵 $\boldsymbol{A}$ 的 3 个列向量是 $\boldsymbol{\alpha}_1,\boldsymbol{\alpha}_2,\boldsymbol{\alpha}_3$, 且 $|\boldsymbol{A}|=-1$. 设矩阵 B 的 3 个列向量是 $\boldsymbol{\alpha}_2-2\boldsymbol{\alpha}_3,\boldsymbol{\alpha}_2-3\boldsymbol{\alpha}_1,\boldsymbol{\alpha}_1$. 则 $|\boldsymbol{B}|=$____.

2.4 逆矩阵

在第 2 节中我们看到, 矩阵有加法、减法、数量乘法以及乘法四种运算. 我们知道, 数有除法运算: $b\div a=ba^{-1}$, 其中 $a\neq 0$. 数的除法被认为是数的乘法的逆运算. 矩阵乘法是否有类似于数的乘法一样有逆运算呢? 这正是本节讨论的内容.

本节首先给出逆矩阵的概念, 然后利用行列式给出可逆矩阵的一个判别方法, 并给出求逆矩阵的公式法. 最后讨论逆矩阵的性质.

2.4.1 逆矩阵的概念

我们知道, 对于数 1 和任意数 a 都有

$$1a=a1=a,$$

而对于 n 阶单位阵 $\boldsymbol{E}$ 和任意 n 阶方阵 $\boldsymbol{A}$ 都有

$$\boldsymbol{EA}=\boldsymbol{AE}=\boldsymbol{A}.$$

这表明, 在矩阵的乘法中 n 阶单位阵 $\boldsymbol{E}$ 在 n 阶方阵中的地位类似于数 1 在数的乘法中的地位. 在数的乘法中, 对于非零数 a 有 a 的倒数 a^{-1}, 且

$$aa^{-1}=a^{-1}a=1.$$

很自然地我们要问: 对于非零方阵 $\boldsymbol{A}$ 能不能存在一个方阵 $\boldsymbol{B}$ 使得

$$\boldsymbol{AB}=\boldsymbol{BA}=\boldsymbol{E}$$

呢? 首先看一个例子.

设 2 阶方阵 $\boldsymbol{A}=\begin{pmatrix}1&1\\0&1\end{pmatrix}$. 则存在 2 阶方阵 $\boldsymbol{B}=\begin{pmatrix}1&-1\\0&1\end{pmatrix}$ 使得

$$\boldsymbol{AB}=\boldsymbol{BA}=\boldsymbol{E}.$$

对于方阵, 我们仿照数那样引入可逆矩阵的概念.

定义 1 设 $\boldsymbol{A}$ 是 n 阶方阵. 如果存在 n 阶方阵 $\boldsymbol{B}$ 使得

$$\boldsymbol{AB}=\boldsymbol{BA}=\boldsymbol{E},$$

则称 $\boldsymbol{A}$ 是**可逆矩阵**, 简称为**可逆阵**.

若方阵 $\boldsymbol{A}$ 是可逆阵, 则满足等式 $\boldsymbol{AB}=\boldsymbol{BA}=\boldsymbol{E}$ 的方阵 $\boldsymbol{B}$ 是唯一的. 这是因为: 若 $\boldsymbol{B}$ 和 $\boldsymbol{C}$ 分别满足等式 $\boldsymbol{AB}=\boldsymbol{BA}=\boldsymbol{E}$ 和 $\boldsymbol{AC}=\boldsymbol{CA}=\boldsymbol{E}$, 则

$$\boldsymbol{B}=\boldsymbol{BE}=\boldsymbol{B}(\boldsymbol{AC})=(\boldsymbol{BA})\boldsymbol{C}=\boldsymbol{EC}=\boldsymbol{C}.$$

此时, 方阵 $\boldsymbol{B}$ 称为 $\boldsymbol{A}$ 的**逆矩阵**, 简称逆阵, 记为 $\boldsymbol{A}^{-1}$. 因此

$$\boldsymbol{AA}^{-1}=\boldsymbol{A}^{-1}\boldsymbol{A}=\boldsymbol{E}.$$

例如, 方阵 $\boldsymbol{A}=\begin{pmatrix}1&1\\0&1\end{pmatrix}$ 是可逆阵, 且 $\boldsymbol{A}$ 的逆矩阵 $\boldsymbol{A}^{-1}=\begin{pmatrix}1&-1\\0&1\end{pmatrix}$.

注 1. $\boldsymbol{A}$ 的逆矩阵的符号是 $\boldsymbol{A}^{-1}$, 而不是符号 $\dfrac{1}{\boldsymbol{A}}$, 虽然对于非零数 a 有符号 $\dfrac{1}{a}$.

2. 第 3 章第 9 节和第 5 章第 3 节将讨论两类特殊的可逆阵, 分别是正交矩阵和正定矩阵.

例 1 选择题: 若 $\boldsymbol{A},\boldsymbol{B},\boldsymbol{C}$ 是方阵, 且 $\boldsymbol{ABC}=\boldsymbol{E}$, 则 (　　).

(A) $\boldsymbol{ACB}=\boldsymbol{E}$　　(B) $\boldsymbol{BAC}=\boldsymbol{E}$

(C) $\boldsymbol{BCA}=\boldsymbol{E}$　　(D) $\boldsymbol{CBA}=\boldsymbol{E}$

解 由 $\boldsymbol{ABC}=\boldsymbol{E}$, 知 $\boldsymbol{A}^{-1}=\boldsymbol{BC}$. 故选择 (C).

2.4.2 可逆矩阵的判断与逆矩阵的求法

对于非零方阵 $\boldsymbol{A}=\begin{pmatrix}1&0\\0&0\end{pmatrix}$, $\boldsymbol{A}$ 不是可逆阵. 事实上, 假如 $\boldsymbol{A}$ 是可逆阵, 则存在方阵 $\boldsymbol{B}=\begin{pmatrix}a&b\\c&d\end{pmatrix}$ 使得 $\boldsymbol{AB}=\boldsymbol{E}$, 即

$$\begin{pmatrix}1&0\\0&0\end{pmatrix}\begin{pmatrix}a&b\\c&d\end{pmatrix}=\begin{pmatrix}a&b\\0&0\end{pmatrix}=\begin{pmatrix}1&0\\0&1\end{pmatrix}.$$

由矩阵相等的定义得到 $0=1$, 这是不可能的. 故 $\boldsymbol{A}$ 不是可逆阵.

我们发现, 并不是所有的非零方阵都是可逆阵. 我们要问: 在什么条件下方阵 $\boldsymbol{A}$ 是可逆阵? 如果 $\boldsymbol{A}$ 可逆, 怎样求 $\boldsymbol{A}^{-1}$?

设 $\boldsymbol{A}=(a_{ij})_{n\times n}$ 是 n 阶方阵, A_{ij} 是行列式 $|A|$ 中元素 a_{ij} 的代数余子式. 由行列式按行展开公式和行列式中一行的元素与另一行的对应元素的代数余子式乘积的和等于零, 可得下列等式:

$$\begin{pmatrix}a_{11}&a_{12}&\cdots&a_{1n}\\a_{21}&a_{22}&\cdots&a_{2n}\\\vdots&\vdots&&\vdots\\a_{n1}&a_{n2}&\cdots&a_{nn}\end{pmatrix}\begin{pmatrix}A_{11}&A_{21}&\cdots&A_{n1}\\A_{12}&A_{22}&\cdots&A_{n2}\\\vdots&\vdots&&\vdots\\A_{1n}&A_{2n}&\cdots&A_{nn}\end{pmatrix}=\begin{pmatrix}|\boldsymbol{A}|&0&\cdots&0\\0&|\boldsymbol{A}|&\cdots&0\\\vdots&\vdots&&\vdots\\0&0&\cdots&|\boldsymbol{A}|\end{pmatrix}.$$

上式左边的第二个矩阵是由 $\boldsymbol{A}$ 所唯一确定的, 它在矩阵的运算和理论证明中有着重要的应用. 首先引入矩阵的伴随矩阵的概念.

定义 2 n 阶方阵

$$\begin{pmatrix}A_{11}&A_{21}&\cdots&A_{n1}\\A_{12}&A_{22}&\cdots&A_{n2}\\\vdots&\vdots&&\vdots\\A_{1n}&A_{2n}&\cdots&A_{nn}\end{pmatrix}$$

称为 n 阶方阵 $\boldsymbol{A}=(a_{ij})_{n\times n}$ 的**伴随矩阵**, 记为 $\boldsymbol{A}^*$.

注 伴随矩阵 $\boldsymbol{A}^*$ 的第 i 行依次是行列式 $|\boldsymbol{A}|$ 中第 i 列各元素的代数余子式. 元素 a_{ij} 的代数余子式是 $A_{ij}=(-1)^{i+j}M_{ij}$, 而不是子式 M_{ij}. 因此, 计算时不要遗漏符号 $(-1)^{i+j}$.

例如, 对于 2 阶方阵 $\boldsymbol{A}=\begin{pmatrix} a & b \\ c & d \end{pmatrix}$, 由于

$$A_{11}=d,\quad A_{12}=-c,\quad A_{21}=-b,\quad A_{22}=a,$$

故

$$\boldsymbol{A}^*=\begin{pmatrix} d & -b \\ -c & a \end{pmatrix}.$$

可见, 2 阶方阵 $\boldsymbol{A}$ 的伴随矩阵 $\boldsymbol{A}^*$ 的主对角线上的元素是 $\boldsymbol{A}$ 的主对角线上的元素交换位置, 而 $\boldsymbol{A}^*$ 的次对角线上的元素是 $\boldsymbol{A}$ 的次对角线上的元素变号且保持位置不变.

有了伴随矩阵的概念和符号之后, 上述等式就是 $\boldsymbol{A}\boldsymbol{A}^*=|\boldsymbol{A}|\boldsymbol{E}$. 再由行列式按列展开公式和行列式中一列的元素与另一列的对应元素的代数余子式乘积的和等于零, 可得等式 $\boldsymbol{A}^*\boldsymbol{A}=|\boldsymbol{A}|\boldsymbol{E}$. 因此, 我们有关于伴随矩阵的一个常用的基本性质:

$$\boldsymbol{A}\boldsymbol{A}^*=\boldsymbol{A}^*\boldsymbol{A}=|\boldsymbol{A}|\boldsymbol{E}.$$

定理 方阵 $\boldsymbol{A}$ 是可逆阵的充分必要条件 (以下简称为充要条件) 是 $\boldsymbol{A}$ 的行列式 $|\boldsymbol{A}|\neq 0$, 此时

$$\boldsymbol{A}^{-1}=\frac{1}{|\boldsymbol{A}|}\boldsymbol{A}^*.$$

证明 必要性. 令 $\boldsymbol{A}$ 是可逆阵. 则存在逆矩阵 $\boldsymbol{A}^{-1}$ 使得 $\boldsymbol{A}\boldsymbol{A}^{-1}=\boldsymbol{E}$. 故

$$|\boldsymbol{A}||\boldsymbol{A}^{-1}|=|\boldsymbol{E}|=1,$$

从而 $|\boldsymbol{A}|\neq 0$.

充分性. 令 $|\boldsymbol{A}|\neq 0$. 由

$$\boldsymbol{A}\boldsymbol{A}^*=\boldsymbol{A}^*\boldsymbol{A}=|\boldsymbol{A}|\boldsymbol{E},$$

知

$$\boldsymbol{A}(\frac{1}{|\boldsymbol{A}|}\boldsymbol{A}^*) = (\frac{1}{|\boldsymbol{A}|}\boldsymbol{A}^*)\boldsymbol{A} = \boldsymbol{E}.$$

由逆矩阵的定义, 知 $\boldsymbol{A}$ 是可逆阵, 且

$$\boldsymbol{A}^{-1} = \frac{1}{|\boldsymbol{A}|}\boldsymbol{A}^*.$$

证毕.

这个定理不仅给出了判断方阵是可逆阵的条件, 而且给出了求可逆阵的逆矩阵的公式, 通常称为**伴随矩阵法或凯莱 (Cayley) 公式法**. 但按照这个方法求逆矩阵计算量一般是比较大的, 因为求一个 n 阶可逆阵的逆矩阵需要计算一个 n 阶行列式和 n^2 个 $n-1$ 阶行列式, 同时还要确定这 n^2 个 $n-1$ 阶行列式的正负号. 第 3 章第 2 节将给出求逆矩阵的一种更为简捷的方法.

例 2 求二阶矩阵 $\boldsymbol{A} = \begin{pmatrix} 1 & 2 \\ 3 & 4 \end{pmatrix}$ 的逆矩阵.

解 由 $|\boldsymbol{A}| = -2 \neq 0$, 知 $\boldsymbol{A}$ 是可逆阵. 由于 $\boldsymbol{A}^* = \begin{pmatrix} 4 & -2 \\ -3 & 1 \end{pmatrix}$, 故

$$\boldsymbol{A}^{-1} = \frac{1}{|\boldsymbol{A}|}\boldsymbol{A}^* = -\frac{1}{2}\begin{pmatrix} 4 & -2 \\ -3 & 1 \end{pmatrix} = \begin{pmatrix} -2 & 1 \\ \frac{3}{2} & -\frac{1}{2} \end{pmatrix}.$$

注 利用 $\boldsymbol{A}\boldsymbol{A}^{-1} = \boldsymbol{E}$ 可以验证 $\boldsymbol{A}^{-1}$ 的正确性. 这里,

$$\begin{pmatrix} 1 & 2 \\ 3 & 4 \end{pmatrix}\begin{pmatrix} -2 & 1 \\ \frac{3}{2} & -\frac{1}{2} \end{pmatrix} = \begin{pmatrix} 1 & 0 \\ 0 & 1 \end{pmatrix}.$$

2.4.3 逆矩阵的性质

性质 1 对于同阶方阵 $\boldsymbol{A}$ 和 $\boldsymbol{B}$, 下列三条等价:

(1) $\boldsymbol{A}^{-1} = \boldsymbol{B}$;

(2) $\boldsymbol{A}\boldsymbol{B} = \boldsymbol{E}$;

(3) $\boldsymbol{BA}=\boldsymbol{E}$.

证明 (1) $\Rightarrow$ (2) 与 (1) $\Rightarrow$ (3). 由逆矩阵的定义即得.

(2) $\Rightarrow$ (1). 由 $\boldsymbol{AB}=\boldsymbol{E}$, 知 $|\boldsymbol{A}|\cdot|\boldsymbol{B}|=|\boldsymbol{E}|=1$. 因此 $|\boldsymbol{A}|\neq 0$. 故 $\boldsymbol{A}^{-1}$ 存在. 等式 $\boldsymbol{AB}=\boldsymbol{E}$ 两边左乘 $\boldsymbol{A}^{-1}$, 可得 $\boldsymbol{A}^{-1}=\boldsymbol{B}$.

(3) $\Rightarrow$ (1). 类似于 (2) $\Rightarrow$ (1).

注 要证矩阵 $\boldsymbol{A}$ 是可逆阵, 且同时证 $\boldsymbol{A}$ 的逆矩阵 $\boldsymbol{A}^{-1}$ 等于所给矩阵 $\boldsymbol{B}$, 即证 $\boldsymbol{A}^{-1}=\boldsymbol{B}$, 常用性质 1 证明. 事实上, 欲证 $\boldsymbol{A}$ 是可逆阵, 且 $\boldsymbol{A}^{-1}=\boldsymbol{B}$, 只需去掉 $\boldsymbol{A}^{-1}$ 的右上方逆矩阵的符号 "-1", 将 $\boldsymbol{A}$ 右 (或左) 乘 $\boldsymbol{B}$, 证明其乘积矩阵等于单位矩阵即可.

性质 2 令 $\boldsymbol{A}$ 是可逆阵. 则

(1) $\boldsymbol{A}^{-1}$ 是可逆阵, 且 $(\boldsymbol{A}^{-1})^{-1}=\boldsymbol{A}$;

(2) $k\boldsymbol{A}$ 是可逆阵, 且 $(k\boldsymbol{A})^{-1}=\dfrac{1}{k}\boldsymbol{A}^{-1}$, 其中数 $k\neq 0$;

(3) 若 $\boldsymbol{A},\boldsymbol{B}$ 是同阶可逆阵, 则乘积 $\boldsymbol{AB}$ 是可逆阵, 且

$$(\boldsymbol{AB})^{-1}=\boldsymbol{B}^{-1}\boldsymbol{A}^{-1}\quad\text{(穿脱鞋袜原则)};$$

(4) $\boldsymbol{A}^{\mathrm{T}}$ 是可逆阵, 且 $(\boldsymbol{A}^{\mathrm{T}})^{-1}=(\boldsymbol{A}^{-1})^{\mathrm{T}}$;

(5) $|\boldsymbol{A}^{-1}|=|\boldsymbol{A}|^{-1}$.

证明 由性质 1 容易证明 (1) 至 (4).

(5) 由 $\boldsymbol{AA}^{-1}=\boldsymbol{E}$, 知 $|\boldsymbol{A}||\boldsymbol{A}^{-1}|=1$, 从而 $|\boldsymbol{A}^{-1}|=|\boldsymbol{A}|^{-1}$.

例 3 证明: 1. 若 $\boldsymbol{A}$ 是可逆阵, 则 $\boldsymbol{A}^{*}$ 是可逆阵, 且

$$\boldsymbol{A}^{*}=|\boldsymbol{A}|\boldsymbol{A}^{-1},\quad (\boldsymbol{A}^{*})^{-1}=(\boldsymbol{A}^{-1})^{*}=|\boldsymbol{A}|^{-1}\boldsymbol{A};$$

2. $|\boldsymbol{A}^{*}|=|\boldsymbol{A}|^{n-1}$, 其中 $\boldsymbol{A}$ 是 n 阶方阵 $(n\geqslant 2)$;

*3. 若 $\boldsymbol{A},\boldsymbol{B}$ 是同阶可逆阵, 则 $(\boldsymbol{AB})^{*}=\boldsymbol{B}^{*}\boldsymbol{A}^{*}$(穿脱鞋袜原则).

证明 1. 由 $\boldsymbol{A}$ 是可逆阵, 知

$$\boldsymbol{A}^{*}=|\boldsymbol{A}|\boldsymbol{A}^{-1}.$$

而 $\boldsymbol{A}^{-1}$ 是可逆阵, 故

$$(\boldsymbol{A}^{-1})^* = |\boldsymbol{A}^{-1}|(\boldsymbol{A}^{-1})^{-1} = |\boldsymbol{A}|^{-1}\boldsymbol{A}.$$

又

$$(\boldsymbol{A}^*)^{-1} = (|\boldsymbol{A}|\boldsymbol{A}^{-1})^{-1} = |\boldsymbol{A}|^{-1}\boldsymbol{A},$$

因此等式成立.

2. 分两种情况：(1) 当 $|\boldsymbol{A}| \neq 0$ 时, 即 $\boldsymbol{A}$ 是可逆阵. 则 $\boldsymbol{A}^* = |\boldsymbol{A}|\boldsymbol{A}^{-1}$, 从而

$$|\boldsymbol{A}^*| = ||\boldsymbol{A}|\boldsymbol{A}^{-1}| = |\boldsymbol{A}|^n|\boldsymbol{A}|^{-1} = |\boldsymbol{A}|^{n-1}.$$

(2) 当 $|\boldsymbol{A}| = 0$ 时, 下证 $|\boldsymbol{A}^*| = 0$.

分两种情况: 当 $\boldsymbol{A} = \boldsymbol{0}$ 时, 有 $\boldsymbol{A}^* = \boldsymbol{0}$. 从而 $|\boldsymbol{A}^*| = 0$.

当 $\boldsymbol{A} \neq \boldsymbol{0}$ 时, 用反证法. 假设 $|\boldsymbol{A}^*| \neq 0$. 则 $\boldsymbol{A}^*$ 是可逆阵. 由等式 $\boldsymbol{A}^*\boldsymbol{A} = |\boldsymbol{A}|\boldsymbol{E}$, 注意到 $|\boldsymbol{A}| = 0$, 知 $\boldsymbol{A}^*\boldsymbol{A} = \boldsymbol{0}$. 等式两边左乘矩阵 $(\boldsymbol{A}^*)^{-1}$, 得 $\boldsymbol{A} = \boldsymbol{0}$, 矛盾. 故 $|\boldsymbol{A}^*| = 0$.

3. 由 $\boldsymbol{A},\boldsymbol{B}$ 是同阶可逆阵, 知 $\boldsymbol{AB}$ 是可逆阵. 从而

$$(\boldsymbol{AB})^* = |\boldsymbol{AB}|(\boldsymbol{AB})^{-1} = |\boldsymbol{A}||\boldsymbol{B}|\boldsymbol{B}^{-1}\boldsymbol{A}^{-1} = |\boldsymbol{B}|\boldsymbol{B}^{-1}\cdot|\boldsymbol{A}|\boldsymbol{A}^{-1} = \boldsymbol{B}^*\boldsymbol{A}^*.$$

* **注** 上例中的结果 3 对同阶方阵都成立, 但其证明较难, 此处省略.

例 4 设 $\boldsymbol{A} = \begin{pmatrix} 1 & 0 & 0 \\ 2 & 2 & 0 \\ 3 & 4 & 5 \end{pmatrix}$. 求 $(\boldsymbol{A}^*)^{-1}$.

解 因 $\boldsymbol{A}^*$ 的逆矩阵 $(\boldsymbol{A}^*)^{-1}$ 可由 $\boldsymbol{A}$ 表示, 而 $\boldsymbol{A}$ 的行列式 $|\boldsymbol{A}| = 10$, 故

$$(\boldsymbol{A}^*)^{-1} = |\boldsymbol{A}|^{-1}\boldsymbol{A} = \frac{1}{10}\begin{pmatrix} 1 & 0 & 0 \\ 2 & 2 & 0 \\ 3 & 4 & 5 \end{pmatrix} = \begin{pmatrix} \frac{1}{10} & 0 & 0 \\ \frac{1}{5} & \frac{1}{5} & 0 \\ \frac{3}{10} & \frac{2}{5} & \frac{1}{2} \end{pmatrix}.$$

人物简介

凯莱 (Arthur Cayley, 1821~1895), 英国数学家. 1839 年考入剑桥大学三一学院，毕业后留校讲授数学. 1846 年转攻法律学, 3 年后成为律师，以后 14 年他以律师为职业，工作卓有成效. 任职期间, 他仍业余研究数学, 并结识了英国数学家西尔维斯特. 1859 年当选为伦敦皇家学会会员. 1863 年应聘返回剑桥大学任数学教授.

凯莱是极丰产的科学家, 在数学、理论力学、天文学方面发表了近 1000 篇论文, 其中一些影响极为深远. 他的数学论文几乎涉及纯粹数学的所有领域，包括非欧几何、线性代数、群论和高维几何, 收集在共有 14 卷的《凯莱数学论文集》中，并著有《椭圆函数专论》一书.

凯莱和西尔维斯特同是不变量理论的奠基人. 凯莱于 1841 年创造了表示行列式的两竖线符号. 对矩阵本身做专门研究开始于凯莱, 他做了很多开创性的工作. 他于 1855 年引入了矩阵的概念. 表示矩阵的符号是凯莱和西尔维斯特创造的. 之后, 凯莱发表了一系列研究矩阵论的论文, 他引入了关于矩阵的一些概念, 如矩阵相等、零矩阵、单位矩阵、矩阵的和、矩阵的乘积、转置矩阵、对称矩阵、逆矩阵等. 由于凯莱的奠基性工作，一般认为他是矩阵论的创始人. 他的矩阵理论和不变量思想产生很大影响, 特别对现代物理的量子力学和相对论的创立起到推动作用. 凯莱在劝说剑桥大学接受女学生中起了很大作用. 他在生前得到了他所处时代一位科学家可能得到的几乎所有重要荣誉.

习　题

1. 选择题

(1) 设 $\boldsymbol{A},\boldsymbol{B}$ 是 n 阶方阵. 下列运算正确的是 (　　).

(A) $(\boldsymbol{AB})^n=\boldsymbol{A}^n\boldsymbol{B}^n$　　(B) $\boldsymbol{A}^2-\boldsymbol{B}^2=(\boldsymbol{A}+\boldsymbol{B})(\boldsymbol{A}-\boldsymbol{B})$

(C) $|-\boldsymbol{A}|=-|\boldsymbol{A}|$ (D) 若 $\boldsymbol{A}$ 是可逆阵, $k\neq 0$, 则 $(k\boldsymbol{A})^{-1}=k^{-1}\boldsymbol{A}^{-1}$

(2) 设 $\boldsymbol{A},\boldsymbol{B},\boldsymbol{C}$ 都是同阶方阵, 且 $\boldsymbol{AB}=\boldsymbol{BC}=\boldsymbol{CA}=\boldsymbol{E}$. 则 $\boldsymbol{A}^2+\boldsymbol{B}^2+\boldsymbol{C}^2=$ (   ).

(A) $3\mathbf{E}$ (B) $2\mathbf{E}$ (C) $\mathbf{E}$ (D) $\mathbf{0}$

(3) 设 $\boldsymbol{A}$ 是 n 阶方阵 $(n\geqslant 2)$. 则 $|\boldsymbol{A}^*|=$ (   ).

(A) $|\boldsymbol{A}^{-1}|$ (B) $|\boldsymbol{A}|$ (C) $|\boldsymbol{A}|^{n-1}$ (D) $|\boldsymbol{A}|^n$

(4) 设 $\boldsymbol{A}$ 是可逆阵. 则下列等式成立的是 (   ).

(A) $\boldsymbol{A}=\dfrac{1}{|\boldsymbol{A}|}\boldsymbol{A}^*$ (B) $|\boldsymbol{A}|=0$

(C) $(\boldsymbol{A}^2)^{-1}=(\boldsymbol{A}^{-1})^2$ (D) $(3\boldsymbol{A})^{-1}=3\boldsymbol{A}^{-1}$

2. 填空题

(1) $\begin{pmatrix}1 & 2\\ 2 & 3\end{pmatrix}^{-1}=$____. (2) 设 $\boldsymbol{A}=\begin{pmatrix}1 & 0\\ 2 & 2\end{pmatrix}$. 则 $(\boldsymbol{A}^*)^{-1}=$____.

(3) 设 $\boldsymbol{A}$ 是 3 阶方阵, $|\boldsymbol{A}|=3$. 若交换 $\boldsymbol{A}$ 的第 1 行与第 2 行得矩阵 B, 则 $|\boldsymbol{BA}^*|=$____.

3. 设 $\boldsymbol{A}$ 是 3 阶方阵, $|\boldsymbol{A}|=\dfrac{1}{2}$. 求 $|(2\boldsymbol{A})^{-1}-5\boldsymbol{A}^*|$.

4. 设 $\boldsymbol{A}^k=\mathbf{0}$, 其中 k 是正整数. 证明:

$$(\boldsymbol{E}-\boldsymbol{A})^{-1}=\boldsymbol{E}+\boldsymbol{A}+\boldsymbol{A}^2+\cdots+\boldsymbol{A}^{k-1}.$$

2.5 矩阵的初等变换

矩阵的初等变换在矩阵论和线性方程组中都起着重要的作用. 初等变换方法贯穿以下各个章节中. 本节讨论矩阵的初等变换与初等矩阵.

2.5.1 矩阵的初等行变换

在中学里我们学过用消元法解二元与三元线性方程组. 在给出矩阵的初等行变换的概念之前, 先看一个用消元法解三元线性方程组的例子.

例 求解线性方程组

$$\begin{cases} 2x_1+3x_2+4x_3=5, \\ x_1+2x_2+3x_3=4, \\ 4x_1+3x_2+4x_3=5. \end{cases}$$

解 交换第 1, 2 两个方程, 得

$$\begin{cases} x_1+2x_2+3x_3=4, \\ 2x_1+3x_2+4x_3=5, \\ 4x_1+3x_2+4x_3=5. \end{cases}$$

$-2,-4$ 分别乘第 1 个方程加到第 2 个和第 3 个方程上, 得

$$\begin{cases} x_1+2x_2+3x_3=4, \\ -x_2-2x_3=-3, \\ -5x_2-8x_3=-11. \end{cases}$$

-1 乘第 2 个方程, 得

$$\begin{cases} x_1+2x_2+3x_3=4, \\ x_2+2x_3=3, \\ -5x_2-8x_3=-11. \end{cases}$$

5 乘第 2 个方程加到第 3 个方程上, 得

$$\begin{cases} x_1+2x_2+3x_3=4, \\ x_2+2x_3=3, \\ 2x_3=4. \end{cases}$$

$\frac{1}{2}$ 乘第 3 个方程, 得

$$\begin{cases} x_1+2x_2+3x_3=4, \\ x_2+2x_3=3, \\ x_3=2. \end{cases}$$

$-2,-3$ 分别乘第 3 个方程加到第 2 个和第 1 个方程上, 得

$$\begin{cases} x_1+2x_2=-2, \\ x_2=-1, \\ x_3=2. \end{cases}$$

-2 乘第 2 个方程加到第 1 个方程上, 得

$$\begin{cases} x_1=0, \\ x_2=-1, \\ x_3=2. \end{cases}$$

分析一下消元法, 不难看出, 它实际上是反复地对方程组进行变换, 而所作的变换有下列三种:

(1) 交换两个方程的位置;

(2) 一个非零数乘一个方程;

(3) 一个数乘一个方程加到另一个方程上.

如果把一个方程组换成由这个方程组的未知量的系数和常数项所构成的矩阵, 那么对这个方程组进行的如上的三种变换就转化为对这个矩阵进行下列三种变换:

(1) 交换矩阵的两行;

(2) 一个非零数乘矩阵的一行;

(3) 一个数乘矩阵的一行加到另一行上.

一般地, 我们引入下列概念.

定义 1 矩阵的下列三种变换称为**矩阵的初等行变换**:

(1) 交换矩阵的两行;

(2) 一个非零数乘矩阵的一行;

(3) 一个数乘矩阵的一行加到另一行上.

为了方便, 引入记号:

交换 i,j 两行, 记为 $\mathrm{r}_i \leftrightarrow \mathrm{r}_j$; 数 k 乘第 i 行, 记为 $\mathrm{r}_i \times k$; 数 k 乘第 j 行加到第 i 行上, 记为 $\mathrm{r}_i + k\mathrm{r}_j$. 矩阵 $\boldsymbol{A}$ 经过一次初等行变换化为 B, 记为 $\boldsymbol{A} \to \boldsymbol{B}$. 这里是箭头符号 $\to$, 不是等号 $=$. 注意与行列式的区别.

例如, 交换矩阵 $\begin{pmatrix} 1 & 2 & 3 \\ 2 & 3 & 4 \\ 3 & 4 & 5 \end{pmatrix}$ 的第 1,3 两行, 得到矩阵 $\begin{pmatrix} 3 & 4 & 5 \\ 2 & 3 & 4 \\ 1 & 2 & 3 \end{pmatrix}$, 记为

$$\begin{pmatrix} 1 & 2 & 3 \\ 2 & 3 & 4 \\ 3 & 4 & 5 \end{pmatrix} \xrightarrow{\mathrm{r}_1 \leftrightarrow \mathrm{r}_3} \begin{pmatrix} 3 & 4 & 5 \\ 2 & 3 & 4 \\ 1 & 2 & 3 \end{pmatrix},$$

简记为

$$\begin{pmatrix} 1 & 2 & 3 \\ 2 & 3 & 4 \\ 3 & 4 & 5 \end{pmatrix} \to \begin{pmatrix} 3 & 4 & 5 \\ 2 & 3 & 4 \\ 1 & 2 & 3 \end{pmatrix}.$$

我们知道, 一个方程组 (1) 经过上述提及的三种变换变为另一个方程组 (2), 这两个方程组是同解的. 因此, 要解 (1) 只要解 (2) 就行了. 同时, 方程组 (1) 变为方程组 (2) 就是把方程组 (1) 的未知量的系数和常数项构成的矩阵 $\boldsymbol{A}$ 经过初等行变换化为方程组 (2) 的未知量的系数和常数项构成的矩阵 $\boldsymbol{B}$. 显然, 矩阵 $\boldsymbol{B}$ 越简单, 方程组 (2) 越容易解. 但矩阵 $\boldsymbol{B}$ 究竟简单到什么程度呢? 先看一个例子.

例如, 已知矩阵

$$\boldsymbol{A} = \begin{pmatrix} 0 & 1 & 2 & 3 \\ 1 & 2 & 3 & 4 \\ 2 & 3 & 4 & 5 \\ 1 & 1 & 1 & 3 \end{pmatrix},$$

对 $\boldsymbol{A}$ 作初等行变换:

$$\boldsymbol{A}\xrightarrow{r_1\leftrightarrow r_2}\begin{pmatrix}1&2&3&4\\0&1&2&3\\2&3&4&5\\1&1&1&3\end{pmatrix}\xrightarrow[r_4-r_1]{r_3-2r_1}\begin{pmatrix}1&2&3&4\\0&1&2&3\\0&-1&-2&-3\\0&-1&-2&-1\end{pmatrix}$$

$$\xrightarrow[r_4+r_2]{r_3+r_2}\begin{pmatrix}1&2&3&4\\0&1&2&3\\0&0&0&0\\0&0&0&2\end{pmatrix}\xrightarrow{r_3\leftrightarrow r_4}\begin{pmatrix}1&2&3&4\\0&1&2&3\\0&0&0&2\\0&0&0&0\end{pmatrix}=\boldsymbol{B}.$$

则矩阵 $\boldsymbol{B}$ 满足下列两个条件:

(1) 所有非零行的从左到右的第一个非零元素的下方全是零;

(2) 所有零行 (元素全是 0 的行) 都在矩阵的下方.

一般地, 引入下列概念.

定义 2 满足下列两个条件的矩阵称为**行阶梯形矩阵**:

(1) 所有非零行的从左到右的第一个非零元素的下方全是零;

(2) 所有零行 (元素全是 0 的行) 都在矩阵的下方 (如果有零行的话).

例如, 矩阵 $\boldsymbol{B}$ 和

$$\begin{pmatrix}1&2&3\\0&4&5\\0&0&6\end{pmatrix},\quad\begin{pmatrix}1&2&3&4\\0&0&5&6\\0&0&0&0\end{pmatrix},\quad\begin{pmatrix}0&1&2&3&4\\0&0&0&0&5\\0&0&0&0&0\\0&0&0&0&0\end{pmatrix}$$

都是行阶梯形矩阵, 而

$$\begin{pmatrix}1&2&3&4\\0&0&5&6\\0&0&7&0\end{pmatrix}$$

不是行阶梯形矩阵.

进一步对 $\boldsymbol{B}$ 作初等行变换:

$$\boldsymbol{B}\xrightarrow{r_3\times\frac{1}{2}}\begin{pmatrix}1&2&3&4\\0&1&2&3\\0&0&0&1\\0&0&0&0\end{pmatrix}\xrightarrow[r_1-4r_3]{r_2-3r_3}\begin{pmatrix}1&2&3&0\\0&1&2&0\\0&0&0&1\\0&0&0&0\end{pmatrix}$$

$$\xrightarrow{r_1-2r_2}\begin{pmatrix}1&0&-1&0\\0&1&2&0\\0&0&0&1\\0&0&0&0\end{pmatrix}=\boldsymbol{C}.$$

则矩阵 $\boldsymbol{C}$ 满足条件: $\boldsymbol{C}$ 的所有非零行的第一个非零元素是 1, 且第一个非零元素 1 所在的列的其他元素都是 0.

一般地, 引入下列概念.

定义 3 行阶梯形矩阵称为**行最简形矩阵**, 如果它的所有非零行的第一个非零元素是 1, 且第一个非零元素 1 所在的列的其他元素都是 0.

例如, 矩阵 $\boldsymbol{C}$ 和

$$\begin{pmatrix}1&2&0&3\\0&0&1&4\\0&0&0&0\end{pmatrix}$$

都是行最简形矩阵, 而

$$\begin{pmatrix}1&2&3&4\\0&0&1&5\\0&0&0&0\end{pmatrix}$$

不是行最简形矩阵.

由这个例子可以看出: 当把行阶梯形矩阵化为行最简形矩阵时, 一般情况下, 从最后一个非零行开始, 把这一行中第一个非零元素所在的列的其余元素都化为 0, 然后依次考虑上一行, 直到结束.

一般地, 有下列结果.

定理 1 任意矩阵总可以经过有限次初等行变换化为行阶梯形矩阵和行最简形矩阵.

* **证明** 令

$$\boldsymbol{A}=\begin{pmatrix} a_{11} & a_{12} & \cdots & a_{1n} \\ a_{21} & a_{22} & \cdots & a_{2n} \\ \vdots & \vdots & & \vdots \\ a_{s1} & a_{s2} & \cdots & a_{sn} \end{pmatrix}.$$

先看 $\boldsymbol{A}$ 的第一列元素 $a_{11}, a_{21}, \cdots, a_{s1}$, 如果其中有一个元素不是 0, 通过第一种初等行变换总能化为一个第一列的第一个元素不是 0 的矩阵. 然后从第二行开始直到最后一行, 每一行都加上第一行的一个适当的倍数使得第一列除第一个元素外其余元素全是 0. 因此矩阵 $\boldsymbol{A}$ 化为

$$\boldsymbol{A}_1=\begin{pmatrix} a'_{11} & a'_{12} & \cdots & a'_{1n} \\ 0 & a'_{22} & \cdots & a'_{2n} \\ \vdots & \vdots & & \vdots \\ 0 & a'_{s2} & \cdots & a'_{sn} \end{pmatrix}=\begin{pmatrix} a'_{11} & \boldsymbol{B}_2 \\ \boldsymbol{0} & \boldsymbol{B}_1 \end{pmatrix}.$$

对于 $\boldsymbol{A}_1$ 中的右下角块阵

$$\boldsymbol{B}_1=\begin{pmatrix} a'_{22} & \cdots & a'_{2n} \\ \vdots & & \vdots \\ a'_{s2} & \cdots & a'_{sn} \end{pmatrix}$$

再重复上述做法. 如此下去直到化为行阶梯形矩阵为止.

如果 $\boldsymbol{A}$ 的第一列元素全是 0, 那么就直接考虑 $\boldsymbol{A}$ 的第二列元素.

明显地, 对于行阶梯形矩阵通过有限次的第二和第三种初等行变换就可以化为行最简形矩阵. 证毕.

用初等行变换把矩阵化为行阶梯形矩阵和行最简形矩阵是一种基本的矩阵运算, 在线性代数中有着广泛的应用, 比如讨论矩阵的秩和线性方程组的解.

2.5.2 矩阵的初等变换

矩阵除了初等行变换外, 还有初等列变换. 把定义 1 中的行换成列, 即有矩阵的**初等列变换**的概念, 所用记号是把 r 相应地换成 c. 矩阵的初等行变换与初等列变换, 统称为**初等变换**.

一个矩阵经过初等变换化为哪种简单的矩阵呢? 先看一个例子.

我们知道, 矩阵

$$\boldsymbol{A}=\begin{pmatrix} 0 & 1 & 2 & 3 \\ 1 & 2 & 3 & 4 \\ 2 & 3 & 4 & 5 \\ 1 & 1 & 1 & 3 \end{pmatrix}$$

经过初等行变换化为行最简形矩阵

$$\boldsymbol{C}=\begin{pmatrix} 1 & 0 & -1 & 0 \\ 0 & 1 & 2 & 0 \\ 0 & 0 & 0 & 1 \\ 0 & 0 & 0 & 0 \end{pmatrix}.$$

对 $\boldsymbol{C}$ 进行适当的初等列变换就可以化为

$$\boldsymbol{D}=\begin{pmatrix} 1 & 0 & 0 & 0 \\ 0 & 1 & 0 & 0 \\ 0 & 0 & 1 & 0 \\ 0 & 0 & 0 & 0 \end{pmatrix}.$$

则矩阵 $\boldsymbol{D}$ 的左上角是一个单位阵, 而其余元素都是 0.

一般地, 引入下列概念.

定义 4 行最简形矩阵称为**标准形**, 如果它的左上角是一个单位阵, 而其余元素都是 0.

例如, 矩阵 $\boldsymbol{D}$ 和

$$\begin{pmatrix} 1 & 0 & 0 & 0 & 0 \\ 0 & 1 & 0 & 0 & 0 \\ 0 & 0 & 0 & 0 & 0 \end{pmatrix}$$

都是标准形.

一般地, 有下列结果.

定理 2 任意矩阵总可以经过有限次初等变换化为标准形.

证明 令 $\boldsymbol{A}$ 为任意矩阵. 由定理 1, 知 $\boldsymbol{A}$ 经过有限次初等行变换化为行最简形矩阵 $\boldsymbol{B}$. 再对 $\boldsymbol{B}$ 进行适当的初等列变换就可以把 $\boldsymbol{B}$ 化为标准形. 因此矩阵 $\boldsymbol{A}$ 总可以经过有限次初等变换化为标准形. 证毕.

若矩阵 $\boldsymbol{A}$ 经过有限次初等变换化为矩阵 $\boldsymbol{B}$, 则称矩阵 $\boldsymbol{A}$ 与 $\boldsymbol{B}$ 等价.

*2.5.3 初等矩阵

由矩阵的乘法规则, 我们不难得到

$$\begin{pmatrix} a_{21} & a_{22} & a_{23} \\ a_{11} & a_{12} & a_{13} \\ a_{31} & a_{32} & a_{33} \end{pmatrix} = \begin{pmatrix} 0 & 1 & 0 \\ 1 & 0 & 0 \\ 0 & 0 & 1 \end{pmatrix} \begin{pmatrix} a_{11} & a_{12} & a_{13} \\ a_{21} & a_{22} & a_{23} \\ a_{31} & a_{32} & a_{33} \end{pmatrix} = \boldsymbol{E}(1,2)\boldsymbol{A},$$

$$\begin{pmatrix} a_{12} & a_{11} & a_{13} \\ a_{22} & a_{21} & a_{23} \\ a_{32} & a_{31} & a_{33} \end{pmatrix} = \begin{pmatrix} a_{11} & a_{12} & a_{13} \\ a_{21} & a_{22} & a_{23} \\ a_{31} & a_{32} & a_{33} \end{pmatrix} \begin{pmatrix} 0 & 1 & 0 \\ 1 & 0 & 0 \\ 0 & 0 & 1 \end{pmatrix} = \boldsymbol{A}\boldsymbol{E}(1,2),$$

其中 $\boldsymbol{E}(1,2)$ 是交换单位阵 $\boldsymbol{E}$ 的第 1 行和第 2 行得到的矩阵.

一般地, 交换 $\boldsymbol{A}$ 的第 i 行和第 j 行得到的矩阵等于用 $\boldsymbol{E}(i,j)$ 左乘 $\boldsymbol{A}$, 而交换 $\boldsymbol{A}$ 的第 i 列和第 j 列得到的矩阵等于用 $\boldsymbol{E}(i,j)$ 右乘 $\boldsymbol{A}$, 其中 $\boldsymbol{E}(i,j)$ 是交换单位

阵 $\boldsymbol{E}$ 的第 i 行和第 j 行得到的矩阵. 又

$$\begin{pmatrix} a_{11} & a_{12} & a_{13} \\ ka_{21} & ka_{22} & ka_{23} \\ a_{31} & a_{32} & a_{33} \end{pmatrix} = \begin{pmatrix} 1 & 0 & 0 \\ 0 & k & 0 \\ 0 & 0 & 1 \end{pmatrix} \begin{pmatrix} a_{11} & a_{12} & a_{13} \\ a_{21} & a_{22} & a_{23} \\ a_{31} & a_{32} & a_{33} \end{pmatrix} = \boldsymbol{E}(2(k))\boldsymbol{A},$$

$$\begin{pmatrix} a_{11} & ka_{12} & a_{13} \\ a_{21} & ka_{22} & a_{23} \\ a_{31} & ka_{32} & a_{33} \end{pmatrix} = \begin{pmatrix} a_{11} & a_{12} & a_{13} \\ a_{21} & a_{22} & a_{23} \\ a_{31} & a_{32} & a_{33} \end{pmatrix} \begin{pmatrix} 1 & 0 & 0 \\ 0 & k & 0 \\ 0 & 0 & 1 \end{pmatrix} = \boldsymbol{A}\boldsymbol{E}(2(k)),$$

其中 $\boldsymbol{E}(2(k))$ 是非零数 k 乘单位阵 $\boldsymbol{E}$ 的第 2 行得到的矩阵.

一般地, 非零数 k 乘 $\boldsymbol{A}$ 的第 i 行得到的矩阵等于用 $\boldsymbol{E}(i(k))$ 左乘 $\boldsymbol{A}$, 而非零数 k 乘 $\boldsymbol{A}$ 的第 i 列得到的矩阵等于用 $\boldsymbol{E}(i(k))$ 右乘 $\boldsymbol{A}$, 其中 $\boldsymbol{E}(i(k))$ 是非零数 k 乘 $\boldsymbol{E}$ 的第 i 行得到的矩阵. 最后, 我们有

$$\begin{aligned} &\begin{pmatrix} a_{11} & a_{12} & a_{13} \\ a_{21} & a_{22} & a_{23} \\ a_{31}+ka_{11} & a_{32}+ka_{12} & a_{33}+ka_{13} \end{pmatrix} \\ &= \begin{pmatrix} 1 & 0 & 0 \\ 0 & 1 & 0 \\ k & 0 & 1 \end{pmatrix} \begin{pmatrix} a_{11} & a_{12} & a_{13} \\ a_{21} & a_{22} & a_{23} \\ a_{31} & a_{32} & a_{33} \end{pmatrix} = \boldsymbol{E}(3,1(k))\boldsymbol{A}, \end{aligned}$$

$$\begin{aligned} \begin{pmatrix} a_{11} & a_{12} & a_{13}+ka_{11} \\ a_{21} & a_{22} & a_{23}+ka_{21} \\ a_{31} & a_{32} & a_{33}+ka_{31} \end{pmatrix} &= \begin{pmatrix} a_{11} & a_{12} & a_{13} \\ a_{21} & a_{22} & a_{23} \\ a_{31} & a_{32} & a_{33} \end{pmatrix} \begin{pmatrix} 1 & 0 & k \\ 0 & 1 & 0 \\ 0 & 0 & 1 \end{pmatrix} \\ &= \boldsymbol{A}\boldsymbol{E}(1,3(k)), \end{aligned}$$

其中 $\boldsymbol{E}(3,1(k))$ 是数 k 乘 $\boldsymbol{E}$ 的第 1 行加到第 3 行上所得的矩阵.

一般地, 数 k 乘 $\boldsymbol{A}$ 的第 j 行加到第 i 行上得到的矩阵等于用 $\boldsymbol{E}(i,j(k))$ 左乘 $\boldsymbol{A}$, 而数 k 乘 $\boldsymbol{A}$ 的第 j 列加到第 i 列上得到的矩阵等于用 $\boldsymbol{E}(j,i(k))$ 右乘 $\boldsymbol{A}$, 其中 $\boldsymbol{E}(i,j(k))$ 是数 k 乘 $\boldsymbol{E}$ 的第 j 行加到第 i 行上得到的矩阵. 注意, $\boldsymbol{E}(i,j(k))$ 和 $\boldsymbol{E}(j,i(k))$ 的区别, 不要混淆. 数 k 乘 $\boldsymbol{E}$ 的第 j 列加到第 i 列上得到矩阵 $\boldsymbol{E}(j,i(k))$.

$\boldsymbol{E}(i,j),\boldsymbol{E}(i(k)),\boldsymbol{E}(i,j(k))$ 都是可逆阵, 它们起着初等变换的作用, 称为**初等矩阵** (elementary matrices).

容易看出, 初等矩阵的逆矩阵也是初等矩阵. 具体地,

$$\boldsymbol{E}(i,j)^{-1}=\boldsymbol{E}(i,j),\quad \boldsymbol{E}(i(k))^{-1}=\boldsymbol{E}(i(k^{-1})),\quad \boldsymbol{E}(i,j(k))^{-1}=\boldsymbol{E}(i,j(-k)).$$

根据上述讨论, 矩阵的初等变换与初等矩阵有下列关系.

定理 3 对 $s\times n$ 矩阵 $\boldsymbol{A}$ 作一次初等行变换得到的矩阵等于用相应的 s 阶初等矩阵左乘 $\boldsymbol{A}$, 而对 $\boldsymbol{A}$ 作一次初等列变换得到的矩阵等于用相应的 n 阶初等矩阵右乘 $\boldsymbol{A}$.

推论 1 两个 $s\times n$ 矩阵 $\boldsymbol{A}$ 与 $\boldsymbol{B}$ 等价的充要条件是存在 s 阶初等矩阵 $\boldsymbol{P}_1$, $\boldsymbol{P}_2,\cdots,\boldsymbol{P}_t$ 及 n 阶初等矩阵 $\boldsymbol{Q}_1,\boldsymbol{Q}_2,\cdots,\boldsymbol{Q}_m$ 使得

$$\boldsymbol{P}_t\cdots\boldsymbol{P}_2\boldsymbol{P}_1\boldsymbol{A}\boldsymbol{Q}_1\boldsymbol{Q}_2\cdots\boldsymbol{Q}_m=\boldsymbol{B}.$$

定理 4 方阵是可逆阵的充要条件是它可表示为有限个初等矩阵的乘积.

证明 令 $\boldsymbol{A}$ 是任意 n 阶方阵.

必要性. 设 $\boldsymbol{A}$ 是可逆阵, 且 $\boldsymbol{A}$ 的标准形矩阵是 $\boldsymbol{B}=\begin{pmatrix}\boldsymbol{E}_r & \boldsymbol{0}\\ \boldsymbol{0} & \boldsymbol{0}\end{pmatrix}_{n\times n}$. 则存在初等矩阵 $\boldsymbol{P}_1,\boldsymbol{P}_2,\cdots,\boldsymbol{P}_s,\boldsymbol{Q}_1,\boldsymbol{Q}_2,\cdots,\boldsymbol{Q}_t$ 使得

$$\boldsymbol{P}_s\cdots\boldsymbol{P}_2\boldsymbol{P}_1\boldsymbol{A}\boldsymbol{Q}_1\boldsymbol{Q}_2\cdots\boldsymbol{Q}_t=\boldsymbol{B}.$$

由于 $\boldsymbol{A}$ 是可逆阵, 且初等矩阵是可逆阵, 而有限个可逆矩阵的乘积也是可逆阵, 故 $\boldsymbol{B}$ 是可逆阵, 即 $|\boldsymbol{B}|\neq 0$. 而

$$|\boldsymbol{B}|=\begin{vmatrix}\boldsymbol{E}_r & \boldsymbol{0}\\ \boldsymbol{0} & \boldsymbol{0}\end{vmatrix},$$

因此 $r=n$, 即 $\boldsymbol{B}=\boldsymbol{E}_n$. 故

$$\boldsymbol{P}_s\cdots\boldsymbol{P}_2\boldsymbol{P}_1\boldsymbol{A}\boldsymbol{Q}_1\boldsymbol{Q}_2\cdots\boldsymbol{Q}_t=\boldsymbol{E}_n.$$

于是

$$\begin{aligned}A &= P_1^{-1}P_2^{-1}\cdots P_s^{-1}E_nQ_t^{-1}\cdots Q_2^{-1}Q_1^{-1}\\&= P_1^{-1}P_2^{-1}\cdots P_s^{-1}Q_t^{-1}\cdots Q_2^{-1}Q_1^{-1}.\end{aligned}$$

注意到, 初等矩阵的逆矩阵也是初等矩阵. 因此 A 可表示为有限个初等矩阵的乘积.

充分性. 显然. 证毕.

推论 2 方阵是可逆阵的充要条件是它的行最简形矩阵是单位阵, 即它可以经过有限次初等行变换化为单位阵.

证明 必要性. 令 A 是可逆阵. 则 A^{-1} 也是可逆阵. 从而存在初等矩阵 $P_1, P_2, \cdots, P_s$ 使得

$$A^{-1} = P_s\cdots P_2P_1.$$

上式两边右乘矩阵 A, 有

$$A^{-1}A = P_s\cdots P_2P_1A,$$

即

$$E = P_s\cdots P_2P_1A.$$

此式表明, A 经过有限次初等行变换化为单位阵 E.

充分性. 设 A 经过有限次初等行变换化为单位阵 E. 则存在初等矩阵 $P_1, P_2, \cdots, P_s$ 使得

$$P_s\cdots P_2P_1A = E.$$

因此

$$A = P_1^{-1}P_2^{-1}\cdots P_s^{-1}.$$

注意到, 初等矩阵的逆矩阵也是初等矩阵. 从而 A 可表示为有限个初等矩阵的乘积. 由定理 4, A 是可逆阵. 证毕.

推论 3 $s\times n$ 矩阵 $\boldsymbol{A}$ 与 $\boldsymbol{B}$ 等价的充要条件是存在 s 阶可逆阵 $\boldsymbol{P}$ 及 n 阶可逆阵 $\boldsymbol{Q}$ 使得 $\boldsymbol{PAQ}=\boldsymbol{B}$.

习 题

1. 把矩阵 $\begin{pmatrix} 1 & 2 & 3 & 4 \\ 2 & 3 & 4 & 5 \\ 5 & 4 & 3 & 2 \end{pmatrix}$ 化为行阶梯形矩阵.

2. 把矩阵 $\begin{pmatrix} 1 & -1 & 3 & -4 & 3 \\ 3 & -3 & 5 & -4 & 1 \\ 2 & -2 & 3 & -2 & 0 \\ 3 & -3 & 4 & -2 & -1 \end{pmatrix}$ 化为行最简形矩阵.

2.6 矩阵的秩

矩阵的秩是线性代数中的一个十分重要的概念, 它在讨论线性方程组的解和向量组的线性相关等问题时发挥着重要作用. 本节首先利用行列式给出矩阵的秩的概念, 然后利用初等行变换给出求矩阵秩的方法.

2.6.1 矩阵的秩的概念

我们知道, 对于方阵 $\boldsymbol{A}$ 有方阵 $\boldsymbol{A}$ 的行列式的概念, 也就是把 $\boldsymbol{A}$ 的元素保持位置不变所构成的行列式. 但对于矩阵 (不一定是方阵) 而言, 虽然没有矩阵的行列式的概念, 但任取这个矩阵的 k 行与 k 列, 只要 k 不超过这个矩阵的行数与列数, 那么位于这些行和列交叉处的 k^2 个元素按照它们在矩阵中所处的位置就可以得到一个 k 阶行列式.

例如, 矩阵

$$A=\begin{pmatrix}1&2&3&4\\2&2&3&4\\3&2&3&4\end{pmatrix}.$$

取 A 的第 1, 2 两行和第 1, 3 两列, 位于这 2 行和这 2 列交叉处的元素按照它们在矩阵 A 中所处的位置就可以得到一个 2 阶行列式 $\begin{vmatrix}1&3\\2&3\end{vmatrix}=-3$.

一般地, 我们引入矩阵的子式的概念.

定义 1 在 $s\times n$ 矩阵 A 中任取 k 行与 k 列 $(1\leqslant k\leqslant s,1\leqslant k\leqslant n)$, 位于这些行和列交叉处的 k^2 个元素按照它们在矩阵 A 中所处的位置而得到的 k 阶行列式称为矩阵 A 的 **k 阶子式**.

注意矩阵的子式和行列式元素的余子式的区别, 虽然它们都是行列式. 行列式是数. 因此, 子式可以是零也可以不是零.

例如, 在上述矩阵 A 中取 A 的第 1, 2 两行和第 1, 3 两列, 得到 A 的一个 2 阶子式 $\begin{vmatrix}1&3\\2&3\end{vmatrix}=-3\neq 0$. 容易看出, A 的所有 3 阶子式都是零, 这是因为 A 的任意 3 阶子式中至少有两列成比例. 行列式有阶数. 因此, 矩阵 A 中所有非零子式的最高阶数是 2.

一般地, 引入下列概念.

定义 2 若矩阵 A 中所有非零子式的最高阶数是 r, 则称 A 的**秩** (rank) 是 r, 记为 $r(A)$.

例如, 上述矩阵 A 的秩是 2.

显然, $r(A_{s\times n})\leqslant\min\{s,n\}$. 由矩阵秩的定义, 知 $r(A)=r$ 的充要条件是 A 有一个 r 阶子式不是零, 且所有 $r+1$ 阶子式 (如果存在的话) 全是零.

明显地, 方阵是可逆阵的充要条件是它的秩等于阶数, 而方阵是不可逆阵的充要条件是它的秩小于阶数.

例 1 求矩阵 $A=\begin{pmatrix}2&1&0&-1&-2\\0&3&4&5&6\\0&0&0&4&5\\0&0&0&0&0\end{pmatrix}$ 的秩.

解 注意到, A 是一个行阶梯形矩阵, 其非零行只有 3 行. 因此, A 的所有 4 阶子式全是 0. 而 A 的第 1, 2, 3 行 (3 个非零行所在的行) 与第 1, 2, 4 列 (3 个非零行中第一个非零数所在的列) 交叉处的元素, 按照它们在矩阵 A 中所处的位置所得到的 3 阶子式

$$\begin{vmatrix}2&1&-1\\0&3&5\\0&0&4\end{vmatrix}=24\neq 0,$$

故 $r(A)=3$.

一般地, 可以得到: 任意行阶梯形矩阵的秩等于它的非零行的行数.

2.6.2 矩阵的秩的求法

直接利用定义计算矩阵的秩通常是比较困难的, 因为有时要计算很多个行列式. 但是对于行阶梯形矩阵, 它的秩等于非零行的行数, 而任意矩阵总可以经过有限次初等行变换化为行阶梯形矩阵. 因此, 考虑利用初等行变换求矩阵的秩. 但经过初等行变换后两个矩阵的秩之间的关系如何? 我们有下列结果.

定理 1 初等变换不改变矩阵的秩, 即等价的矩阵的秩相等.

按照矩阵的秩的概念可以给出这个定理的证明, 此处省略.

* **推论** 若 P,Q 都是可逆阵, 则

$$r(PAQ)=r(PA)=r(AQ)=r(A).$$

我们得到**利用初等行变换求矩阵的秩的方法**:

对矩阵作初等行变换化为行阶梯形矩阵, 这个行阶梯形矩阵中非零行的行数

就是这个矩阵的秩.

例 2 求矩阵 $\boldsymbol{A}=\begin{pmatrix}1&2&3&4\\4&3&2&1\\2&3&4&5\end{pmatrix}$ 的秩.

解 对 $\boldsymbol{A}$ 作初等行变换化为行阶梯形矩阵

$$\begin{pmatrix}1&2&3&4\\0&1&2&3\\0&0&0&0\end{pmatrix}.$$

由行阶梯形矩阵有 2 个非零行, 知 $r(\boldsymbol{A})=2$.

作为这一节的结束, 给出下列结果.

定理 2 两个同型矩阵等价的充要条件是它们的秩相等.

* **证明** 必要性即定理 1. 由于矩阵和它的标准形等价, 而两个秩相等的同型矩阵的标准形相同, 故这两个同型矩阵等价. 证毕.

习 题

1. 选择题

(1) 若矩阵 $\boldsymbol{A}$ 的秩是 r, 则 ( ).

(A) 所有 r 阶子式不等于零, 且存在一个等于零的 $r+1$ 阶子式

(B) 所有 r 阶子式不等于零

(C) 存在一个非零的 r 阶子式, 且所有 $r+1$ 阶子式 (若存在的话) 全是零

(D) 存在一个非零的 $r+1$ 阶子式

(2) n 阶方阵 $\boldsymbol{A}$ 的行列式 $|\boldsymbol{A}|=0$ 的充要条件是 ( ).

(A) $\boldsymbol{A}$ 的某一行元素全是 0　　(B) $\boldsymbol{A}$ 的某两行元素相等

(C) $r(\boldsymbol{A})<n$　　(D) $\boldsymbol{A}$ 的两行对应元素成比例

*(3) 设 $\boldsymbol{A}$ 是 $s\times n$ 矩阵, $\boldsymbol{B}$ 是 n 阶可逆阵, 秩 $\boldsymbol{A}=r$, 矩阵 $\boldsymbol{C}=\boldsymbol{AB}$ 的秩是 r_1.

则 (　　).

(A) $r > r_1$　　(B) $r < r_1$　　(C) $r = r_1$　　(D) r_1 与 r 的关系依 $\boldsymbol{B}$ 而定

2. 填空题

若 $a \neq 0$, 则矩阵

$$\begin{pmatrix} a & a & a & a & 0 \\ a & 2a & 3a & 4a & 0 \\ a & 4a & 9a & 16a & 0 \\ 0 & 0 & 0 & 0 & a \end{pmatrix}$$

的秩是____.

3. 求下列矩阵的秩:

(1) $\begin{pmatrix} 3 & 1 & 0 & 2 \\ 1 & -1 & 2 & -1 \\ 1 & 3 & -4 & 4 \end{pmatrix}$.　(2) $\begin{pmatrix} 1 & -1 & 2 & 1 & 0 \\ 2 & -2 & 4 & -2 & 0 \\ 3 & 0 & 6 & -1 & 1 \\ 0 & 3 & 0 & 0 & 1 \end{pmatrix}$.

4. 设 $\boldsymbol{A} = \begin{pmatrix} 1 & -2 & 3a \\ -1 & 2a & -3 \\ a & -2 & 3 \end{pmatrix}$. 问 a 为何值时,

(1) $r(\boldsymbol{A}) = 1$;　　(2) $r(\boldsymbol{A}) = 2$;　　(3) $r(\boldsymbol{A}) = 3$.

第 3 章　线性方程组与向量

设 s 个方程 n 个未知量的线性方程组是

$$\begin{cases} a_{11}x_1+a_{12}x_2+\cdots+a_{1n}x_n=b_1, \\ a_{21}x_1+a_{22}x_2+\cdots+a_{2n}x_n=b_2, \\ \qquad\qquad\vdots \\ a_{s1}x_1+a_{s2}x_2+\cdots+a_{sn}x_n=b_s. \end{cases}$$

当右边常数项 $b_1,b_2,\cdots,b_s$ 全是 0 时, 称为**齐次线性方程组**, 否则称为**非齐次线性方程组**. 若未知量的个数是 n, 则称为 n **元线性方程组**.

线性方程组是线性代数基本的也是重要的内容之一, 它的理论与方法被广泛地应用于自然科学、管理科学与工程技术等领域. 本章在第 2 章矩阵的基础上给出线性方程组的解法和线性方程组有解的判断条件, 并且把这一方法推广到矩阵方程. 为了介绍线性方程组的一般理论, 接着讨论向量及其运算、向量组的线性相关性、向量组的秩. 以矩阵和向量为工具, 讨论线性方程组解的结构. 最后讨论向量空间、正交向量组以及正交矩阵.

3.1　线性方程组的消元法

在中学里我们学过用加减消元法和代入消元法解二元与三元线性方程组. 本节给出一般线性方程组的求解方法, 它不受方程的个数及系数行列式不等于零的限制, 它是解线性方程组最直接和最有效的方法. 本节同时利用矩阵给出线性方程组有解的判断条件.

3.1.1 一般线性方程组

首先讨论一般线性方程组

$$\begin{cases} a_{11}x_1+a_{12}x_2+\cdots+a_{1n}x_n=b_1, \\ a_{21}x_1+a_{22}x_2+\cdots+a_{2n}x_n=b_2, \\ \qquad\vdots \\ a_{s1}x_1+a_{s2}x_2+\cdots+a_{sn}x_n=b_s. \end{cases}$$

的求解问题.

此线性方程组用矩阵表示为

$$\boldsymbol{Ax}=\boldsymbol{b},$$

其中

$$\boldsymbol{A}=\begin{pmatrix} a_{11} & a_{12} & \cdots & a_{1n} \\ a_{21} & a_{22} & \cdots & a_{2n} \\ \vdots & \vdots & & \vdots \\ a_{s1} & a_{s2} & \cdots & a_{sn} \end{pmatrix}, \quad \boldsymbol{x}=\begin{pmatrix} x_1 \\ x_2 \\ \vdots \\ x_n \end{pmatrix}, \quad \boldsymbol{b}=\begin{pmatrix} b_1 \\ b_2 \\ \vdots \\ b_s \end{pmatrix}.$$

记

$$(\boldsymbol{A},\boldsymbol{b})=\begin{pmatrix} a_{11} & a_{12} & \cdots & a_{1n} & b_1 \\ a_{21} & a_{22} & \cdots & a_{2n} & b_2 \\ \vdots & \vdots & & \vdots & \vdots \\ a_{s1} & a_{s2} & \cdots & a_{sn} & b_s \end{pmatrix}.$$

$\boldsymbol{A}$ 称为线性方程组的**系数矩阵**, $(\boldsymbol{A},\boldsymbol{b})$ 称为线性方程组的**增广矩阵**.

在第 2 章第 5 节给出矩阵的初等行变换的概念之前, 先给出了用消元法解三元线性方程组的一个具体例子. 消元法本质上是对线性方程组的增广矩阵作初等行变换, 将其化为行最简形矩阵, 然后求其解. 以下介绍用一般的消元法解线性方程组 $\boldsymbol{Ax}=\boldsymbol{b}$. 首先给出

定理 1 若线性方程组 $\boldsymbol{Ax}=\boldsymbol{b}$ 的增广矩阵 $(\boldsymbol{A},\boldsymbol{b})$ 经过有限次初等行变换化为 $(\widetilde{\boldsymbol{A}},\widetilde{\boldsymbol{b}})$, 则方程组 $\boldsymbol{Ax}=\boldsymbol{b}$ 与方程组 $\widetilde{\boldsymbol{A}}x=\widetilde{\boldsymbol{b}}$ 同解.

* **证明** 注意到, 对矩阵作一次初等行变换等于矩阵左乘一个相应的初等矩阵. 由于 $(\boldsymbol{A},\boldsymbol{b})$ 经过有限次初等行变换化为 $(\widetilde{\boldsymbol{A}},\widetilde{\boldsymbol{b}})$, 故存在初等矩阵 $\boldsymbol{P}_1,\boldsymbol{P}_2,\cdots,\boldsymbol{P}_t$ 使得

$$\boldsymbol{P}_t\cdots\boldsymbol{P}_2\boldsymbol{P}_1(\boldsymbol{A},\boldsymbol{b})=(\widetilde{\boldsymbol{A}},\widetilde{\boldsymbol{b}}).$$

令 $\boldsymbol{P}=\boldsymbol{P}_t\cdots\boldsymbol{P}_2\boldsymbol{P}_1$. 则 $\boldsymbol{P}$ 是可逆阵, 且 $\boldsymbol{P}(\boldsymbol{A},\boldsymbol{b})=(\widetilde{\boldsymbol{A}},\widetilde{\boldsymbol{b}})$. 从而 $(\boldsymbol{A},\boldsymbol{b})=\boldsymbol{P}^{-1}(\widetilde{\boldsymbol{A}},\widetilde{\boldsymbol{b}})$.

若 $\boldsymbol{\alpha}$ 是 $\boldsymbol{Ax}=\boldsymbol{b}$ 的解, 即 $\boldsymbol{A\alpha}=\boldsymbol{b}$, 则 $\boldsymbol{PA\alpha}=\boldsymbol{Pb}$, 即 $\widetilde{\boldsymbol{A}}\boldsymbol{\alpha}=\widetilde{\boldsymbol{b}}$. 因此 $\boldsymbol{\alpha}$ 是 $\widetilde{\boldsymbol{A}}\boldsymbol{x}=\widetilde{\boldsymbol{b}}$ 的解.

反之, 若 β 是 $\widetilde{\boldsymbol{A}}\boldsymbol{x}=\widetilde{\boldsymbol{b}}$ 的解, 即 $\widetilde{\boldsymbol{A}}\beta=\widetilde{\boldsymbol{b}}$, 则 $\boldsymbol{P}^{-1}\widetilde{\boldsymbol{A}}\beta=\boldsymbol{P}^{-1}\widetilde{\boldsymbol{b}}$, 即 $\boldsymbol{A}\beta=\boldsymbol{b}$. 因此 β 是 $\boldsymbol{Ax}=\boldsymbol{b}$ 的解. 故方程组 $\boldsymbol{Ax}=\boldsymbol{b}$ 与方程组 $\widetilde{\boldsymbol{A}}\boldsymbol{x}=\widetilde{\boldsymbol{b}}$ 同解. 证毕.

对增广矩阵 $(\boldsymbol{A},\boldsymbol{b})$ 作初等行变换化为行最简形矩阵, 不妨设为

$$\begin{pmatrix} 1 & 0 & \cdots & 0 & b_{11} & \cdots & b_{1,n-r} & d_1 \\ 0 & 1 & \cdots & 0 & b_{21} & \cdots & b_{2,n-r} & d_2 \\ \vdots & \vdots & & \vdots & \vdots & & \vdots & \vdots \\ 0 & 0 & \cdots & 1 & b_{r1} & \cdots & b_{r,n-r} & d_r \\ 0 & 0 & \cdots & 0 & 0 & \cdots & 0 & d_{r+1} \\ 0 & 0 & \cdots & 0 & 0 & \cdots & 0 & 0 \\ \vdots & \vdots & & \vdots & \vdots & & \vdots & \vdots \\ 0 & 0 & \cdots & 0 & 0 & \cdots & 0 & 0 \end{pmatrix},$$

这是因为, 若行最简形矩阵的左上角块阵的主对角线上的元素中有零, 则总可以经过对未知量重新编号而得到. 可见系数矩阵 $\boldsymbol{A}$ 的秩是 r.

由这个行最简形矩阵确定方程组

$$\begin{cases} x_1+b_{11}x_{r+1}+b_{12}x_{r+2}+\cdots+b_{1,n-r}x_n=d_1, \\ x_2+b_{21}x_{r+1}+b_{22}x_{r+2}+\cdots+b_{2,n-r}x_n=d_2, \\ \qquad\qquad\qquad\qquad\vdots \\ x_r+b_{r1}x_{r+1}+b_{r2}x_{r+2}+\cdots+b_{r,n-r}x_n=d_r, \\ 0=d_{r+1}, \\ 0=0, \\ \quad\vdots \\ 0=0. \end{cases}$$

由定理 1, 知这个方程组与原方程组 $\boldsymbol{Ax}=\boldsymbol{b}$ 同解. 现在考察这个方程组的解的情况.

1. 当方程组中有方程 $0=d_{r+1}$, 但 $d_{r+1}\neq 0$, 即 $d_{r+1}=1$ 时, 这时不管 $x_1,x_2,\cdots,x_n$ 取什么值都不能使第 $r+1$ 个方程 $0=1$ 成为等式. 故方程组无解.

2. 当 $d_{r+1}=0$, 或方程 $0=0$ 不出现时, 由于 $r\leqslant n$, 故有下列两种情形:

(1) 当 $r=n$ 时, b_{ij} 都不出现, 这时方程组是

$$\begin{cases} x_1=d_1, \\ x_2=d_2, \\ \quad\vdots \\ x_n=d_n. \end{cases}$$

故方程组有唯一解.

(2) 当 $r<n$ 时, 这时方程组是

$$\begin{cases} x_1=d_1-b_{11}x_{r+1}-\cdots-b_{1,n-r}x_n, \\ x_2=d_2-b_{21}x_{r+1}-\cdots-b_{2,n-r}x_n, \\ \qquad\qquad\vdots \\ x_r=d_r-b_{r1}x_{r+1}-\cdots-b_{r,n-r}x_n. \end{cases}$$

因此, 任给 $x_{r+1},x_{r+2},\cdots,x_n$ 一组值 $c_1,c_2,\cdots,c_{n-r}$ 就可以确定 $x_1,x_2,\cdots,x_r$ 的

值, 这样就确定了方程组 $\boldsymbol{Ax}=\boldsymbol{b}$ 的解:

$$\begin{cases} x_1=d_1-b_{11}c_1-\cdots-b_{1,n-r}c_{n-r}, \\ x_2=d_2-b_{21}c_1-\cdots-b_{2,n-r}c_{n-r}, \\ \qquad\vdots \\ x_r=d_r-b_{r1}c_1-\cdots-b_{r,n-r}c_{n-r}, \\ x_{r+1}=c_1, \\ x_{r+2}=c_2, \\ \quad\vdots \\ x_n=c_{n-r}. \end{cases}$$

由于 $c_1,\cdots,c_{n-r}$ 可任意取值, 故方程组有无穷多个解. 通常这个解称为线性方程组的**通解**.

由上述讨论, 得到线性方程组有解的判断定理:

定理 2 (线性方程组有解的判断定理) n 元线性方程组 $\boldsymbol{Ax}=\boldsymbol{b}$ 有解的充要条件是它的系数矩阵的秩等于增广矩阵的秩, 即 $r(\boldsymbol{A})=r(\boldsymbol{A},\boldsymbol{b})$. 进一步, 方程组有唯一解的充要条件是 $r(\boldsymbol{A})=r(\boldsymbol{A},\boldsymbol{b})=n$; 而方程组有无穷多解的充要条件是 $r(\boldsymbol{A})=r(\boldsymbol{A},\boldsymbol{b})<n$.

这个定理的证明过程给出了**用初等变换求解 n 元线性方程组 $\boldsymbol{Ax}=\boldsymbol{b}$ 的方法, 即求解线性方程组的高斯 (Gauss) 消元法**:

1. 对增广矩阵 $(\boldsymbol{A},\boldsymbol{b})$ 作初等行变换化为行阶梯形矩阵. 由 $(\boldsymbol{A},\boldsymbol{b})$ 的行阶梯形矩阵可看出 $r(\boldsymbol{A})$ 和 $r(\boldsymbol{A},\boldsymbol{b})$. 从而判断方程组是否有解: 若 $r(\boldsymbol{A})<r(\boldsymbol{A},\boldsymbol{b})$, 则方程组无解. 若 $r(\boldsymbol{A})=r(\boldsymbol{A},\boldsymbol{b})$, 则方程组有解.

2. 在有解的情况下, 即 $r(\boldsymbol{A})=r(\boldsymbol{A},\boldsymbol{b})$ 时, 进一步对 $(\boldsymbol{A},\boldsymbol{b})$ 作初等行变换化为行最简形矩阵.

3. 写出同解方程组. 若 $r(\boldsymbol{A})=r(\boldsymbol{A},\boldsymbol{b})=n$, 则方程组有唯一解. 若 $r(\boldsymbol{A})=r(\boldsymbol{A},\boldsymbol{b})<n$, 则写出方程组的通解.

例 1　解线性方程组

$$\begin{cases} x_1+2x_2+3x_3+4x_4=5, \\ x_1+2x_2+4x_3+7x_4=10, \\ x_1+2x_2+2x_3+x_4=1. \end{cases}$$

解　对增广矩阵 $(\boldsymbol{A},\boldsymbol{b})$ 作初等行变换化为行阶梯形矩阵:

$$(\boldsymbol{A},\boldsymbol{b})=\begin{pmatrix} 1 & 2 & 3 & 4 & 5 \\ 1 & 2 & 4 & 7 & 10 \\ 1 & 2 & 2 & 1 & 1 \end{pmatrix} \xrightarrow[r_3-r_1]{r_2-r_1} \begin{pmatrix} 1 & 2 & 3 & 4 & 5 \\ 0 & 0 & 1 & 3 & 5 \\ 0 & 0 & -1 & -3 & -4 \end{pmatrix}$$

$$\xrightarrow{r_3+r_2} \begin{pmatrix} 1 & 2 & 3 & 4 & 5 \\ 0 & 0 & 1 & 3 & 5 \\ 0 & 0 & 0 & 0 & 1 \end{pmatrix}.$$

由 $r(\boldsymbol{A})=2, r(\boldsymbol{A},\boldsymbol{b})=3$, 知 $r(\boldsymbol{A})\neq r(\boldsymbol{A},\boldsymbol{b})$. 故方程组无解.

例 2　解线性方程组

$$\begin{cases} x_1+2x_2+3x_3=5, \\ x_1+2x_2+4x_3=10, \\ x_1+3x_2+2x_3=1, \\ 2x_2+3x_3=17. \end{cases}$$

解　对增广矩阵 $(\boldsymbol{A},\boldsymbol{b})$ 作初等行变换化为行阶梯形矩阵:

$$(\boldsymbol{A},\boldsymbol{b})=\begin{pmatrix} 1 & 2 & 3 & 5 \\ 1 & 2 & 4 & 10 \\ 1 & 3 & 2 & 1 \\ 0 & 2 & 3 & 17 \end{pmatrix} \xrightarrow[r_3-r_1]{r_2-r_1} \begin{pmatrix} 1 & 2 & 3 & 5 \\ 0 & 0 & 1 & 5 \\ 0 & 1 & -1 & -4 \\ 0 & 2 & 3 & 17 \end{pmatrix}$$

$$\xrightarrow{r_2\leftrightarrow r_3} \begin{pmatrix} 1 & 2 & 3 & 5 \\ 0 & 1 & -1 & -4 \\ 0 & 0 & 1 & 5 \\ 0 & 2 & 3 & 17 \end{pmatrix} \xrightarrow{r_4-2r_2} \begin{pmatrix} 1 & 2 & 3 & 5 \\ 0 & 1 & -1 & -4 \\ 0 & 0 & 1 & 5 \\ 0 & 0 & 5 & 25 \end{pmatrix}$$

$$\xrightarrow{r_4-5r_3}\begin{pmatrix}1&2&3&5\\0&1&-1&-4\\0&0&1&5\\0&0&0&0\end{pmatrix}.$$

可见, $r(\boldsymbol{A})=r(\boldsymbol{A},\boldsymbol{b})=3$. 故方程组有唯一解. 进一步对增广矩阵 $(\boldsymbol{A},\boldsymbol{b})$ 作初等行变换化为行最简形矩阵:

$$(\boldsymbol{A},\boldsymbol{b})\xrightarrow[r_1-3r_3]{r_2+r_3}\begin{pmatrix}1&2&0&-10\\0&1&0&1\\0&0&1&5\\0&0&0&0\end{pmatrix}\xrightarrow{r_1-2r_2}\begin{pmatrix}1&0&0&-12\\0&1&0&1\\0&0&1&5\\0&0&0&0\end{pmatrix}.$$

因此方程组的解是

$$\begin{cases}x_1=-12,\\x_2=1,\\x_3=5.\end{cases}$$

例 3 解线性方程组

$$\begin{cases}x_1+2x_2+3x_3+4x_4=5,\\x_1+2x_2+4x_3+7x_4=10,\\x_1+2x_2+2x_3+x_4=0.\end{cases}$$

解 对增广矩阵 $(\boldsymbol{A},\boldsymbol{b})$ 作初等行变换化为行阶梯形矩阵:

$$(\boldsymbol{A},\boldsymbol{b})=\begin{pmatrix}1&2&3&4&5\\1&2&4&7&10\\1&2&2&1&0\end{pmatrix}\xrightarrow[r_3-r_1]{r_2-r_1}\begin{pmatrix}1&2&3&4&5\\0&0&1&3&5\\0&0&-1&-3&-5\end{pmatrix}$$

$$\xrightarrow{r_3+r_2}\begin{pmatrix}1&2&3&4&5\\0&0&1&3&5\\0&0&0&0&0\end{pmatrix}.$$

可见, $r(\boldsymbol{A})=r(\boldsymbol{A},\boldsymbol{b})=2<4$. 故方程组有无穷多解. 进一步对增广矩阵 $(\boldsymbol{A},\boldsymbol{b})$ 作

初等行变换化为行最简形矩阵:

$$(\boldsymbol{A},\boldsymbol{b}) \xrightarrow{r_1-3r_2} \begin{pmatrix} 1 & 2 & 0 & -5 & -10 \\ 0 & 0 & 1 & 3 & 5 \\ 0 & 0 & 0 & 0 & 0 \end{pmatrix}.$$

因此与原方程组同解的方程组是

$$\begin{cases} x_1+2x_2-5x_4=-10, \\ x_3+3x_4=5, \end{cases}$$

即

$$\begin{cases} x_1=-10-2x_2+5x_4, \\ x_3=5-3x_4, \end{cases}$$

其中 x_2, x_4 可取任意值.

令 $x_2=c_1, x_4=c_2$. 则方程组的通解是

$$\begin{cases} x_1=-10-2c_1+5c_2, \\ x_2=c_1, \\ x_3=5-3c_2, \\ x_4=c_2, \end{cases}$$

其中 c_1, c_2 是任意常数.

例 4　讨论线性方程组

$$\begin{cases} (1+a)x_1+x_2+x_3=0, \\ x_1+(1+a)x_2+x_3=3, \\ x_1+x_2+(1+a)x_3=a. \end{cases}$$

当 a 取何值时, 此方程组无解? 有唯一解? 有无穷多个解? 在有无穷多解时求通解.

解　对增广矩阵 $(\boldsymbol{A},\boldsymbol{b})$ 作初等行变换化为行阶梯形矩阵:

$$(\boldsymbol{A},\boldsymbol{b})=\begin{pmatrix} 1+a & 1 & 1 & 0 \\ 1 & 1+a & 1 & 3 \\ 1 & 1 & 1+a & a \end{pmatrix}$$

$$\xrightarrow{r_1 \leftrightarrow r_3} \begin{pmatrix} 1 & 1 & 1+a & a \\ 1 & 1+a & 1 & 3 \\ 1+a & 1 & 1 & 0 \end{pmatrix}$$

$$\xrightarrow[r_3-(1+a)r_1]{r_2-r_1} \begin{pmatrix} 1 & 1 & 1+a & a \\ 0 & a & -a & 3-a \\ 0 & -a & -a(2+a) & -a(1+a) \end{pmatrix}$$

$$\xrightarrow{r_3+r_2} \begin{pmatrix} 1 & 1 & 1+a & a \\ 0 & a & -a & 3-a \\ 0 & 0 & -a(3+a) & (1-a)(3+a) \end{pmatrix}.$$

(1) 当 $a=0$ 时, 有 $r(\boldsymbol{A})=1\neq r(\boldsymbol{A},\boldsymbol{b})=2$. 故方程组无解;

(2) 当 $a\neq 0$ 且 $a\neq -3$ 时, 有 $r(\boldsymbol{A})=r(\boldsymbol{A},\boldsymbol{b})=3$. 故方程组有唯一解;

(3) 当 $a=-3$ 时, 有 $r(\boldsymbol{A})=r(\boldsymbol{A},\boldsymbol{b})=2<3$. 故方程组有无穷多个解.

此时,

$$(\boldsymbol{A},\boldsymbol{b}) \to \begin{pmatrix} 1 & 1 & -2 & -3 \\ 0 & -3 & 3 & 6 \\ 0 & 0 & 0 & 0 \end{pmatrix} \xrightarrow{r_2\times(-\frac{1}{3})} \begin{pmatrix} 1 & 1 & -2 & -3 \\ 0 & 1 & -1 & -2 \\ 0 & 0 & 0 & 0 \end{pmatrix}$$

$$\xrightarrow{r_1-r_2} \begin{pmatrix} 1 & 0 & -1 & -1 \\ 0 & 1 & -1 & -2 \\ 0 & 0 & 0 & 0 \end{pmatrix}.$$

该矩阵对应的方程组是

$$\begin{cases} x_1=-1+x_3, \\ x_2=-2+x_3, \end{cases}$$

其中 x_3 可取任意值.

令 $x_3=c$. 则方程组的通解是

$$\begin{cases} x_1=-1+c, \\ x_2=-2+c, \\ x_3=c, \end{cases}$$

其中 c 是任意常数.

我们讨论一类特殊的线性方程组 $\boldsymbol{Ax}=\boldsymbol{b}$: 方程个数与未知量个数相等, 且系数行列式 $|\boldsymbol{A}|$ 不等于零的线性方程组. 注意到, $r(\boldsymbol{A})\leqslant r(\boldsymbol{A},\boldsymbol{b})$. 由定理 2, 可得下列的

推论 1　n 个方程的 n 元线性方程组 $\boldsymbol{Ax}=\boldsymbol{b}$ 有唯一解的充要条件是系数行列式 $|\boldsymbol{A}|\neq 0$.

* 这里给出克拉默法则的证明. 为证明方便, 首先回忆这个法则如下:

克拉默法则　若 n 个方程的 n 元线性方程组 $\boldsymbol{Ax}=\boldsymbol{b}$ 的系数行列式 $|\boldsymbol{A}|\neq 0$, 则该方程组有唯一解:

$$x_1=\frac{D_1}{D},\quad x_2=\frac{D_2}{D},\quad \cdots,\quad x_n=\frac{D_n}{D},$$

其中 $D=|\boldsymbol{A}|,D_i(i=1,2,\cdots,n)$ 是把 D 的第 i 列换成常数项 $b_1,b_2,\cdots,b_n$, 而其余各列不变所得到的行列式.

证明　由推论 1, 知线性方程组 $\boldsymbol{Ax}=\boldsymbol{b}$ 有唯一解. 再由 $|\boldsymbol{A}|\neq 0$, 知 $\boldsymbol{A}^{-1}$ 存在. 令 $\boldsymbol{x}=\boldsymbol{A}^{-1}\boldsymbol{b}$. 则 $\boldsymbol{Ax}=\boldsymbol{AA}^{-1}\boldsymbol{b}=\boldsymbol{b}$. 因此 $\boldsymbol{x}=\boldsymbol{A}^{-1}\boldsymbol{b}$ 是该方程组的唯一解.

注意到, $\boldsymbol{A}^{-1}=\dfrac{1}{|\boldsymbol{A}|}\boldsymbol{A}^*$. 则 $\boldsymbol{x}=\boldsymbol{A}^{-1}\boldsymbol{b}=\dfrac{1}{|\boldsymbol{A}|}\boldsymbol{A}^*\boldsymbol{b}$, 即

$$\begin{pmatrix}x_1\\x_2\\\vdots\\x_n\end{pmatrix}=\frac{1}{|\boldsymbol{A}|}\begin{pmatrix}A_{11}&A_{21}&\cdots&A_{n1}\\A_{12}&A_{22}&\cdots&A_{n2}\\\vdots&\vdots&&\vdots\\A_{1n}&A_{2n}&\cdots&A_{nn}\end{pmatrix}\begin{pmatrix}b_1\\b_2\\\vdots\\b_n\end{pmatrix}$$
$$=\frac{1}{|\boldsymbol{A}|}\begin{pmatrix}b_1A_{11}+b_2A_{21}+\cdots+b_nA_{n1}\\b_1A_{12}+b_2A_{22}+\cdots+b_nA_{n2}\\\vdots\\b_1A_{1n}+b_2A_{2n}+\cdots+b_nA_{nn}\end{pmatrix}.$$

故

$$x_i=\frac{1}{|\boldsymbol{A}|}(b_1A_{1i}+b_2A_{2i}+\cdots+b_nA_{ni})=\frac{D_i}{D},\quad i=1,2,\cdots,n.$$

这是因为, 行列式 D_i 按第 i 列展开, 有

$$D_i = b_1 A_{1i} + b_2 A_{2i} + \cdots + b_n A_{ni}.$$

证毕.

3.1.2 齐次线性方程组

接下来我们讨论另一类特殊的线性方程组, 即齐次线性方程组. s 个方程的 n 元齐次线性方程组

$$\begin{cases} a_{11}x_1 + a_{12}x_2 + \cdots + a_{1n}x_n = 0, \\ a_{21}x_1 + a_{22}x_2 + \cdots + a_{2n}x_n = 0, \\ \qquad\qquad \vdots \\ a_{s1}x_1 + a_{s2}x_2 + \cdots + a_{sn}x_n = 0 \end{cases}$$

写成矩阵形式

$$\boldsymbol{Ax} = \boldsymbol{0},$$

其中 $\boldsymbol{A}$ 是方程组的系数矩阵.

注意到, $r(\boldsymbol{A},\boldsymbol{0}) = r(\boldsymbol{A})$. 齐次线性方程组 $\boldsymbol{Ax} = \boldsymbol{0}$ 一定有解. 由定理 2, 得到下列的

定理 3 n 元齐次线性方程组 $\boldsymbol{Ax} = \boldsymbol{0}$ 有非零解的充要条件是 $r(\boldsymbol{A}) < n$, 而 $\boldsymbol{Ax} = \boldsymbol{0}$ 只有零解的充要条件是 $r(\boldsymbol{A}) = n$.

对于两类特殊的齐次线性方程组, 有

推论 2 n 个方程的 n 元齐次线性方程组 $\boldsymbol{Ax} = \boldsymbol{0}$ 有非零解的充要条件是系数行列式 $|\boldsymbol{A}| = 0$, 而 $\boldsymbol{Ax} = \boldsymbol{0}$ 只有零解的充要条件是 $|\boldsymbol{A}| \neq 0$.

推论 3 方程个数小于未知量个数的齐次线性方程组有非零解.

注 推论 3 对于非齐次线性方程组不成立. 例如, 例 1 中的非齐次线性方程组方程个数小于未知量个数, 但无解.

注意到, 齐次线性方程组的增广矩阵的最后一列的元素都是零. 因此, 对增广矩阵作初等行变换时最后一列不改变, 最后一列的元素仍然都是零. 故对增广矩阵作初等行变换时这最后一列可以省略, 即只对系数矩阵作初等行变换就可以了.

例 5　解线性方程组

$$\begin{cases} x_1+2x_2+3x_3+4x_4=0, \\ x_1+2x_2+4x_3+7x_4=0, \\ x_1+2x_2+2x_3+x_4=0. \end{cases}$$

解　注意到, 这个方程组的系数矩阵是例 3 中的方程组的系数矩阵. 由例 3, 对系数矩阵, 即例 3 中增广矩阵的前 4 列作初等行变换化为行最简形矩阵:

$$\begin{pmatrix} 1 & 2 & 3 & 4 \\ 1 & 2 & 4 & 7 \\ 1 & 2 & 2 & 1 \end{pmatrix} \to \begin{pmatrix} 1 & 2 & 0 & -5 \\ 0 & 0 & 1 & 3 \\ 0 & 0 & 0 & 0 \end{pmatrix}.$$

因此与原方程组同解的方程组是

$$\begin{cases} x_1+2x_2-5x_4=0, \\ x_3+3x_4=0, \end{cases}$$

即

$$\begin{cases} x_1=-2x_2+5x_4, \\ x_3=-3x_4, \end{cases}$$

其中 x_2, x_4 可取任意值.

令 $x_2=c_1, x_4=c_2$. 则方程组的通解是

$$\begin{cases} x_1=-2c_1+5c_2, \\ x_2=c_1, \\ x_3=-3c_2, \\ x_4=c_2, \end{cases}$$

其中 c_1, c_2 是任意常数.

例 6 设线性方程组

$$\begin{cases} x_1+2x_2+3x_3=0, \\ 2x_1+3x_2+ax_3=0, \\ 3x_1+4x_2+5x_3=0 \end{cases}$$

的系数矩阵是 $\boldsymbol{A}$, 3 阶方阵 $\boldsymbol{B}\neq\boldsymbol{0}$, 且 $\boldsymbol{AB}=\boldsymbol{0}$. 求 a 的值.

解 由 $\boldsymbol{AB}=\boldsymbol{0}$, 知 $\boldsymbol{B}$ 的每个列都是齐次线性方程组 $\boldsymbol{Ax}=\boldsymbol{0}$ 的解. 又 $\boldsymbol{B}\neq\boldsymbol{0}$, 故 $\boldsymbol{B}$ 中至少有一个非零列向量. 因此此方程组有非零解. 从而其系数行列式等于零, 即

$$|\boldsymbol{A}|=\begin{vmatrix} 1 & 2 & 3 \\ 2 & 3 & a \\ 3 & 4 & 5 \end{vmatrix}=0.$$

易求得 $a=4$.

我们知道, $|\boldsymbol{A}^*|=|\boldsymbol{A}|^{n-1}$(其中 $\boldsymbol{A}$ 是 n 阶方阵, $n\geqslant 2$). 这里给出当 $|\boldsymbol{A}|=0$ 时, $|\boldsymbol{A}^*|=0$ 的另一证明.

分两种情况: 当 $\boldsymbol{A}=\boldsymbol{0}$ 时, 有 $\boldsymbol{A}^*=\boldsymbol{0}$. 从而 $|\boldsymbol{A}^*|=0$.

当 $\boldsymbol{A}\neq\boldsymbol{0}$ 时, 由 $\boldsymbol{A}^*\boldsymbol{A}=\boldsymbol{0}$, 知 $\boldsymbol{A}$ 的每个列都是齐次线性方程组 $\boldsymbol{A}^*\boldsymbol{x}=\boldsymbol{0}$ 的解. 由 $\boldsymbol{A}\neq\boldsymbol{0}$, 知 $\boldsymbol{A}$ 中有非零列. 因此 $\boldsymbol{A}^*\boldsymbol{x}=\boldsymbol{0}$ 有非零解. 故其系数行列式 $|\boldsymbol{A}^*|=0$.

人物简介

高斯 (Johann Carl Friedrich Gauss, 1777~1855), 德国数学家、物理学家、天文学家. 高斯是近代数学奠基者之一, 在历史上影响之大, 可以和阿基米德、牛顿、欧拉并列. 他幼年时就表现出超人的数学天赋. 1795~1798 年在格丁根大学学习, 1798 年转入黑尔姆施泰特大学, 翌年因证明代数基本定理获博士学位. 从 1807 年起担任格丁根大学教授兼格丁根天文台台长直至逝世.

高斯的数学研究几乎遍及所有领域, 在数论、代数学、非欧几何、微分几何和复变函数论等方面都做出了开创性的贡献. 他十分注重数学的应用, 并且在对天文学、大地测量学和磁学的研究中也偏重于用数学方法进行研究.

高斯对代数学的重要贡献是证明了代数基本定理, 他的存在性的证明开辟了数学研究的新途径. 高斯大约在 1800 年提出了高斯消元法, 并用它解决了天体计算和后来的地球表面测量计算中的最小二乘法问题. 1801 年, 高斯在《算术研究》中引入了正定二次型的概念.

高斯一生共发表 155 篇论文, 他对待学问十分严谨, 只是把自己认为十分成熟的作品发表出来. 其著作还有《地磁概论》(1839) 和《论与距离平方成反比的引力和斥力的普遍定律》(1840) 等.

习　题

1. 选择题

(1) 当 (　　) 时, 3 元方程组

$$\begin{cases} x_2+x_3=1, \\ x_1+ax_2+x_3=a, \\ x_1+x_2+ax_3=a^2 \end{cases}$$

有无穷多解.

(A) $a=-2$　　(B) $a=1$　　(C) $a\neq -2$ 且 $a\neq 1$　　(D) $a\neq -1$

(2) 若 s 个方程的 n 元非齐次线性方程组 $\boldsymbol{Ax}=\boldsymbol{b}$ 满足 $r(\boldsymbol{A})=r$, 则 (　　).

(A) $r=s$ 时, 方程组 $\boldsymbol{Ax}=\boldsymbol{b}$ 有解

(B) $r=n$ 时, 方程组 $\boldsymbol{Ax}=\boldsymbol{b}$ 有唯一解

(C) $s=n$ 时, 方程组 $\boldsymbol{Ax}=\boldsymbol{b}$ 有唯一解

(D) $r<n$ 时, 方程组 $\boldsymbol{Ax}=\boldsymbol{b}$ 有无穷多解

(3) 设 n 个方程的 n 元线性方程组是 $\boldsymbol{Ax}=\boldsymbol{b}$. 则系数行列式 $|\boldsymbol{A}|\neq 0$ 是这个方程组有解的 (　　).

(A) 必要非充分条件　　(B) 充分非必要条件

(C) 充要条件　　(D) 既非充分也非必要条件

(4) 设 n 个方程的 n 元线性方程组是 $\boldsymbol{Ax}=\boldsymbol{b}$. 则系数行列式 $|\boldsymbol{A}|\neq 0$ 是这个方程组有唯一解的 (　　).

(A) 必要非充分条件　　(B) 充分非必要条件

(C) 充要条件　　(D) 既非充分也非必要条件

(5) n 元齐次线性方程组 $\boldsymbol{Ax}=\boldsymbol{0}$ 有非零解的充要条件是 (　　).

(A) $r(\boldsymbol{A})<n$　　(B) $r(\boldsymbol{A})=n$　　(C) $r(\boldsymbol{A})>n$　　(D) $r(\boldsymbol{A})$ 与 n 无关

2. 填空题

(1) 非齐次线性方程组有解的充要条件是____.

(2) 若方程组

$$\begin{cases} x_1+2x_2+3x_3=1, \\ x_1+3x_2+6x_3=2, \\ 2x_1+3x_2+3x_3=a \end{cases}$$

有解, 则 $a=$____.

(3) 若方程组 $\begin{cases} bx+ay=c, \\ cx+az=b, \\ cy+bz=a \end{cases}$ 有唯一解, 则 $abc\neq$____.

(4) 当 a 满足条件____时, 方程组

$$\begin{cases} ax_1-x_2-x_3+x_4=0, \\ -x_1+ax_2+x_3-x_4=0, \\ -x_1+x_2+ax_3-x_4=0, \\ x_1-x_2-x_3+ax_4=0 \end{cases}$$

只有零解.

(5) 设 $\boldsymbol{A}=\begin{pmatrix} 1 & 2 & -2 \\ 4 & a & 3 \\ 3 & -1 & 1 \end{pmatrix}$, $\boldsymbol{B}$ 是 3 阶非零方阵, 且 $\boldsymbol{AB}=\boldsymbol{0}$. 则 $a=$____.

3. 求解下列非齐次线性方程组:

(1) $\begin{cases} 4x_1+2x_2-x_3=2, \\ 3x_1-x_2+2x_3=10, \\ 11x_1+3x_2=8. \end{cases}$

(2) $\begin{cases} 2x_1+3x_2+x_3=4, \\ x_1-2x_2+4x_3=-5, \\ 3x_1+8x_2-2x_3=13, \\ 4x_1-x_2+10x_3=-6. \end{cases}$

(3) $\begin{cases} x_1-5x_2+2x_3-3x_4=11, \\ 5x_1+3x_2+6x_3-x_4=-1, \\ 2x_1+4x_2+2x_3+x_4=-6. \end{cases}$

4. 设 $\begin{cases} (2-a)x_1+2x_2-2x_3=1, \\ 2x_1+(5-a)x_2-4x_3=2, \\ -2x_1-4x_2+(5-a)x_3=-a-1. \end{cases}$

问 a 取何值时, 此方程组无解、有唯一解或有无穷多解? 并在有无穷多解时求其通解.

5. 求解下列齐次线性方程组:

(1) $\begin{cases} x_1+x_2=0, \\ 2x_1+x_2+x_3+2x_4=0, \\ 5x_1+3x_2+2x_3+2x_4=0. \end{cases}$

(2) $\begin{cases} x_1-2x_2+x_3+2x_4=0, \\ 2x_1-x_2+3x_3-x_4=0, \\ -x_1+5x_2-7x_4=0. \end{cases}$

3.2 矩阵方程

上一节给出了线性方程组 $\boldsymbol{Ax}=\boldsymbol{b}$ 的解法——高斯消元法. 本节把这一方法推广到矩阵方程 $\boldsymbol{AX}=\boldsymbol{B}$. 首先给出矩阵方程 $\boldsymbol{AX}=\boldsymbol{B}$ 的求解方法, 然后讨论一类特殊的矩阵方程, 最后给出求逆矩阵的初等变换法.

*3.2.1 矩阵方程 $AX=B$ 的解法

设矩阵方程 $\boldsymbol{AX}=\boldsymbol{B}$, 其中 $\boldsymbol{A}$ 是 $s\times n$ 矩阵, $\boldsymbol{B}$ 是 $s\times m$ 矩阵. 则 $\boldsymbol{X}$ 是 $n\times m$ 矩阵. 对 $\boldsymbol{X}$ 和 $\boldsymbol{B}$ 按列分块:

$$\boldsymbol{X}=(\boldsymbol{X}_1,\boldsymbol{X}_2,\cdots,\boldsymbol{X}_m),\quad \boldsymbol{B}=(\boldsymbol{B}_1,\boldsymbol{B}_2,\cdots,\boldsymbol{B}_m).$$

则矩阵方程 $\boldsymbol{AX}=\boldsymbol{B}$ 就是 $\boldsymbol{A}(\boldsymbol{X}_1,\boldsymbol{X}_2,\cdots,\boldsymbol{X}_m)=(\boldsymbol{B}_1,\boldsymbol{B}_2,\cdots,\boldsymbol{B}_m)$, 即线性方程组 $\boldsymbol{AX}_i=\boldsymbol{B}_i,i=1,2,\cdots,m$. 欲求解 $\boldsymbol{AX}=\boldsymbol{B}$ 就转化为求解所有的方程组 $\boldsymbol{AX}_i=\boldsymbol{B}_i,i=1,2,\cdots,m$. 而求解方程组可以用高斯消元法: 对增广矩阵 $(\boldsymbol{A},\boldsymbol{B}_i)$ 作初等行变换, 把系数矩阵 $\boldsymbol{A}$ 化为行最简形矩阵, 从而求解. 注意到, 这 m 个方程组的系数矩阵都是 $\boldsymbol{A}$. 因此, **求解矩阵方程 $\boldsymbol{AX}=\boldsymbol{B}$ 的方法**:

1. 构造矩阵 $(\boldsymbol{A},\boldsymbol{B})$.

2. 对 $(\boldsymbol{A},\boldsymbol{B})=(\boldsymbol{A},\boldsymbol{B}_1,\boldsymbol{B}_2,\cdots,\boldsymbol{B}_m)$ 作初等行变换把左边的块阵 $\boldsymbol{A}$ 化为行最简形矩阵 $\widetilde{\boldsymbol{A}}$. 此时, 右边的块阵 $\boldsymbol{B}$ 就被化为 m 个列向量: $(\widetilde{\boldsymbol{B}}_1,\widetilde{\boldsymbol{B}}_2,\cdots,\widetilde{\boldsymbol{B}}_m)$.

3. 对所有的方程组 $\boldsymbol{AX}_i=\boldsymbol{B}_i$, 逐一得到同解的方程组 $\widetilde{\boldsymbol{A}}X_i=\widetilde{\boldsymbol{B}}_i$, 然后求解.

4. 以这些解为列写出矩阵 $\boldsymbol{X}=(\boldsymbol{X}_1,\boldsymbol{X}_2,\cdots,\boldsymbol{X}_m)$.

例 1 设矩阵 $\boldsymbol{A}=\begin{pmatrix}1&-2&3&-4\\0&1&-1&1\\1&2&0&-3\end{pmatrix}$, $\boldsymbol{E}$ 是 3 阶单位阵. 求满足 $\boldsymbol{AX}=\boldsymbol{E}$ 的所有矩阵 $\boldsymbol{X}$.

解 令 $\boldsymbol{B}_1=(1,0,0)^{\mathrm{T}},\boldsymbol{B}_2=(0,1,0)^{\mathrm{T}},\boldsymbol{B}_3=(0,0,1)^{\mathrm{T}}$. 对矩阵 $(\boldsymbol{A},\boldsymbol{E})$ 作初等行变换把左边的块阵 $\boldsymbol{A}$ 化为行最简形矩阵:

$$(\boldsymbol{A},\boldsymbol{B}_1,\boldsymbol{B}_2,\boldsymbol{B}_3)=\begin{pmatrix}1&-2&3&-4&1&0&0\\0&1&-1&1&0&1&0\\1&2&0&-3&0&0&1\end{pmatrix}$$

$$\xrightarrow{r_3-r_1}\begin{pmatrix}1&-2&3&-4&1&0&0\\0&1&-1&1&0&1&0\\0&4&-3&1&-1&0&1\end{pmatrix}$$

$$\xrightarrow{r_3-4r_2}\begin{pmatrix}1&-2&3&-4&1&0&0\\0&1&-1&1&0&1&0\\0&0&1&-3&-1&-4&1\end{pmatrix}$$

$$\xrightarrow[r_1-3r_3]{r_2+r_3}\begin{pmatrix}1&-2&0&5&4&12&-3\\0&1&0&-2&-1&-3&1\\0&0&1&-3&-1&-4&1\end{pmatrix}$$

$$\xrightarrow{r_1+2r_2}\begin{pmatrix}1&0&0&1&2&6&-1\\0&1&0&-2&-1&-3&1\\0&0&1&-3&-1&-4&1\end{pmatrix}.$$

因此, 方程组 $\boldsymbol{A}\boldsymbol{X}_1=\boldsymbol{B}_1$ 的通解是

$$\begin{cases}x_1=2-c_1,\\x_2=-1+2c_1,\\x_3=-1+3c_1,\\x_4=c_1,\end{cases}$$

其中 c_1 是任意常数, 方程组 $\boldsymbol{A}\boldsymbol{X}_2=\boldsymbol{B}_2$ 的通解是

$$\begin{cases}x_1=6-c_2,\\x_2=-3+2c_2,\\x_3=-4+3c_2,\\x_4=c_2,\end{cases}$$

其中 c_2 是任意常数, 以及方程组 $\boldsymbol{A}\boldsymbol{X}_3=\boldsymbol{B}_3$ 的通解是

$$\begin{cases}x_1=-1-c_3,\\x_2=1+2c_3,\\x_3=1+3c_3,\\x_4=c_3,\end{cases}$$

其中 c_3 是任意常数. 故

$$X=\begin{pmatrix} 2-c_1 & 6-c_2 & -1-c_3 \\ -1+2c_1 & -3+2c_2 & 1+2c_3 \\ -1+3c_1 & -4+3c_2 & 1+3c_3 \\ c_1 & c_2 & c_3 \end{pmatrix},$$

其中 c_1,c_2,c_3 是任意常数.

注 求解 $AX=B$ 是对矩阵 (A,B) 作初等行变换. 由于 A 与 B 的行数相同, 才有矩阵 (A,B). 注意到, A 与 B 的列数不一定相同. 因此 $\begin{pmatrix} A \\ B \end{pmatrix}$ 不一定有意义.

*3.2.2 一类特殊的矩阵方程 $AX=B$

这里讨论一类特殊的矩阵方程 $AX=B$, 其中 A 是 n 阶可逆阵. 此时, 矩阵方程 $AX=B$ 的唯一解是 $X=A^{-1}B$. 注意到, 可逆阵的行最简形矩阵是单位阵. 因此, 对 (A,B) 作初等行变换把左边的块阵 A 化为单位阵 E. 此时, 右边的块阵 $B=(B_1,B_2,\cdots,B_m)$ 就被化为 m 个列向量: $(\widetilde{B}_1,\widetilde{B}_2,\cdots,\widetilde{B}_m)$, 其中 B 是 $n\times m$ 矩阵. 此时, 方程组 $AX_i=B_i$ 的同解方程组是 $EX_i=\widetilde{B}_i$. 从而 $X_i=\widetilde{B}_i, i=1,2,\cdots,m$. 故 $X=(\widetilde{B}_1,\widetilde{B}_2,\cdots,\widetilde{B}_m)=A^{-1}B$.

因此, **求解矩阵方程 $AX=B$(其中 A 是可逆阵) 的初等行变换法:**

构造矩阵 (A,B), 然后对 (A,B) 作初等行变换把左边的块阵 A 化为单位阵 E. 此时, 右边的块阵 B 就被化为 $A^{-1}B$, 即

$$(A,B)\xrightarrow{\text{初等行变换}}\cdots\longrightarrow(E,A^{-1}B).$$

例 2 已知 $\begin{pmatrix} 1 & -2 & 3 \\ 0 & 1 & -1 \\ 1 & 2 & 0 \end{pmatrix}X=\begin{pmatrix} -4 & 1 \\ 1 & 0 \\ -3 & 0 \end{pmatrix}$. 求 X.

解　注意到, 矩阵

$$\begin{pmatrix} 1 & -2 & 3 & -4 & 1 \\ 0 & 1 & -1 & 1 & 0 \\ 1 & 2 & 0 & -3 & 0 \end{pmatrix}$$

是例 1 中矩阵 $(\boldsymbol{A},\boldsymbol{E})$ 去掉第 6, 7 列后构成的矩阵. 同例 1, 对这个矩阵作初等行变换化为

$$\begin{pmatrix} 1 & 0 & 0 & 1 & 2 \\ 0 & 1 & 0 & -2 & -1 \\ 0 & 0 & 1 & -3 & -1 \end{pmatrix}.$$

故

$$\boldsymbol{X}=\begin{pmatrix} 1 & 2 \\ -2 & -1 \\ -3 & -1 \end{pmatrix}.$$

注　1. 对于一般的矩阵方程的求解, 视已知条件先利用矩阵的运算化为标准矩阵方程, 然后再求解.

例如, 已知矩阵 $\boldsymbol{A}$. 求满足 $2\boldsymbol{A}+\boldsymbol{X}=\boldsymbol{A}\boldsymbol{X}+\boldsymbol{E}$ 的所有矩阵 $\boldsymbol{X}$. 首先将已知等式变形, 得到 $(\boldsymbol{E}-\boldsymbol{A})\boldsymbol{X}=\boldsymbol{E}-2\boldsymbol{A}$. 然后求解.

2. 对于矩阵方程 $\boldsymbol{X}\boldsymbol{A}=\boldsymbol{B}$(其中 $\boldsymbol{A}$ 是可逆阵) 的求解, 可以转化为求矩阵方程 $\boldsymbol{A}^{\mathrm{T}}\boldsymbol{X}^{\mathrm{T}}=\boldsymbol{B}^{\mathrm{T}}$ 的解 $\boldsymbol{X}^{\mathrm{T}}$, 然后利用 $\boldsymbol{X}=(\boldsymbol{X}^{\mathrm{T}})^{\mathrm{T}}$.

3.2.3　求逆矩阵的初等变换法

利用伴随矩阵法求逆矩阵一般计算量较大, 特别是对于较高阶的可逆矩阵. 以下介绍一种利用初等变换求逆矩阵的方法, 通常称为求逆矩阵的**初等变换法**.

对于可逆阵 $\boldsymbol{A}$, 矩阵方程 $\boldsymbol{A}\boldsymbol{X}=\boldsymbol{E}$ 的解是 $\boldsymbol{A}^{-1}$. 因此, 根据矩阵方程 $\boldsymbol{A}\boldsymbol{X}=\boldsymbol{E}$ 的求法, **求逆矩阵的初等变换法**如下:

对于 n 阶可逆阵 $\boldsymbol{A}$, 构造 $n\times 2n$ 矩阵 $(\boldsymbol{A},\boldsymbol{E})$, 然后对 $(\boldsymbol{A},\boldsymbol{E})$ 作初等行变换把左边的块阵 $\boldsymbol{A}$ 化为单位阵 $\boldsymbol{E}$. 此时, 右边的块阵 $\boldsymbol{E}$ 就被化为 $\boldsymbol{A}^{-1}$, 即

$$(\boldsymbol{A},\boldsymbol{E})\xrightarrow{\text{初等行变换}}\cdots\longrightarrow(\boldsymbol{E},\boldsymbol{A}^{-1}).$$

例 3 设 $\boldsymbol{A}=\begin{pmatrix}1&-2&3\\0&1&-1\\1&2&0\end{pmatrix}$. 求 $\boldsymbol{A}^{-1}$.

解 注意到, 矩阵 $(\boldsymbol{A},\boldsymbol{E})$ 是例 1 中矩阵 $(\boldsymbol{A},\boldsymbol{E})$ 去掉第 4 列后构成的矩阵. 同例 1, 对这个矩阵作初等行变换化为

$$\begin{pmatrix}1&0&0&2&6&-1\\0&1&0&-1&-3&1\\0&0&1&-1&-4&1\end{pmatrix}.$$

故

$$\boldsymbol{A}^{-1}=\begin{pmatrix}2&6&-1\\-1&-3&1\\-1&-4&1\end{pmatrix}.$$

注 1. 3 阶及 3 阶以上的可逆阵, 通常利用初等变换法求其逆矩阵.

2. 利用初等变换法求 $\boldsymbol{A}$ 的逆矩阵时, 并不要求判断 $\boldsymbol{A}$ 的行列式是否不等于 0, 只需要对 $(\boldsymbol{A},\boldsymbol{E})$ 进行初等行变换, 而且在计算过程中不允许进行初等列变换.

低阶方阵的伴随矩阵可以利用定义计算. 当方阵是可逆阵, 且其阶数较高时可利用公式 $\boldsymbol{A}^*=|\boldsymbol{A}|\boldsymbol{A}^{-1}$, 将伴随矩阵的计算转化为行列式与逆矩阵的计算, 而逆矩阵可以利用初等变换法计算.

例 4 设 n 阶方阵

$$\boldsymbol{A}=\begin{pmatrix}1&0&0&\cdots&0\\1&1&0&\cdots&0\\1&1&1&\cdots&0\\\vdots&\vdots&\vdots&&\vdots\\1&1&1&\cdots&1\end{pmatrix}.$$

求 $\boldsymbol{A}^*$.

解　对 $(\boldsymbol{A},\boldsymbol{E})$ 作初等行变换把 $\boldsymbol{A}$ 化为 $\boldsymbol{E}$, 得

$$\boldsymbol{A}^{-1}=\begin{pmatrix}1&0&0&\cdots&0\\-1&1&0&\cdots&0\\-1&-1&1&\cdots&0\\\vdots&\vdots&\vdots&&\vdots\\-1&-1&-1&\cdots&1\end{pmatrix}.$$

又 $|\boldsymbol{A}|=1$, 故 $\boldsymbol{A}^*=\boldsymbol{A}^{-1}$.

习　题

1. 利用初等变换法求下列方阵的逆矩阵:

(1) $\begin{pmatrix}1&1&1\\1&1&-1\\1&-1&1\end{pmatrix}$.　(2) $\begin{pmatrix}3&-2&0&-1\\0&2&2&1\\1&-2&-3&-2\\0&1&2&1\end{pmatrix}$.

2. 设 $\boldsymbol{A}=\begin{pmatrix}1&0&0\\2&2&0\\3&4&5\end{pmatrix}$. 求 $\boldsymbol{A}^*$.

*3. 设 $\boldsymbol{A}=\begin{pmatrix}3&0&1\\1&1&0\\0&1&4\end{pmatrix}$, 且 $\boldsymbol{AB}=\boldsymbol{A}+2\boldsymbol{B}$. 求矩阵 $\boldsymbol{B}$.

3.3　向量组及其线性组合

第 1 节给出了线性方程组的求解方法和线性方程组有解的判断条件. 在线性方程组有无穷多个解的情况下, 将进一步讨论线性方程组解的结构, 即解与解的

关系问题. 我们将得到线性方程组的一个主要结果: 虽然这时有无穷多个解, 但是所有的解可以由有限多个解表示. 这需要引入向量的有关概念.

3.3.1 向量及其线性运算

一个 n 元方程

$$a_1x_1+a_2x_2+\cdots+a_nx_n=b$$

可以用 $n+1$ 个数 $a_1,a_2,\cdots,a_n,b$ 组成的有序数组

$$(a_1,a_2,\cdots,a_n,b)$$

来表示. 反之, 给定由 $n+1$ 个数组成的有序数组可以唯一确定一个 n 元方程.

定义 1 由 n 个数 $a_1,a_2,\cdots,a_n$ 组成的有序数组

$$(a_1,a_2,\cdots,a_n)$$

称为 n **维向量**, a_i 称为向量的第 i 个**分量**. 一般用希腊字母 $\boldsymbol{\alpha},\boldsymbol{\beta},\boldsymbol{\gamma}$ 等表示向量. 为避免混淆, 向量的各分量之间添加了逗号.

例如, 向量 $\boldsymbol{\alpha}=(1,2,3)$. 注意不要写成 $\vec{\boldsymbol{\alpha}}=(1,2,3)$, $\boldsymbol{\alpha}$ 的上边不要写箭头 $\rightarrow$.

n 维向量可以写成一行 $(a_1,a_2,\cdots,a_n)$, 也可以写成一列

$$\begin{pmatrix} a_1 \\ a_2 \\ \vdots \\ a_n \end{pmatrix},$$

分别称为**行向量**和**列向量**.

注 向量的维数一般记为 n.

几何中, 把 “既有大小又有方向的量” 叫作向量. 在引进坐标系以后, 向量就有了坐标表示式: 1 维直线、2 维平面和 3 维空间中向量的坐标表达式分别是上

述定义的 1 维向量、2 维向量和 3 维向量. 但当 $n>3$ 时, n 维向量没有直观的几何意义.

显然, 向量是特殊的矩阵. 事实上, n 维行向量和 n 维列向量分别是 $1\times n$ 矩阵和 $n\times 1$ 矩阵. 而矩阵的每一行是行向量, 矩阵的每一列是列向量. 我们知道, 矩阵有转置运算. 因此列向量

$$\begin{pmatrix} a_1 \\ a_2 \\ \vdots \\ a_n \end{pmatrix} = (a_1, a_2, \cdots, a_n)^{\mathrm{T}}.$$

我们知道, 矩阵有线性运算 (即矩阵的加法和数量乘法) 以及矩阵的减法. 因此, 作为特殊矩阵的向量也有线性运算 (即向量的加法和数量乘法) 以及向量的减法.

例如, 设 $\boldsymbol{\alpha}_1=(1,2,3), \boldsymbol{\alpha}_2=(3,2,1), \boldsymbol{\alpha}_3=(2,-1,0)$. 则

$$\begin{aligned} \boldsymbol{\alpha}_1-2\boldsymbol{\alpha}_2+3\boldsymbol{\alpha}_3 &= (1,2,3)-2(3,2,1)+3(2,-1,0) \\ &= (1,2,3)-(6,4,2)+(6,-3,0) \\ &= (1,-5,1). \end{aligned}$$

3.3.2 向量组及其线性组合

我们知道, 同一个矩阵的所有行 (列) 向量的维数相同.

由维数相同的行向量 (或维数相同的列向量) 组成的集合称为**向量组**.

注 向量组所含向量的个数一般记为 s.

例如, 一个 $s\times n$ 矩阵的所有行向量是一个含 s 个 n 维行向量的向量组, 它的所有列向量是一个含 n 个 s 维列向量的向量组. 反之, 以一个向量组的所有向量为行可以构造一个矩阵; 以一个向量组的所有向量为列也可以构造一个矩阵.

这就是矩阵和向量组的关系.

s 个方程的 n 元线性方程组 $\boldsymbol{Ax}=\boldsymbol{b}$ 用向量的线性运算可以表示为

$$x_1\boldsymbol{\alpha}_1+x_2\boldsymbol{\alpha}_2+\cdots+x_n\boldsymbol{\alpha}_n=\boldsymbol{b},$$

其中 $\boldsymbol{A}=(\boldsymbol{\alpha}_1,\boldsymbol{\alpha}_2,\cdots,\boldsymbol{\alpha}_n)$ 是 $s\times n$ 矩阵, $\boldsymbol{b}=(b_1,b_2,\cdots,b_s)^{\mathrm{T}}$. 因此, 方程组 $\boldsymbol{Ax}=\boldsymbol{b}$ 有解的充要条件是存在一组数 $k_1,k_2,\cdots,k_n$ 使得

$$k_1\boldsymbol{\alpha}_1+k_2\boldsymbol{\alpha}_2+\cdots+k_n\boldsymbol{\alpha}_n=\boldsymbol{b}.$$

为了利用向量组研究线性方程组, 引入下列概念:

定义 2 向量 $\boldsymbol{\beta}$ 称为向量组 $\boldsymbol{\alpha}_1,\boldsymbol{\alpha}_2,\cdots,\boldsymbol{\alpha}_s$ 的**线性组合**, 如果存在一组数 $k_1,k_2,\cdots,k_s$ 使得

$$\boldsymbol{\beta}=k_1\boldsymbol{\alpha}_1+k_2\boldsymbol{\alpha}_2+\cdots+k_s\boldsymbol{\alpha}_s.$$

这时也称向量 $\boldsymbol{\beta}$ 可以由向量组 $\boldsymbol{\alpha}_1,\boldsymbol{\alpha}_2,\cdots,\boldsymbol{\alpha}_s$ **线性表示**.

例如, 向量组中的任意向量都是这个向量组的线性组合. 向量 $\boldsymbol{\beta}=(1,-5,1)$ 是向量组

$$\boldsymbol{\alpha}_1=(1,2,3),\quad \boldsymbol{\alpha}_2=(3,2,1),\quad \boldsymbol{\alpha}_3=(2,-1,0)$$

的线性组合, 这是因为 $\boldsymbol{\beta}=\boldsymbol{\alpha}_1-2\boldsymbol{\alpha}_2+3\boldsymbol{\alpha}_3$.

又, 任意 n 维向量 $\boldsymbol{\alpha}=(a_1,a_2,\cdots,a_n)$ 是向量组

$$\begin{gathered}\boldsymbol{e}_1=(1,0,\cdots,0),\\ \boldsymbol{e}_2=(0,1,\cdots,0),\\ \vdots\\ \boldsymbol{e}_n=(0,0,\cdots,n)\end{gathered}$$

的线性组合, 这是因为

$$\boldsymbol{\alpha}=a_1\boldsymbol{e}_1+a_2\boldsymbol{e}_2+\cdots+a_n\boldsymbol{e}_n.$$

向量组 $\boldsymbol{e}_1,\boldsymbol{e}_2,\cdots,\boldsymbol{e}_n$ 称为 n 维**单位向量组**.

我们给出**向量由向量组线性表示的判别方法**:

定理 设向量

$$\boldsymbol{\beta}=(b_1,b_2,\cdots,b_n)^{\mathrm{T}},\quad \boldsymbol{\alpha}_i=(a_{1i},a_{2i},\cdots,a_{ni})^{\mathrm{T}},\quad i=1,2,\cdots,s.$$

则下列三条等价:

(1) 向量 $\boldsymbol{\beta}$ 可以由向量组 $\boldsymbol{\alpha}_1,\boldsymbol{\alpha}_2,\cdots,\boldsymbol{\alpha}_s$ 线性表示;

(2) 矩阵 $\boldsymbol{A}=(\boldsymbol{\alpha}_1,\boldsymbol{\alpha}_2,\cdots,\boldsymbol{\alpha}_s)$ 的秩等于矩阵 $(\boldsymbol{A},\boldsymbol{\beta})$ 的秩;

(3) 线性方程组

$$x_1\boldsymbol{\alpha}_1+x_2\boldsymbol{\alpha}_2+\cdots+x_s\boldsymbol{\alpha}_s=\boldsymbol{\beta}$$

有解.

此时, 当 $r(\boldsymbol{A})=r(\boldsymbol{A},\boldsymbol{\beta})=s$ 时, $\boldsymbol{\beta}$ 可以由向量组 $\boldsymbol{\alpha}_1,\boldsymbol{\alpha}_2,\cdots,\boldsymbol{\alpha}_s$ 唯一线性表示. 当 $r(\boldsymbol{A})=r(\boldsymbol{A},\boldsymbol{\beta})<s$ 时, $\boldsymbol{\beta}$ 可以由向量组 $\boldsymbol{\alpha}_1,\boldsymbol{\alpha}_2,\cdots,\boldsymbol{\alpha}_s$ 线性表示, 但表示不唯一. 而下列三条等价:

(1) 向量 $\boldsymbol{\beta}$ 不能由向量组 $\boldsymbol{\alpha}_1,\boldsymbol{\alpha}_2,\cdots,\boldsymbol{\alpha}_s$ 线性表示;

(2) 矩阵 $\boldsymbol{A}=(\boldsymbol{\alpha}_1,\boldsymbol{\alpha}_2,\cdots,\boldsymbol{\alpha}_s)$ 的秩小于矩阵 $(\boldsymbol{A},\boldsymbol{\beta})$ 的秩;

(3) 线性方程组

$$x_1\boldsymbol{\alpha}_1+x_2\boldsymbol{\alpha}_2+\cdots+x_s\boldsymbol{\alpha}_s=\boldsymbol{\beta}$$

无解.

证明 向量 $\boldsymbol{\beta}$ 可以由向量组 $\boldsymbol{\alpha}_1,\boldsymbol{\alpha}_2,\cdots,\boldsymbol{\alpha}_s$ 线性表示, 即线性方程组

$$x_1\boldsymbol{\alpha}_1+x_2\boldsymbol{\alpha}_2+\cdots+x_s\boldsymbol{\alpha}_s=\boldsymbol{\beta}$$

有解, 即系数矩阵的秩与增广矩阵的秩相等, 即以 $\boldsymbol{\alpha}_1,\boldsymbol{\alpha}_2,\cdots,\boldsymbol{\alpha}_s$ 为列构成的矩阵的秩等于以 $\boldsymbol{\alpha}_1,\boldsymbol{\alpha}_2,\cdots,\boldsymbol{\alpha}_s,\boldsymbol{\beta}$ 为列构成的矩阵的秩. 证毕.

根据这个方法, 判断向量能否由向量组线性表示转化为求矩阵的秩. 而求矩阵的秩可以用初等变换法.

例 1 设

$$\boldsymbol{\alpha}_1=(1,1,1)^{\mathrm{T}},\quad \boldsymbol{\alpha}_2=(2,2,2)^{\mathrm{T}},\quad \boldsymbol{\alpha}_3=(3,4,2)^{\mathrm{T}},\quad \boldsymbol{\alpha}_4=(4,7,1)^{\mathrm{T}}.$$

判断向量 $\boldsymbol{\beta}=(5,10,0)^{\mathrm{T}}$ 能否由向量组 $\boldsymbol{\alpha}_1,\boldsymbol{\alpha}_2,\boldsymbol{\alpha}_3,\boldsymbol{\alpha}_4$ 线性表示? 若能, 写出表示式.

解 以向量 $\boldsymbol{\alpha}_1,\boldsymbol{\alpha}_2,\boldsymbol{\alpha}_3,\boldsymbol{\alpha}_4,\boldsymbol{\beta}$ 为列构造矩阵 $(\boldsymbol{A},\boldsymbol{\beta})$, 并对它作初等行变换化为行阶梯形矩阵 (见第 1 节例 3):

$$(\boldsymbol{A},\boldsymbol{\beta})=\begin{pmatrix}1&2&3&4&5\\1&2&4&7&10\\1&2&2&1&0\end{pmatrix}\to\begin{pmatrix}1&2&3&4&5\\0&0&1&3&5\\0&0&0&0&0\end{pmatrix}.$$

由于 $r(\boldsymbol{A})=r(\boldsymbol{A},\boldsymbol{\beta})=2$, 故向量 $\boldsymbol{\beta}$ 可以由向量组 $\boldsymbol{\alpha}_1,\boldsymbol{\alpha}_2,\boldsymbol{\alpha}_3,\boldsymbol{\alpha}_4$ 线性表示.

由第 1 节例 3 知方程组 $x_1\boldsymbol{\alpha}_1+x_2\boldsymbol{\alpha}_2+x_3\boldsymbol{\alpha}_3+x_4\boldsymbol{\alpha}_4=\boldsymbol{\beta}$ 的解是

$$\begin{cases}x_1=-10-2c_1+5c_2,\\x_2=c_1,\\x_3=5-3c_2,\\x_4=c_2,\end{cases}$$

其中 c_1,c_2 是任意常数. 故

$$\boldsymbol{\beta}=(-10-2c_1+5c_2)\boldsymbol{\alpha}_1+c_1\boldsymbol{\alpha}_2+(5-3c_2)\boldsymbol{\alpha}_3+c_2\boldsymbol{\alpha}_4,$$

其中 c_1,c_2 是任意常数.

注 这种方法通常被称为“列摆放行变换法”.

***例 2** 设

$$\boldsymbol{\alpha}_1=(1+a,1,1)^{\mathrm{T}},\quad \boldsymbol{\alpha}_2=(1,1+a,1)^{\mathrm{T}},\quad \boldsymbol{\alpha}_3=(1,1,1+a)^{\mathrm{T}},\quad \boldsymbol{\beta}=(0,3,a)^{\mathrm{T}}.$$

问 a 取何值时,

(1) $\boldsymbol{\beta}$ 可由 $\boldsymbol{\alpha}_1,\boldsymbol{\alpha}_2,\boldsymbol{\alpha}_3$ 线性表示, 且表达式唯一? 并写出表示式.

(2) $\boldsymbol{\beta}$ 可由 $\boldsymbol{\alpha}_1,\boldsymbol{\alpha}_2,\boldsymbol{\alpha}_3$ 线性表示, 且表达式不唯一? 并写出表示式.

(3) $\boldsymbol{\beta}$ 不能由 $\boldsymbol{\alpha}_1,\boldsymbol{\alpha}_2,\boldsymbol{\alpha}_3$ 线性表示?

解　以向量 $\boldsymbol{\alpha}_1,\boldsymbol{\alpha}_2,\boldsymbol{\alpha}_3,\boldsymbol{\beta}$ 为列构造矩阵 $(\boldsymbol{A},\boldsymbol{\beta})$, 并对它作初等行变换化为行阶梯形矩阵 (见第 1 节例 4):

$$(\boldsymbol{A},\boldsymbol{\beta})=\begin{pmatrix}1+a & 1 & 1 & 0\\ 1 & 1+a & 1 & 3\\ 1 & 1 & 1+a & a\end{pmatrix}$$

$$\to\begin{pmatrix}1 & 1 & 1+a & a\\ 0 & a & -a & 3-a\\ 0 & 0 & -a(3+a) & (1-a)(3+a)\end{pmatrix}=\boldsymbol{B}.$$

(1) 当 $a\neq 0$ 且 $a\neq -3$ 时, 有 $r(\boldsymbol{A})=r(\boldsymbol{A},\ \boldsymbol{\beta})=3$. 故 $\boldsymbol{\beta}$ 可由 $\boldsymbol{\alpha}_1,\boldsymbol{\alpha}_2,\boldsymbol{\alpha}_3$ 线性表示, 且表达式唯一.

对 $\boldsymbol{B}$ 作初等行变换化为行最简形矩阵:

$$\boldsymbol{B}\to\begin{pmatrix}1 & 0 & 0 & -\dfrac{1}{a}\\ 0 & 1 & 0 & \dfrac{2}{a}\\ 0 & 0 & 1 & \dfrac{a-1}{a}\end{pmatrix}.$$

故

$$\boldsymbol{\beta}=-\frac{1}{a}\boldsymbol{\alpha}_1+\frac{2}{a}\boldsymbol{\alpha}_2+\frac{a-1}{a}\boldsymbol{\alpha}_3.$$

(2) 当 $a=-3$ 时, 有 $r(\boldsymbol{A})=r(\boldsymbol{A},\ \boldsymbol{\beta})=2<3$. 故 $\boldsymbol{\beta}$ 可由 $\boldsymbol{\alpha}_1,\boldsymbol{\alpha}_2,\boldsymbol{\alpha}_3$ 线性表示, 且表达式不唯一.

由第 1 节例 4, 知方程组 $x_1\boldsymbol{\alpha}_1+x_2\boldsymbol{\alpha}_2+x_3\boldsymbol{\alpha}_3=\boldsymbol{\beta}$ 的解是

$$\begin{cases}x_1=-1+c,\\ x_2=-2+c,\\ x_3=c,\end{cases}$$

其中 c 是任意常数. 故

$$\boldsymbol{\beta}=(-1+c)\boldsymbol{\alpha}_1+(-2+c)\boldsymbol{\alpha}_2+c\boldsymbol{\alpha}_3,$$

其中 c 是任意常数.

(3) 当 $a=0$ 时, 有 $r(\boldsymbol{A})=1\neq r(\boldsymbol{A},\ \boldsymbol{\beta})=2$. 故 $\boldsymbol{\beta}$ 不能由 $\boldsymbol{\alpha}_1,\boldsymbol{\alpha}_2,\boldsymbol{\alpha}_3$ 线性表示.

3.3.3 向量组间的线性表示

向量由向量组线性表示涉及一个向量和一个向量组. 对于两个向量组, 我们有

定义 3 若向量组 $\boldsymbol{\alpha}_1,\boldsymbol{\alpha}_2,\cdots,\boldsymbol{\alpha}_s$ 中的每个向量都可以由向量组 $\boldsymbol{\beta}_1,\boldsymbol{\beta}_2,\cdots,\boldsymbol{\beta}_t$ 线性表示, 则称向量组 $\boldsymbol{\alpha}_1,\boldsymbol{\alpha}_2,\cdots,\boldsymbol{\alpha}_s$ 可以由向量组 $\boldsymbol{\beta}_1,\boldsymbol{\beta}_2,\cdots,\boldsymbol{\beta}_t$ **线性表示**. 若两个向量组可以相互线性表示, 则称这两个向量组**等价**.

习　题

1. 填空题　设 $\boldsymbol{\alpha}_1=(1,2,3),\boldsymbol{\alpha}_2=(2,3,4),\boldsymbol{\alpha}_3=(3,4,5)$. 则 $\boldsymbol{\alpha}_1-2\boldsymbol{\alpha}_2=$____, $3\boldsymbol{\alpha}_1+2\boldsymbol{\alpha}_2-\boldsymbol{\alpha}_3=$____.

2. 设

$$\boldsymbol{\alpha}_1=(1,2,-1)^{\mathrm{T}},\quad \boldsymbol{\alpha}_2=(2,4,-2)^{\mathrm{T}},$$
$$\boldsymbol{\alpha}_3=(-1,1,-2)^{\mathrm{T}},\quad \boldsymbol{\alpha}_4=(2,1,1)^{\mathrm{T}},\quad \boldsymbol{\beta}=(1,5,-4)^{\mathrm{T}}.$$

判断向量 $\boldsymbol{\beta}$ 能否由向量组 $\boldsymbol{\alpha}_1,\boldsymbol{\alpha}_2,\boldsymbol{\alpha}_3,\boldsymbol{\alpha}_4$ 线性表示? 若能, 写出表示式.

3.4　向量组的线性相关性

本节介绍向量组的线性相关与线性无关的概念, 并给出向量组的线性相关性的判别方法.

3.4.1　向量组的线性相关的概念

s 个方程的 n 元齐次线性方程组 $\boldsymbol{Ax}=\boldsymbol{0}$ 用向量的线性运算可以表示为

$$x_1\boldsymbol{\alpha}_1+x_2\boldsymbol{\alpha}_2+\cdots+x_n\boldsymbol{\alpha}_n=\boldsymbol{0},$$

其中 $\boldsymbol{A}=(\boldsymbol{\alpha}_1,\boldsymbol{\alpha}_2,\cdots,\boldsymbol{\alpha}_n)$ 是 $s\times n$ 矩阵. 因此方程组 $\boldsymbol{Ax}=\boldsymbol{0}$ 有非零解的充要条件是存在一组不全是零的数 $k_1, k_2, \cdots, k_n$ 使得

$$k_1\boldsymbol{\alpha}_1+k_2\boldsymbol{\alpha}_2+\cdots+k_n\boldsymbol{\alpha}_n=\boldsymbol{0}.$$

为了利用向量组研究齐次线性方程组, 引入向量组的线性相关的概念.

定义　向量组 $\boldsymbol{\alpha}_1,\boldsymbol{\alpha}_2,\cdots,\boldsymbol{\alpha}_s$ 称为**线性相关**的, 如果存在一组不全是零的数 $k_1,k_2,\cdots,k_s$ 使得

$$k_1\boldsymbol{\alpha}_1+k_2\boldsymbol{\alpha}_2+\cdots+k_s\boldsymbol{\alpha}_s=\boldsymbol{0}.$$

否则, 向量组 $\boldsymbol{\alpha}_1,\boldsymbol{\alpha}_2,\cdots,\boldsymbol{\alpha}_s$ 称为**线性无关**的, 也就是说, 等式

$$k_1\boldsymbol{\alpha}_1+k_2\boldsymbol{\alpha}_2+\cdots+k_s\boldsymbol{\alpha}_s=\boldsymbol{0}$$

成立当且仅当 $k_1, k_2, \cdots, k_s$ 全是零.

向量组要么线性相关, 要么线性无关, 两者必居其一.

由向量组线性相关的定义, 可以得到下列结果:

1. 只有一个向量 $\boldsymbol{\alpha}$ 的向量组线性相关的充要条件是 $\boldsymbol{\alpha}=\mathbf{0}$, 而 $\boldsymbol{\alpha}$ 线性无关的充要条件是 $\boldsymbol{\alpha}\neq\mathbf{0}$.

2. 若向量组中有一部分向量构成的向量组 (称为**部分向量组**) 线性相关, 则整体向量组也线性相关; 若向量组线性无关, 则它的任意部分向量组都线性无关. 特别地, 含有零向量的向量组一定线性相关.

*3. 若向量组线性无关, 则在每个向量上任意添加一个分量得到的向量组也线性无关.

事实上, 令向量组

$$\boldsymbol{\alpha}_i=(a_{1i},a_{2i},\cdots,a_{ni})^{\mathrm{T}},\quad i=1,2,\cdots,s,$$

线性无关. 在 $\boldsymbol{\alpha}_i$ 上任意添加一个分量得到的向量记为

$$\boldsymbol{\beta}_i=(a_{1i},a_{2i},\cdots,a_{ni},a_{n+1,i})^{\mathrm{T}},\quad i=1,2,\cdots,s.$$

设

$$k_1\boldsymbol{\beta}_1+k_2\boldsymbol{\beta}_2+\cdots+k_s\boldsymbol{\beta}_s=\mathbf{0}.$$

则按照分量可以写为齐次线性方程组

$$\begin{cases}a_{11}k_1+a_{12}k_2+\cdots+a_{1s}k_s=0,\\ a_{21}k_1+a_{22}k_2+\cdots+a_{2s}k_s=0,\\ \qquad\vdots\\ a_{n1}k_1+a_{n2}k_2+\cdots+a_{ns}k_s=0,\\ a_{n+1,1}k_1+a_{n+1,2}k_2+\cdots+a_{n+1,s}k_s=0.\end{cases}$$

考虑这个方程组的前 n 个方程构成的齐次线性方程组

$$\begin{cases}a_{11}k_1+a_{12}k_2+\cdots+a_{1s}k_s=0,\\ a_{21}k_1+a_{22}k_2+\cdots+a_{2s}k_s=0,\\ \qquad\vdots\\ a_{n1}k_1+a_{n2}k_2+\cdots+a_{ns}k_s=0,\end{cases}$$

即

$$k_1\boldsymbol{\alpha}_1+k_2\boldsymbol{\alpha}_2+\cdots+k_s\boldsymbol{\alpha}_s=\mathbf{0}.$$

由 $\boldsymbol{\alpha}_1,\boldsymbol{\alpha}_2,\cdots,\boldsymbol{\alpha}_s$ 线性无关, 知 $k_1=k_2=\cdots=k_s=0$. 故 $\boldsymbol{\beta}_1,\boldsymbol{\beta}_2,\cdots,\boldsymbol{\beta}_s$ 线性无关.

*__注__　添加的分量不一定在最后一个位置, 可以是向量的任意固定的位置. 添加的分量也不一定是一个, 可以是任意有限多个, 只要每个向量添加的分量的位置是相同的. 因此, 线性无关向量组的任意延长向量组也线性无关, 而线性相关向量组的任意缩短向量组也线性相关. 但, 线性无关向量组的任意缩短向量组不一定线性无关, 线性相关向量组的任意延长向量组不一定线性相关. 例如, 向量组 $\boldsymbol{\alpha}_1=(1,0)$, $\boldsymbol{\alpha}_2=(2,0)$ 线性相关, 而向量组 $\boldsymbol{\beta}_1=(1,0,3),\boldsymbol{\beta}_2=(2,0,4)$ 线性无关. 这里, 向量组 $\boldsymbol{\alpha}_1,\boldsymbol{\alpha}_2$ 是 $\boldsymbol{\beta}_1,\boldsymbol{\beta}_2$ 的缩短向量组, 向量组 $\boldsymbol{\beta}_1,\boldsymbol{\beta}_2$ 是 $\boldsymbol{\alpha}_1$, $\boldsymbol{\alpha}_2$ 的延长向量组.

例 1　设向量组 $\boldsymbol{\alpha}_1,\boldsymbol{\alpha}_2,\boldsymbol{\alpha}_3$ 线性无关. 令

$$\boldsymbol{\beta}_1=\boldsymbol{\alpha}_1+\boldsymbol{\alpha}_2,\quad \boldsymbol{\beta}_2=\boldsymbol{\alpha}_2+\boldsymbol{\alpha}_3,\quad \boldsymbol{\beta}_3=\boldsymbol{\alpha}_3+\boldsymbol{\alpha}_1.$$

证明: 向量组 $\boldsymbol{\beta}_1,\boldsymbol{\beta}_2,\boldsymbol{\beta}_3$ 也线性无关.

证明　设 k_1,k_2,k_3 使得

$$k_1\boldsymbol{\beta}_1+k_2\boldsymbol{\beta}_2+k_3\boldsymbol{\beta}_3=\mathbf{0},$$

即

$$k_1(\boldsymbol{\alpha}_1+\boldsymbol{\alpha}_2)+k_2(\boldsymbol{\alpha}_2+\boldsymbol{\alpha}_3)+k_3(\boldsymbol{\alpha}_3+\boldsymbol{\alpha}_1)=\mathbf{0}.$$

则

$$(k_1+k_3)\boldsymbol{\alpha}_1+(k_1+k_2)\boldsymbol{\alpha}_2+(k_2+k_3)\boldsymbol{\alpha}_3=\mathbf{0}.$$

由于 $\boldsymbol{\alpha}_1,\boldsymbol{\alpha}_2,\boldsymbol{\alpha}_3$ 线性无关, 故

$$\begin{cases} k_1+k_3=0, \\ k_1+k_2=0, \\ k_2+k_3=0. \end{cases}$$

由于这个方程组的系数行列式

$$\begin{vmatrix} 1 & 0 & 1 \\ 1 & 1 & 0 \\ 0 & 1 & 1 \end{vmatrix} = 2 \neq 0,$$

故该方程组只有零解 $k_1 = k_2 = k_3 = 0$. 因此向量组 $\boldsymbol{\beta}_1,\boldsymbol{\beta}_2,\boldsymbol{\beta}_3$ 线性无关.

* **例 2** 设向量组 $\boldsymbol{\alpha}_1,\boldsymbol{\alpha}_2,\boldsymbol{\alpha}_3$ 与 $\boldsymbol{\beta}_1,\boldsymbol{\beta}_2,\boldsymbol{\beta}_3$ 满足

$$\boldsymbol{\beta}_1 = \boldsymbol{\alpha}_1 + \boldsymbol{\alpha}_2, \boldsymbol{\beta}_2 = \boldsymbol{\alpha}_2 + \boldsymbol{\alpha}_3, \boldsymbol{\beta}_3 = \boldsymbol{\alpha}_3 - \boldsymbol{\alpha}_1.$$

证明: 向量组 $\boldsymbol{\beta}_1,\boldsymbol{\beta}_2,\boldsymbol{\beta}_3$ 线性相关.

证明 由设, 知

$$(\boldsymbol{\beta}_1,\boldsymbol{\beta}_2,\boldsymbol{\beta}_3) = (\boldsymbol{\alpha}_1,\boldsymbol{\alpha}_2,\boldsymbol{\alpha}_3)\begin{pmatrix} 1 & 0 & -1 \\ 1 & 1 & 0 \\ 0 & 1 & 1 \end{pmatrix}.$$

要证 $\boldsymbol{\beta}_1,\boldsymbol{\beta}_2,\boldsymbol{\beta}_3$ 线性相关, 只要证存在不全是零的数 k_1,k_2,k_3 使得

$$k_1\boldsymbol{\beta}_1 + k_2\boldsymbol{\beta}_2 + k_3\boldsymbol{\beta}_3 = (\boldsymbol{\beta}_1,\boldsymbol{\beta}_2,\boldsymbol{\beta}_3)\begin{pmatrix} k_1 \\ k_2 \\ k_3 \end{pmatrix} = \boldsymbol{0},$$

即

$$(\boldsymbol{\alpha}_1,\boldsymbol{\alpha}_2,\boldsymbol{\alpha}_3)\begin{pmatrix} 1 & 0 & -1 \\ 1 & 1 & 0 \\ 0 & 1 & 1 \end{pmatrix}\begin{pmatrix} k_1 \\ k_2 \\ k_3 \end{pmatrix} = \boldsymbol{0}.$$

由于齐次线性方程组

$$\begin{pmatrix} 1 & 0 & -1 \\ 1 & 1 & 0 \\ 0 & 1 & 1 \end{pmatrix}\begin{pmatrix} k_1 \\ k_2 \\ k_3 \end{pmatrix} = \boldsymbol{0}$$

的系数行列式

$$\begin{vmatrix} 1 & 0 & -1 \\ 1 & 1 & 0 \\ 0 & 1 & 1 \end{vmatrix} = 0,$$

故该方程组有非零解. 因此向量组 $\boldsymbol{\beta}_1,\boldsymbol{\beta}_2,\boldsymbol{\beta}_3$ 线性相关.

例 3　若向量组 $\boldsymbol{\alpha}_1,\boldsymbol{\alpha}_2,\cdots,\boldsymbol{\alpha}_s$ 线性无关, 而向量组 $\boldsymbol{\alpha}_1,\boldsymbol{\alpha}_2,\cdots,\boldsymbol{\alpha}_s,\boldsymbol{\beta}$ 线性相关, 则向量 $\boldsymbol{\beta}$ 可以由向量组 $\boldsymbol{\alpha}_1,\boldsymbol{\alpha}_2,\cdots,\boldsymbol{\alpha}_s$ 线性表示, 且表示式是唯一的.

* **证明**　因为 $\boldsymbol{\alpha}_1,\boldsymbol{\alpha}_2,\cdots,\boldsymbol{\alpha}_s,\boldsymbol{\beta}$ 线性相关, 所以存在一组不全是零的数 k_1, k_2, $\cdots,k_s$, k 使得

$$k_1\boldsymbol{\alpha}_1+k_2\boldsymbol{\alpha}_2+\cdots+k_s\boldsymbol{\alpha}_s+k\boldsymbol{\beta}=\boldsymbol{0}.$$

注意到, $\boldsymbol{\alpha}_1,\boldsymbol{\alpha}_2,\cdots,\boldsymbol{\alpha}_s$ 线性无关. 则 $k\neq 0$. 因此

$$\boldsymbol{\beta}=-\frac{k_1}{k}\boldsymbol{\alpha}_1-\frac{k_2}{k}\boldsymbol{\alpha}_2-\cdots-\frac{k_s}{k}\boldsymbol{\alpha}_s.$$

故 $\boldsymbol{\beta}$ 可以由向量组 $\boldsymbol{\alpha}_1,\boldsymbol{\alpha}_2,\cdots,\boldsymbol{\alpha}_s$ 线性表示.

以下证表示式是唯一的. 令

$$\boldsymbol{\beta}=l_1\boldsymbol{\alpha}_1+l_2\boldsymbol{\alpha}_2+\cdots+l_s\boldsymbol{\alpha}_s,\quad \boldsymbol{\beta}=h_1\boldsymbol{\alpha}_1+h_2\boldsymbol{\alpha}_2+\cdots+h_s\boldsymbol{\alpha}_s.$$

两式相减, 有

$$(l_1-h_1)\boldsymbol{\alpha}_1+(l_2-h_2)\boldsymbol{\alpha}_2+\cdots+(l_s-h_s)\boldsymbol{\alpha}_s=\boldsymbol{0}.$$

由于 $\boldsymbol{\alpha}_1,\boldsymbol{\alpha}_2,\cdots,\boldsymbol{\alpha}_s$ 线性无关, 故 $l_i-h_i=0$, 即 $l_i=h_i, i=1,2,\cdots,s$. 因此表示式是唯一的.

3.4.2　向量组的线性相关性的判别方法

定理 1　设向量

$$\boldsymbol{\alpha}_i=(a_{1i},a_{2i},\cdots,a_{ni})^{\mathrm{T}},\quad i=1,2,\cdots,s.$$

则向量组 $\boldsymbol{\alpha}_1,\boldsymbol{\alpha}_2,\cdots,\boldsymbol{\alpha}_s$ 线性相关的充要条件是矩阵 $\boldsymbol{A}=(\boldsymbol{\alpha}_1,\boldsymbol{\alpha}_2,\cdots,\boldsymbol{\alpha}_s)$ 的秩小于向量的个数 s; 而向量组 $\boldsymbol{\alpha}_1,\boldsymbol{\alpha}_2,\cdots,\boldsymbol{\alpha}_s$ 线性无关的充要条件是矩阵 $\boldsymbol{A}$ 的秩等于向量的个数 s.

证明 向量组 $\boldsymbol{\alpha}_1,\boldsymbol{\alpha}_2,\cdots,\boldsymbol{\alpha}_s$ 线性相关的充要条件是齐次线性方程组

$$x_1\boldsymbol{\alpha}_1+x_2\boldsymbol{\alpha}_2+\cdots+x_s\boldsymbol{\alpha}_s=\mathbf{0}$$

有非零解. 由第 1 节定理 3, 知这个条件等价于系数矩阵 $\boldsymbol{A}=(\boldsymbol{\alpha}_1,\boldsymbol{\alpha}_2,\cdots,\boldsymbol{\alpha}_s)$ 的秩小于未知量的个数即向量个数 s. 证毕.

根据定理 1, 判断向量组的线性相关性转化为求矩阵的秩. 而求矩阵的秩可以用初等变换法.

例 4 已知 $\boldsymbol{\alpha}_1=(1,2,3,4),\boldsymbol{\alpha}_2=(2,3,4,5),\boldsymbol{\alpha}_3=(3,4,5,6)$. 讨论向量组 $\boldsymbol{\alpha}_1,\boldsymbol{\alpha}_2,\boldsymbol{\alpha}_3$ 的线性相关性.

解 以向量 $\boldsymbol{\alpha}_1,\boldsymbol{\alpha}_2,\boldsymbol{\alpha}_3$ 为列构造矩阵 $\boldsymbol{A}=(\boldsymbol{\alpha}_1^{\mathrm{T}},\boldsymbol{\alpha}_2^{\mathrm{T}},\boldsymbol{\alpha}_3^{\mathrm{T}})$. 对矩阵 $\boldsymbol{A}$ 作初等行变换化为行阶梯形矩阵:

$$\boldsymbol{A}=\begin{pmatrix}1&2&3\\2&3&4\\3&4&5\\4&5&6\end{pmatrix}\xrightarrow[\mathrm{r_4-4r_1}]{\substack{\mathrm{r_2-2r_1}\\ \mathrm{r_3-3r_1}}}\begin{pmatrix}1&2&3\\0&-1&-2\\0&-2&-4\\0&-3&-6\end{pmatrix}\xrightarrow[\mathrm{r_4-3r_2}]{\mathrm{r_3-2r_2}}\begin{pmatrix}1&4&2\\0&-1&-2\\0&0&0\\0&0&0\end{pmatrix}.$$

则 $r(\boldsymbol{A})=2$. 由 $\boldsymbol{A}$ 的秩 2 小于向量的个数 3, 知向量组是线性相关的.

注 这种方法通常被称为 "列摆放行变换法".

* 这里给出例 1 的另一证明方法: 由设, 知

$$(\boldsymbol{\beta}_1,\boldsymbol{\beta}_2,\boldsymbol{\beta}_3)=(\boldsymbol{\alpha}_1,\boldsymbol{\alpha}_2,\boldsymbol{\alpha}_3)\begin{pmatrix}1&0&1\\1&1&0\\0&1&1\end{pmatrix}.$$

以向量组 $\boldsymbol{\alpha}_1,\boldsymbol{\alpha}_2,\boldsymbol{\alpha}_3$ 为列构成的矩阵记为 $\boldsymbol{A}$, 以向量组 $\boldsymbol{\beta}_1,\boldsymbol{\beta}_2,\boldsymbol{\beta}_3$ 为列构成的矩阵记为 $\boldsymbol{B}$, 而 $\boldsymbol{C}=\begin{pmatrix}1&0&1\\1&1&0\\0&1&1\end{pmatrix}$. 则 $\boldsymbol{B}=\boldsymbol{AC}$. 因 $|\boldsymbol{C}|=2\neq 0$, 知 $\boldsymbol{C}$ 是可逆阵. 据矩阵秩的性质知 $r(\boldsymbol{B})=r(\boldsymbol{A})$.

由向量组 $\boldsymbol{\alpha}_1,\boldsymbol{\alpha}_2,\boldsymbol{\alpha}_3$ 线性无关, 知 $r(\boldsymbol{A})=3$. 从而 $r(\boldsymbol{B})=3$. 故 $\boldsymbol{\beta}_1,\boldsymbol{\beta}_2,\boldsymbol{\beta}_3$ 线性无关.

接下来讨论两种特殊情况.

一是向量维数等于向量个数的向量组. 注意到, 方阵的秩小于这个方阵的阶数的充要条件是这个方阵的行列式等于零. 由定理 1, 有

推论 1　n 个 n 维向量线性相关的充要条件是以它们为列构成的行列式等于零; 而 n 个 n 维向量线性无关的充要条件是以它们为列构成的行列式不等于零.

二是向量维数小于向量个数的向量组. 注意到, 矩阵的秩不超过这个矩阵的行数. 由定理 1, 有

推论 2　向量维数小于向量个数的向量组线性相关.

判断至少含有两个向量的向量组的线性相关性, 我们有下列的

定理 2　至少含有两个向量的向量组线性相关的充要条件是这个向量组中至少有一个向量可以由其余向量线性表示.

* **证明**　设向量组是 $\boldsymbol{\alpha}_1,\boldsymbol{\alpha}_2,\cdots,\boldsymbol{\alpha}_s$, 其中 $s\geqslant 2$.

必要性. 设向量组 $\boldsymbol{\alpha}_1,\boldsymbol{\alpha}_2,\cdots,\boldsymbol{\alpha}_s$ 线性相关, 则存在不全是 0 的数 $k_1, k_2,\cdots, k_s$ 使得 $k_1\boldsymbol{\alpha}_1+k_2\boldsymbol{\alpha}_2+\cdots+k_s\boldsymbol{\alpha}_s=\mathbf{0}$. 因 $k_1,k_2,\cdots,k_s$ 不全是 0, 不妨设 $k_1\neq 0$. 则

$$\boldsymbol{\alpha}_1=-\frac{1}{k_1}(k_2\boldsymbol{\alpha}_2+\cdots+k_s\boldsymbol{\alpha}_s).$$

故 $\boldsymbol{\alpha}_1$ 可以由 $\boldsymbol{\alpha}_2,\cdots,\boldsymbol{\alpha}_s$ 线性表示.

充分性. 设向量组 $\boldsymbol{\alpha}_1,\boldsymbol{\alpha}_2,\cdots,\boldsymbol{\alpha}_s$ 中至少有一个向量可以由其余向量线性表示. 不妨设 $\boldsymbol{\alpha}_1$ 可以由 $\boldsymbol{\alpha}_2,\cdots,\boldsymbol{\alpha}_s$ 线性表示. 则存在 $k_2,\cdots,k_s$ 使得

$$\boldsymbol{\alpha}_1=k_2\boldsymbol{\alpha}_2+\cdots+k_s\boldsymbol{\alpha}_s,$$

即

$$(-1)\boldsymbol{\alpha}_1+k_2\boldsymbol{\alpha}_2+\cdots+k_s\boldsymbol{\alpha}_s=\mathbf{0}.$$

由于 $-1,k_2,\cdots,k_s$ 这 s 个数不全是 0(至少 $-1\neq 0$), 故这个向量组线性相关. 证毕.

推论 3 含两个向量的向量组线性相关的充要条件是这两个向量的对应分量成比例.

判断一个向量组的线性相关性可以借助于另一个向量组, 我们有下列的

定理 3 设 $\boldsymbol{\alpha}_1,\boldsymbol{\alpha}_2,\cdots,\boldsymbol{\alpha}_s$ 与 $\boldsymbol{\beta}_1,\boldsymbol{\beta}_2,\cdots,\boldsymbol{\beta}_t$ 是两个向量组. 若

(1) 向量组 $\boldsymbol{\alpha}_1,\boldsymbol{\alpha}_2,\cdots,\boldsymbol{\alpha}_s$ 可以由 $\boldsymbol{\beta}_1,\boldsymbol{\beta}_2,\cdots,\boldsymbol{\beta}_t$ 线性表示;

(2) $s>t$,

则向量组 $\boldsymbol{\alpha}_1,\boldsymbol{\alpha}_2,\cdots,\boldsymbol{\alpha}_s$ 线性相关.

* **证明** 由 (1) 可设

$$\boldsymbol{\alpha}_i=k_{1i}\boldsymbol{\beta}_1+k_{2i}\boldsymbol{\beta}_2+\cdots+k_{ti}\boldsymbol{\beta}_t,\quad i=1,2,\cdots,s.$$

写成

$$(\boldsymbol{\alpha}_1,\boldsymbol{\alpha}_2,\cdots,\boldsymbol{\alpha}_s)=(\boldsymbol{\beta}_1,\boldsymbol{\beta}_2,\cdots,\boldsymbol{\beta}_t)\begin{pmatrix}k_{11}&k_{12}&\cdots&k_{1s}\\k_{21}&k_{22}&\cdots&k_{2s}\\\vdots&\vdots&&\vdots\\k_{t1}&k_{t2}&\cdots&k_{ts}\end{pmatrix}.$$

要证 $\boldsymbol{\alpha}_1,\boldsymbol{\alpha}_2,\cdots,\boldsymbol{\alpha}_s$ 线性相关, 只要证存在不全是零的数 $k_1,k_2,\cdots,k_s$ 使得

$$k_1\boldsymbol{\alpha}_1+k_2\boldsymbol{\alpha}_2+\cdots+k_s\boldsymbol{\alpha}_s=(\boldsymbol{\alpha}_1,\boldsymbol{\alpha}_2,\cdots,\boldsymbol{\alpha}_s)\begin{pmatrix}k_1\\k_2\\\vdots\\k_s\end{pmatrix}=\mathbf{0},$$

即

$$(\boldsymbol{\beta}_1,\boldsymbol{\beta}_2,\cdots,\boldsymbol{\beta}_t)\begin{pmatrix}k_{11}&k_{12}&\cdots&k_{1s}\\k_{21}&k_{22}&\cdots&k_{2s}\\\vdots&\vdots&&\vdots\\k_{t1}&k_{t2}&\cdots&k_{ts}\end{pmatrix}\begin{pmatrix}k_1\\k_2\\\vdots\\k_s\end{pmatrix}=\mathbf{0}.$$

由 $t<s$, 知齐次线性方程组

$$\begin{pmatrix} k_{11} & k_{12} & \cdots & k_{1s} \\ k_{21} & k_{22} & \cdots & k_{2s} \\ \vdots & \vdots & & \vdots \\ k_{t1} & k_{t2} & \cdots & k_{ts} \end{pmatrix}\begin{pmatrix} k_1 \\ k_2 \\ \vdots \\ k_s \end{pmatrix}=\mathbf{0}$$

中方程的个数 t 小于未知量的个数 s, 故它有非零解. 因此 $\boldsymbol{\alpha}_1,\boldsymbol{\alpha}_2,\cdots,\boldsymbol{\alpha}_s$ 线性相关. 证毕.

由定理 3 直接可得

推论 4　若向量组 $\boldsymbol{\alpha}_1,\boldsymbol{\alpha}_2,\cdots,\boldsymbol{\alpha}_s$ 可以由 $\boldsymbol{\beta}_1,\boldsymbol{\beta}_2,\cdots,\boldsymbol{\beta}_t$ 线性表示, 且 $\boldsymbol{\alpha}_1,\boldsymbol{\alpha}_2,\cdots,\boldsymbol{\alpha}_s$ 线性无关, 则 $s\leqslant t$.

由推论 4 直接可得

推论 5　两个等价的线性无关的向量组所含向量的个数相等.

习　题

1. 选择题

(1) 设

$$\boldsymbol{\alpha}_1=(0,0,c_1),\quad \boldsymbol{\alpha}_2=(0,1,c_2),\quad \boldsymbol{\alpha}_3=(1,-1,c_3),\quad \boldsymbol{\alpha}_4=(-1,1,c_4),$$

其中 c_1,c_2,c_3,c_4 是任意常数. 则下列向量组线性相关的是 (　　).

(A) $\boldsymbol{\alpha}_1,\boldsymbol{\alpha}_2,\boldsymbol{\alpha}_3$　(B) $\boldsymbol{\alpha}_1,\boldsymbol{\alpha}_2,\boldsymbol{\alpha}_4$　(C) $\boldsymbol{\alpha}_1,\boldsymbol{\alpha}_3,\boldsymbol{\alpha}_4$　(D) $\boldsymbol{\alpha}_2,\boldsymbol{\alpha}_3,\boldsymbol{\alpha}_4$

(2) 设 $\boldsymbol{\alpha}_1,\boldsymbol{\alpha}_2,\boldsymbol{\alpha}_3$ 是 3 维向量. 则对任意常数 k,l, 向量组 $\boldsymbol{\alpha}_1+k\boldsymbol{\alpha}_3,\boldsymbol{\alpha}_2+l\boldsymbol{\alpha}_3$ 线性无关是向量组 $\boldsymbol{\alpha}_1,\boldsymbol{\alpha}_2,\boldsymbol{\alpha}_3$ 线性无关的 (　　).

(A) 必要非充分条件　　(B) 充分非必要条件

(C) 充要条件　　(D) 既非充分也非必要条件

(3) 向量组 $\boldsymbol{\alpha}_1,\boldsymbol{\alpha}_2,\cdots,\boldsymbol{\alpha}_s(s\geqslant 2)$ 线性相关的充要条件是 (　　).

(A) $\boldsymbol{\alpha}_1,\boldsymbol{\alpha}_2,\cdots,\boldsymbol{\alpha}_s$ 中至少有一个零向量

(B) $\boldsymbol{\alpha}_1,\boldsymbol{\alpha}_2,\cdots,\boldsymbol{\alpha}_s$ 中至少有两个向量成比例

(C) $\boldsymbol{\alpha}_1,\boldsymbol{\alpha}_2,\cdots,\boldsymbol{\alpha}_s$ 中至少有一个向量可以由其余向量线性表示

(D) $\boldsymbol{\alpha}_1,\boldsymbol{\alpha}_2,\cdots,\boldsymbol{\alpha}_s$ 中任意部分组线性相关

(4) 向量组 $\boldsymbol{\alpha}_1,\boldsymbol{\alpha}_2,\cdots,\boldsymbol{\alpha}_s(s\geqslant 2)$ 线性无关的充要条件是 (　　).

(A) $\boldsymbol{\alpha}_1,\boldsymbol{\alpha}_2,\cdots,\boldsymbol{\alpha}_s$ 中有一部分组线性无关

(B) 存在一组不全是零的数 $k_1,\cdots,k_s$ 使得 $k_1\boldsymbol{\alpha}_1+\cdots+k_s\boldsymbol{\alpha}_s\neq\mathbf{0}$

(C) $\boldsymbol{\alpha}_1,\boldsymbol{\alpha}_2,\cdots,\boldsymbol{\alpha}_s$ 中存在一个向量不能由其余向量线性表示

(D) $\boldsymbol{\alpha}_1,\boldsymbol{\alpha}_2,\cdots,\boldsymbol{\alpha}_s$ 中任意向量都不能由其余向量线性表示

*(5) 设向量组 $\boldsymbol{\alpha}_1,\boldsymbol{\alpha}_2,\boldsymbol{\alpha}_3$ 线性无关. 则下列向量组中线性无关的是 (　　).

(A) $\boldsymbol{\alpha}_1+\boldsymbol{\alpha}_2,\boldsymbol{\alpha}_2+\boldsymbol{\alpha}_3,\boldsymbol{\alpha}_3-\boldsymbol{\alpha}_1$

(B) $\boldsymbol{\alpha}_1+\boldsymbol{\alpha}_2,\boldsymbol{\alpha}_2+\boldsymbol{\alpha}_3,\boldsymbol{\alpha}_1+2\boldsymbol{\alpha}_2+\boldsymbol{\alpha}_3$

(C) $\boldsymbol{\alpha}_1+2\boldsymbol{\alpha}_2,2\boldsymbol{\alpha}_2+3\boldsymbol{\alpha}_3,3\boldsymbol{\alpha}_3+\boldsymbol{\alpha}_1$

(D) $\boldsymbol{\alpha}_1+\boldsymbol{\alpha}_2+\boldsymbol{\alpha}_3,2\boldsymbol{\alpha}_1-3\boldsymbol{\alpha}_2+22\boldsymbol{\alpha}_3,3\boldsymbol{\alpha}_1+5\boldsymbol{\alpha}_2-5\boldsymbol{\alpha}_3$

2. 填空题

(1) 设 $\boldsymbol{\alpha}_1=(1,1,1),\boldsymbol{\alpha}_2=(1,2,3),\boldsymbol{\alpha}_3=(1,3,a)$. 若 $\boldsymbol{\alpha}_1,\boldsymbol{\alpha}_2,\boldsymbol{\alpha}_3$ 线性相关, 则 a____.

(2) 若向量组 $\boldsymbol{\alpha}_1,\boldsymbol{\alpha}_2,\boldsymbol{\alpha}_3$ 与向量组 $\boldsymbol{\beta}_1,\boldsymbol{\beta}_2$ 满足

$$\boldsymbol{\alpha}_1=\boldsymbol{\beta}_1+\boldsymbol{\beta}_2,\quad \boldsymbol{\alpha}_2=\boldsymbol{\beta}_1-2\boldsymbol{\beta}_2,\quad \boldsymbol{\alpha}_3=3\boldsymbol{\beta}_1+4\boldsymbol{\beta}_2,$$

则 $\boldsymbol{\alpha}_1,\boldsymbol{\alpha}_2,\boldsymbol{\alpha}_3$ 一定线性____.

3. 判断下列向量组的线性相关性:

(1) $(-1,3,1,2),(2,1,0,1),(1,4,1,3)$.　(2) $(3,2,1,0),(-3,5,1,2),(6,1,3,2)$.

3.5 向量组的秩

本节引入向量组的极大无关组与秩的概念, 并讨论向量组的秩与矩阵的秩的关系.

3.5.1 向量组的极大无关组

考虑向量组的满足条件的部分向量组. 在向量组

$$\boldsymbol{\alpha}_1=(1,2,3),\quad \boldsymbol{\alpha}_2=(3,2,1),\quad \boldsymbol{\alpha}_3=(4,4,4)$$

中有部分向量组 $\boldsymbol{\alpha}_1,\boldsymbol{\alpha}_2$, 这个部分向量组自身是线性无关的, 且整体向量组 $\boldsymbol{\alpha}_1,\boldsymbol{\alpha}_2,\boldsymbol{\alpha}_3$ 可由这个部分向量组 $\boldsymbol{\alpha}_1,\boldsymbol{\alpha}_2$ 线性表示.

在一个向量组中具有这样性质的部分向量组通常称为极大无关组.

定义 1　若向量组 $\boldsymbol{\alpha}_1,\boldsymbol{\alpha}_2,\cdots,\boldsymbol{\alpha}_s$ 的部分向量组 $\boldsymbol{\alpha}_{i_1},\boldsymbol{\alpha}_{i_2},\cdots,\boldsymbol{\alpha}_{i_r}$ 满足条件:

(1) 部分向量组 $\boldsymbol{\alpha}_{i_1},\boldsymbol{\alpha}_{i_2},\cdots,\boldsymbol{\alpha}_{i_r}$ 线性无关;

(2) 整体向量组 $\boldsymbol{\alpha}_1,\boldsymbol{\alpha}_2,\cdots,\boldsymbol{\alpha}_s$ 可由这个部分向量组 $\boldsymbol{\alpha}_{i_1},\boldsymbol{\alpha}_{i_2},\cdots,\boldsymbol{\alpha}_{i_r}$ 线性表示,

则称部分向量组 $\boldsymbol{\alpha}_{i_1},\boldsymbol{\alpha}_{i_2},\cdots,\boldsymbol{\alpha}_{i_r}$ 是向量组 $\boldsymbol{\alpha}_1,\boldsymbol{\alpha}_2,\cdots,\boldsymbol{\alpha}_s$ 的一个**极大线性无关组**, 简称为**极大无关组**.

例如, 上例中的部分向量组 $\boldsymbol{\alpha}_1,\boldsymbol{\alpha}_2$ 是向量组 $\boldsymbol{\alpha}_1,\boldsymbol{\alpha}_2,\boldsymbol{\alpha}_3$ 的一个极大无关组. 可以看出, 部分向量组 $\boldsymbol{\alpha}_1,\boldsymbol{\alpha}_3$ 也是向量组 $\boldsymbol{\alpha}_1,\boldsymbol{\alpha}_2,\boldsymbol{\alpha}_3$ 的一个极大无关组.

3.5.2 向量组的秩

上述例子表明, 向量组的极大无关组不一定唯一. 但同一向量组的任意两个极大无关组都等价, 故由上节推论 5 有

定理 1 同一向量组的任意两个极大无关组所含向量的个数相等.

极大无关组所含向量的个数与极大无关组的选择无关, 它直接反映了向量组本身的性质. 因此有

定义 2 向量组 $\boldsymbol{\alpha}_1,\boldsymbol{\alpha}_2,\cdots,\boldsymbol{\alpha}_s$ 的极大无关组所含向量的个数称为这个向量组的**秩** (rank), 记为 $r(\boldsymbol{\alpha}_1,\boldsymbol{\alpha}_2,\cdots,\boldsymbol{\alpha}_s)$. 规定: 零向量构成的向量组的秩是零.

例如, 上例中的向量组 $\boldsymbol{\alpha}_1,\boldsymbol{\alpha}_2,\boldsymbol{\alpha}_3$ 的秩是 2.

显然, 向量组的秩不超过这个向量组所含向量的个数. 注意到, 线性无关的向量组是它自身的极大无关组. 因此, 向量组线性无关的充要条件是它的秩等于它所含向量的个数; 而向量组线性相关的充要条件是它的秩小于它所含向量的个数.

3.5.3 向量组的秩与矩阵的秩的关系

我们知道, 向量组

$$\boldsymbol{\alpha}_1=(1,2,3),\quad \boldsymbol{\alpha}_2=(3,2,1),\quad \boldsymbol{\alpha}_3=(4,4,4)$$

的秩是 2. 以它们为列构造矩阵 $\boldsymbol{A}=\begin{pmatrix}1&3&4\\2&2&4\\3&1&4\end{pmatrix}$. 易求得 $r(\boldsymbol{A})=2$. 而 $\boldsymbol{A}$ 的行向量组是

$$\boldsymbol{\beta}_1=(1,3,4),\quad \boldsymbol{\beta}_2=(2,2,4),\quad \boldsymbol{\beta}_3=(3,1,4).$$

易求得以向量 $\boldsymbol{\beta}_1,\boldsymbol{\beta}_2,\boldsymbol{\beta}_3$ 为列构造的矩阵的秩是 2. 从而 $\boldsymbol{\beta}_1,\boldsymbol{\beta}_2,\boldsymbol{\beta}_3$ 线性相关. 又 $\boldsymbol{\beta}_1, \boldsymbol{\beta}_2$ 线性无关, 因此向量 $\boldsymbol{\beta}_3$ 可以由 $\boldsymbol{\beta}_1,\boldsymbol{\beta}_2$ 线性表示. 故 $\boldsymbol{\beta}_1,\boldsymbol{\beta}_2$ 是 $\boldsymbol{\beta}_1,\boldsymbol{\beta}_2,\boldsymbol{\beta}_3$ 的一个极大无关组. 由向量组的秩的定义, 知 $\boldsymbol{\beta}_1,\boldsymbol{\beta}_2,\boldsymbol{\beta}_3$ 的秩是 2. 可见, 矩阵 $\boldsymbol{A}$ 的秩、$\boldsymbol{A}$ 的行向量组 $\boldsymbol{\beta}_1,\boldsymbol{\beta}_2,\boldsymbol{\beta}_3$ 的秩、$\boldsymbol{A}$ 的列向量组 $\boldsymbol{\alpha}_1,\boldsymbol{\alpha}_2,\boldsymbol{\alpha}_3$ 的秩三者相等.

一般地, 有

定理 2 矩阵的秩等于它的行向量组的秩, 也等于它的列向量组的秩.

* **证明**　设矩阵 $\boldsymbol{A}=(\boldsymbol{\alpha}_1,\boldsymbol{\alpha}_2,\cdots,\boldsymbol{\alpha}_s)$ 的列向量组 $\boldsymbol{\alpha}_1,\boldsymbol{\alpha}_2,\cdots,\boldsymbol{\alpha}_s$ 的秩是 r. 下证 $r(\boldsymbol{A})=r$.

不妨设 $\boldsymbol{\alpha}_1,\boldsymbol{\alpha}_2,\cdots,\boldsymbol{\alpha}_r$ 是列向量组的一个极大无关组. 令 $\boldsymbol{B}=(\boldsymbol{\alpha}_1,\boldsymbol{\alpha}_2,\cdots,\boldsymbol{\alpha}_r)$. 由 $\boldsymbol{\alpha}_1,\boldsymbol{\alpha}_2,\cdots,\boldsymbol{\alpha}_r$ 线性无关, 据上节定理 1, $r(\boldsymbol{B})=r$. 由矩阵秩的定义, 知 $\boldsymbol{B}$ 有 r 阶子式不是零. 而这个非零的 r 阶子式是 $\boldsymbol{A}$ 的 r 阶子式. 故 $\boldsymbol{A}$ 有 r 阶子式不是零.

令 D_{r+1} 是 $\boldsymbol{A}$ 的任意 $r+1$ 阶子式. 则 D_{r+1} 所在的 $\boldsymbol{A}$ 的 $r+1$ 个列向量是线性相关的, 这是因为 $\boldsymbol{A}$ 的列向量组的秩等于 r. 由向量组线性相关, 其缩短向量组也线性相关, 知 D_{r+1} 的 $r+1$ 个列向量是线性相关的. 据上节推论 1, $D_{r+1}=0$. 因此 $r(\boldsymbol{A})=r$.

类似可证行向量组的情况. 证毕.

由定理 2, 知矩阵转置秩不变, 即 $r(\boldsymbol{A}^{\mathrm{T}})=r(\boldsymbol{A})$; 以及方阵是可逆阵的充要条件是这个方阵的行 (列) 向量组线性无关; 而方阵是不可逆阵的充要条件是这个方阵的行 (列) 向量组线性相关.

根据定理 2, 求向量组的秩转化为求矩阵的秩. 而求矩阵的秩可以用初等变换法.

我们知道, 矩阵经过初等行变换可以化为行最简形矩阵. 容易看出, 行最简形矩阵中所有非零行中第 1 个非零数 1 所在的列单位向量是这个矩阵的列向量组的一个极大无关组, 其余列向量都可以由这个极大无关组线性表示, 且线性表示的系数就是这个向量的分量.

注意到, 若矩阵 $\boldsymbol{A}$ 经过初等行变换化为矩阵 $\boldsymbol{B}$, 则齐次线性方程组 $\boldsymbol{Ax}=\boldsymbol{0}$ 和 $\boldsymbol{Bx}=\boldsymbol{0}$ 同解. 从而矩阵 $\boldsymbol{A}$ 的列向量组 $\boldsymbol{\alpha}_1,\boldsymbol{\alpha}_2,\cdots,\boldsymbol{\alpha}_n$ 和 $\boldsymbol{B}$ 的列向量组 $\boldsymbol{\beta}_1,\boldsymbol{\beta}_2,\cdots,\boldsymbol{\beta}_n$ 有相同的线性关系, 即

$$k_1\boldsymbol{\alpha}_1+k_2\boldsymbol{\alpha}_2+\cdots+k_n\boldsymbol{\alpha}_n=\boldsymbol{0} \quad\Leftrightarrow\quad k_1\boldsymbol{\beta}_1+k_2\boldsymbol{\beta}_2+\cdots+k_n\boldsymbol{\beta}_n=\boldsymbol{0}.$$

因此求向量组的极大无关组, 并将其余向量用极大无关组线性表示的方法:

1. 以向量组的向量为列构造矩阵 $\boldsymbol{A}$;

2. 对 $\boldsymbol{A}$ 作初等行变换化为行最简形矩阵;

3. 行最简形矩阵中所有非零行中第一个非零数 1 所在的列对应于 $\boldsymbol{A}$ 中的列向量是向量组的一个极大无关组;

4. 其余列向量都可以由这个极大无关组线性表示, 且线性表示的系数就是这个向量对应于行最简形矩阵中列向量的分量.

例 1 求向量组

$$\boldsymbol{\alpha}_1=(1,2,3,4),\quad \boldsymbol{\alpha}_2=(2,3,4,5),\quad \boldsymbol{\alpha}_3=(3,4,5,6),\quad \boldsymbol{\alpha}_4=(5,6,7,8)$$

的秩和一个极大无关组, 并把其余向量用这个极大无关组线性表示.

解 以向量组的向量为列构造矩阵 $\boldsymbol{A}$. 对 $\boldsymbol{A}$ 作初等行变换化为行最简形矩阵:

$$\boldsymbol{A}=\begin{pmatrix}1&2&3&5\\2&3&4&6\\3&4&5&7\\4&5&6&8\end{pmatrix}\xrightarrow[\mathrm{r}_4-4\mathrm{r}_1]{\substack{\mathrm{r}_2-2\mathrm{r}_1\\ \mathrm{r}_3-3\mathrm{r}_1}}\begin{pmatrix}1&2&3&5\\0&-1&-2&-4\\0&-2&-4&-8\\0&-3&-6&-12\end{pmatrix}$$

$$\xrightarrow[\mathrm{r}_4-3\mathrm{r}_2]{\mathrm{r}_3-2\mathrm{r}_2}\begin{pmatrix}1&2&3&5\\0&-1&-2&-4\\0&0&0&0\\0&0&0&0\end{pmatrix}\xrightarrow{\mathrm{r}_2\times(-1)}\begin{pmatrix}1&2&3&5\\0&1&2&4\\0&0&0&0\\0&0&0&0\end{pmatrix}$$

$$\xrightarrow{\mathrm{r}_1-2\mathrm{r}_2}\begin{pmatrix}1&0&-1&-3\\0&1&2&4\\0&0&0&0\\0&0&0&0\end{pmatrix}=\boldsymbol{B}.$$

因此 $r(\boldsymbol{A})=2$, 即向量组的秩是 2. 又 $\boldsymbol{B}$ 的 2 个非零行中第一个非零数 1 位于第 1, 2 列, 故 $\boldsymbol{\alpha}_1, \boldsymbol{\alpha}_2$ 是向量组的一个极大无关组. 而由 $\boldsymbol{B}$ 的第 3, 4 列知,

$$\boldsymbol{\alpha}_3=-\boldsymbol{\alpha}_1+2\boldsymbol{\alpha}_2,\quad \boldsymbol{\alpha}_4=-3\boldsymbol{\alpha}_1+4\boldsymbol{\alpha}_2.$$

注　1. 这种方法通常被称为“列摆放行变换法”.

2. 向量组的极大无关组是行最简形矩阵中所有非零行中第一个非零数 1 所在的列对应于 $\boldsymbol{A}$ 中的列向量, 而不是这个行最简形矩阵中所有非零行中第一个非零数 1 所在的列向量. 例如, 例 1 中矩阵 $\boldsymbol{A}$ 的第 1 列与第 2 列 $\boldsymbol{\alpha}_1,\boldsymbol{\alpha}_2$ 是向量组的一个极大无关组, 而不是 $\boldsymbol{B}$ 的第 1 列与第 2 列. 一般地, $\boldsymbol{B}$ 的第 1 列与第 2 列根本就不是向量组中的向量.

关于矩阵乘积的秩和它的因子的秩之间的关系, 有下列结果.

定理 3　若 $\boldsymbol{A}$ 是 $s\times n$ 矩阵, $\boldsymbol{B}$ 是 $n\times m$ 矩阵, 则

$$r(\boldsymbol{AB})\leqslant \min\{r(\boldsymbol{A}),r(\boldsymbol{B})\},$$

即矩阵乘积的秩不超过它的因子的秩.

* **证明**　先证 $r(\boldsymbol{AB})\leqslant r(\boldsymbol{A})$. 考虑矩阵 $\boldsymbol{A}$ 和 $\boldsymbol{AB}$ 的列向量组. 设

$$\boldsymbol{A}=(\boldsymbol{\alpha}_1,\boldsymbol{\alpha}_2,\cdots,\boldsymbol{\alpha}_n),\quad \boldsymbol{B}=(b_{ij})_{n\times m},\quad \boldsymbol{AB}=(\boldsymbol{\gamma}_1,\boldsymbol{\gamma}_2,\cdots,\boldsymbol{\gamma}_m).$$

则

$$(\boldsymbol{\gamma}_1,\boldsymbol{\gamma}_2,\cdots,\boldsymbol{\gamma}_m)=(\boldsymbol{\alpha}_1,\boldsymbol{\alpha}_2,\cdots,\boldsymbol{\alpha}_n)\begin{pmatrix} b_{11} & b_{12} & \cdots & b_{1m}\\ b_{21} & b_{22} & \cdots & b_{2m}\\ \vdots & \vdots & & \vdots\\ b_{n1} & b_{n2} & \cdots & b_{nm}\end{pmatrix}.$$

因此

$$\boldsymbol{\gamma}_i=b_{1i}\boldsymbol{\alpha}_1+b_{2i}\boldsymbol{\alpha}_2+\cdots+b_{ni}\boldsymbol{\alpha}_n,\quad i=1,2,\cdots,m.$$

故 $\boldsymbol{AB}$ 的列向量组 $\boldsymbol{\gamma}_1,\boldsymbol{\gamma}_2,\cdots,\boldsymbol{\gamma}_m$ 可以由 $\boldsymbol{A}$ 的列向量组 $\boldsymbol{\alpha}_1,\boldsymbol{\alpha}_2,\cdots,\boldsymbol{\alpha}_n$ 线性表示.

注意到, 向量组与它的任意极大无关组等价. 故 $\boldsymbol{\gamma}_1,\boldsymbol{\gamma}_2,\cdots,\boldsymbol{\gamma}_m$ 的极大无关组可以由 $\boldsymbol{\alpha}_1,\boldsymbol{\alpha}_2,\cdots,\boldsymbol{\alpha}_n$ 的极大无关组线性表示. 据上节推论 4, 知

$$r(\boldsymbol{\gamma}_1,\boldsymbol{\gamma}_2,\cdots,\boldsymbol{\gamma}_m)\leqslant r(\boldsymbol{\alpha}_1,\boldsymbol{\alpha}_2,\cdots,\boldsymbol{\alpha}_n).$$

据定理 2, $r(\boldsymbol{AB})\leqslant r(\boldsymbol{A})$.

类似地, 考虑矩阵 B 和 AB 的行向量组

$$AB=\begin{pmatrix}\delta_1\\ \delta_2\\ \vdots\\ \delta_s\end{pmatrix}=\begin{pmatrix}a_{11} & a_{12} & \cdots & a_{1n}\\ a_{21} & a_{22} & \cdots & a_{2n}\\ \vdots & \vdots & & \vdots\\ a_{s1} & a_{s2} & \cdots & a_{sn}\end{pmatrix}\begin{pmatrix}\beta_1\\ \beta_2\\ \vdots\\ \beta_n\end{pmatrix},$$

可得 $r(AB)\leqslant r(B)$. 证毕.

由定理 3 的证明过程, 可得下列的

定理 4 若向量组 $\alpha_1,\alpha_2,\cdots,\alpha_s$ 可以由向量组 $\beta_1,\beta_2,\cdots,\beta_t$ 线性表示, 则

$$r(\alpha_1,\alpha_2,\cdots,\alpha_s)\leqslant r(\beta_1,\beta_2,\cdots,\beta_t).$$

推论 等价的向量组的秩相等.

注 我们知道，两个同型矩阵等价的充要条件是它们的秩相等. 但对于向量组而言, 两个相同维数的秩相等的向量组未必等价. 例如, 向量组

$$\alpha_1=(1,0,0),\alpha_2=(0,1,0)\quad 与\quad \beta_1=(0,0,1),\beta_2=(1,2,3)$$

的秩相等, 但两者不等价.

例 2 选择题 设 A 是 $s\times n$ 矩阵, B 是 $n\times s$ 矩阵. 则 (　　).

(A) 当 $s>n$ 时, 必有行列式 $|AB|\neq 0$

(B) 当 $s>n$ 时, 必有行列式 $|AB|=0$

(C) 当 $n>s$ 时, 必有行列式 $|AB|\neq 0$

(D) 当 $n>s$ 时, 必有行列式 $|AB|=0$

解 由于 $r(AB)\leqslant r(A)\leqslant n, r(AB)\leqslant r(B)\leqslant n$, 故当 $s>n$ 时, 必有 $r(AB)<s$, 即行列式 $|AB|=0$. 因此选择 (B).

* 这里给出上节例 2 的另一证明方法: 由设, 知

$$(\beta_1,\beta_2,\beta_3)=(\alpha_1,\alpha_2,\alpha_3)\begin{pmatrix}1 & 0 & -1\\ 1 & 1 & 0\\ 0 & 1 & 1\end{pmatrix}.$$

以向量组 $\boldsymbol{\alpha}_1,\boldsymbol{\alpha}_2,\boldsymbol{\alpha}_3$ 为列构造的矩阵记为 $\boldsymbol{A}$, 以向量组 $\boldsymbol{\beta}_1,\boldsymbol{\beta}_2,\boldsymbol{\beta}_3$ 为列构造的矩阵记为 $\boldsymbol{B}$, 而 $\boldsymbol{C}=\begin{pmatrix}1&0&-1\\1&1&0\\0&1&1\end{pmatrix}$. 则 $\boldsymbol{B}=\boldsymbol{AC}$. 由于 $r(\boldsymbol{B})\leqslant r(\boldsymbol{C})=2$, 故 $r(\boldsymbol{B})<3$. 因此 $\boldsymbol{\beta}_1,\boldsymbol{\beta}_2,\boldsymbol{\beta}_3$ 线性相关.

习　题

1. 选择题

(1) 若向量组 $\boldsymbol{\alpha}_1,\boldsymbol{\alpha}_2,\boldsymbol{\alpha}_3$ 的秩是 2, 而向量组 $\boldsymbol{\alpha}_2,\boldsymbol{\alpha}_3,\boldsymbol{\alpha}_4$ 的秩是 3, 则 (　　).

(A) $\boldsymbol{\alpha}_1$ 能由 $\boldsymbol{\alpha}_2,\boldsymbol{\alpha}_3,\boldsymbol{\alpha}_4$ 线性表示　　(B) $\boldsymbol{\alpha}_1$ 不能由 $\boldsymbol{\alpha}_2,\boldsymbol{\alpha}_3,\boldsymbol{\alpha}_4$ 线性表示

(C) $\boldsymbol{\alpha}_2$ 能由 $\boldsymbol{\alpha}_1,\boldsymbol{\alpha}_3,\boldsymbol{\alpha}_4$ 线性表示　　(D) $\boldsymbol{\alpha}_3$ 不能由 $\boldsymbol{\alpha}_1,\boldsymbol{\alpha}_2,\boldsymbol{\alpha}_4$ 线性表示

(2) 设 n 阶方阵 $\boldsymbol{A}$ 的秩是 r, 而 $r<n$. 则 $\boldsymbol{A}$ 的行向量中 (　　).

(A) 必有 r 个行向量线性无关

(B) 任意 r 个行向量线性无关

(C) 任意 r 个行向量是极大无关组

(D) 任意行都可由其他 r 行向量线性表示

(3) 若 $s\times n$ 矩阵 $\boldsymbol{A}$ 的 n 个列向量线性无关, 则 $\boldsymbol{A}$ 的秩 (　　).

(A) 大于 s　　(B) 大于 n　　(C) 等于 s　　(D) 等于 n

(4) 设向量组 I : $\boldsymbol{\alpha}_1,\boldsymbol{\alpha}_2,\cdots,\boldsymbol{\alpha}_r$ 可由向量组 II: $\boldsymbol{\beta}_1,\boldsymbol{\beta}_2,\cdots,\boldsymbol{\beta}_s$ 线性表示. 则下列命题正确的是 (　　).

(A) 若向量组 I 线性无关, 则 $r\leqslant s$

(B) 若向量组 I 线性相关, 则 $r>s$

(C) 若向量组 II 线性无关, 则 $r\leqslant s$

(D) 若向量组 II 线性相关, 则 $r>s$

(5) 若列向量组 $\boldsymbol{\alpha}_1,\boldsymbol{\alpha}_2,\cdots,\boldsymbol{\alpha}_s$ 线性无关, 则列向量组 $\boldsymbol{\beta}_1,\boldsymbol{\beta}_2,\cdots,\boldsymbol{\beta}_s$ 线性无关

的充要条件是 (　　), 其中这两向量组中向量的维数相同.

(A) 向量组 $\boldsymbol{\alpha}_1,\boldsymbol{\alpha}_2,\cdots,\boldsymbol{\alpha}_s$ 可由向量组 $\boldsymbol{\beta}_1,\boldsymbol{\beta}_2,\cdots,\boldsymbol{\beta}_s$ 线性表示

(B) 向量组 $\boldsymbol{\beta}_1,\boldsymbol{\beta}_2,\cdots,\boldsymbol{\beta}_s$ 可由向量组 $\boldsymbol{\alpha}_1,\boldsymbol{\alpha}_2,\cdots,\boldsymbol{\alpha}_s$ 线性表示

(C) 向量组 $\boldsymbol{\alpha}_1,\boldsymbol{\alpha}_2,\cdots,\boldsymbol{\alpha}_s$ 与向量组 $\boldsymbol{\beta}_1,\boldsymbol{\beta}_2,\cdots,\boldsymbol{\beta}_s$ 等价

(D) 矩阵 $\boldsymbol{A}=(\boldsymbol{\alpha}_1,\boldsymbol{\alpha}_2,\cdots,\boldsymbol{\alpha}_s)$ 与矩阵 $B=(\boldsymbol{\beta}_1,\boldsymbol{\beta}_2,\cdots,\boldsymbol{\beta}_s)$ 等价

2. 填空题　若矩阵 $\boldsymbol{A}=(\boldsymbol{\alpha}_1,\boldsymbol{\alpha}_2,\boldsymbol{\alpha}_3,\boldsymbol{\alpha}_4)$ 经过初等行变换化为矩阵 $\boldsymbol{B}$, 而

$$\boldsymbol{B}=\begin{pmatrix} 1 & 0 & 0 & 2 \\ 0 & 3 & 0 & 4 \\ 0 & 0 & 5 & 6 \\ 0 & 0 & 0 & 0 \end{pmatrix},$$

则向量组 $\boldsymbol{\alpha}_1,\boldsymbol{\alpha}_2,\boldsymbol{\alpha}_3,\boldsymbol{\alpha}_4$ 的一个极大无关组是____.

3. 设向量组 $(1,2,1),(2,3,1),(2,a,3),(b,3,1)$ 的秩是 2. 求 a,b.

4. 求下列向量组的秩及一个极大无关组, 并把其余向量用这个极大无关组线性表示:

(1) $\boldsymbol{\alpha}_1=(1,2,1,3),\boldsymbol{\alpha}_2=(4,-1,-5,-6),\boldsymbol{\alpha}_3=(1,-3,-4,-7)$.

(2) $\boldsymbol{\alpha}_1=(1,0,2,1),\boldsymbol{\alpha}_2=(1,2,0,1),\boldsymbol{\alpha}_3=(2,5,-1,4),\boldsymbol{\alpha}_4=(2,1,3,0),\boldsymbol{\alpha}_5=(1,-1,3,-1)$.

3.6　齐次线性方程组

第 1 节介绍了求齐次线性方程组的通解的方法, 即高斯消元法. 本节利用向量组讨论齐次线性方程组解的性质与结构.

3.6.1 齐次线性方程组解的性质

易证下列的

性质 1 齐次线性方程组的解的和也是该方程组的解.

性质 2 齐次线性方程组的解的数乘也是该方程组的解.

据性质 1, 2, 知齐次线性方程组的解的线性组合也是该方程组的解. 因此, 如果方程组有若干个解, 那么这些解的所有可能的线性组合就给出了这个方程组的很多解. 我们将看到: 当齐次线性方程组有无穷多个非零解时, 方程组的所有解可以由有限多个解线性表示. 一个解是一个列向量, 通常称解为**解向量**. 同一个方程组的解向量构成向量组.

3.6.2 齐次线性方程组的基础解系及其求法

由第 1 节例 5, 知齐次线性方程组

$$\begin{cases} x_1+2x_2+3x_3+4x_4=0, \\ x_1+2x_2+4x_3+7x_4=0, \\ x_1+2x_2+2x_3+x_4=0 \end{cases}$$

的通解是

$$\begin{cases} x_1=-2c_1+5c_2, \\ x_2=c_1, \\ x_3=-3c_2, \\ x_4=c_2, \end{cases}$$

其中 c_1,c_2 是任意常数. 用向量的线性运算可以表示为

$$\begin{pmatrix} x_1 \\ x_2 \\ x_3 \\ x_4 \end{pmatrix}=c_1\begin{pmatrix} -2 \\ 1 \\ 0 \\ 0 \end{pmatrix}+c_2\begin{pmatrix} 5 \\ 0 \\ -3 \\ 1 \end{pmatrix}$$

令 $\boldsymbol{\eta}_1=(-2,1,0,0)^{\mathrm{T}},\boldsymbol{\eta}_2=(5,0,-3,1)^{\mathrm{T}}$. 则 $\boldsymbol{\eta}_1,\boldsymbol{\eta}_2$ 是方程组的两个解. 作为向量组而言, $\boldsymbol{\eta}_1,\boldsymbol{\eta}_2$ 是线性无关的, 且方程组的任意解都可以由 $\boldsymbol{\eta}_1,\boldsymbol{\eta}_2$ 线性表示. 满足这些条件的解恰好给出方程组解的结构. 为了利用向量组讨论方程组解的结构, 引入下列概念.

定义 若齐次线性方程组 $\boldsymbol{Ax}=\boldsymbol{0}$ 的 s 个解 $\boldsymbol{\eta}_1,\boldsymbol{\eta}_2,\cdots,\boldsymbol{\eta}_s$ 满足

(1) $\boldsymbol{\eta}_1,\boldsymbol{\eta}_2,\cdots,\boldsymbol{\eta}_s$ 线性无关;

(2) $\boldsymbol{Ax}=\boldsymbol{0}$ 的任意解都可以由 $\boldsymbol{\eta}_1,\boldsymbol{\eta}_2,\cdots,\boldsymbol{\eta}_s$ 线性表示,

则称 $\boldsymbol{\eta}_1,\boldsymbol{\eta}_2,\cdots,\boldsymbol{\eta}_s$ 是该方程组的一个**基础解系**.

例如, $\boldsymbol{\eta}_1=(-2,1,0,0)^{\mathrm{T}},\boldsymbol{\eta}_2=(5,0,-3,1)^{\mathrm{T}}$ 是上述方程组的一个基础解系.

当一个齐次线性方程组只有零解时, 该方程组没有基础解系. 而有非零解的齐次线性方程组是否有基础解系? 如果有的话, 如何求基础解系? 下列定理给出了这两个问题的回答.

定理 若 n 元齐次线性方程组 $\boldsymbol{Ax}=\boldsymbol{0}$ 有非零解, 则它一定有基础解系, 且任意基础解系所含解向量的个数都等于 $n-r(\boldsymbol{A})$.

* **证明** 设系数矩阵 $\boldsymbol{A}$ 的秩 $r(\boldsymbol{A})=r$. 不妨设矩阵 $\boldsymbol{A}$ 的行最简形矩阵为

$$\begin{pmatrix} 1 & 0 & \cdots & 0 & b_{11} & b_{12} & \cdots & b_{1,n-r} \\ 0 & 1 & \cdots & 0 & b_{21} & b_{22} & \cdots & b_{2,n-r} \\ \vdots & \vdots & & \vdots & \vdots & \vdots & & \vdots \\ 0 & 0 & \cdots & 1 & b_{r1} & b_{r2} & \cdots & b_{r,n-r} \\ 0 & 0 & \cdots & 0 & 0 & 0 & \cdots & 0 \\ \vdots & \vdots & & \vdots & \vdots & \vdots & & \vdots \\ 0 & 0 & \cdots & 0 & 0 & 0 & \cdots & 0 \end{pmatrix}.$$

因此, 得到与方程组 $\boldsymbol{Ax}=\boldsymbol{0}$ 同解的方程组

$$\begin{cases} x_1=-b_{11}x_{r+1}-b_{12}x_{r+2}-\cdots-b_{1,n-r}x_n, \\ x_2=-b_{21}x_{r+1}-b_{22}x_{r+2}-\cdots-b_{2,n-r}x_n, \\ \qquad\vdots \\ x_r=-b_{r1}x_{r+1}-b_{r2}x_{r+2}-\cdots-b_{r,n-r}x_n, \end{cases} \tag{1}$$

其中 $x_{r+1},x_{r+2},\cdots,x_n$ 是自由未知量.

令自由未知量 $(x_{r+1},x_{r+2},\cdots,x_n)^{\mathrm{T}}$ 分别取下列的 $n-r$ 组数:

$$(1,0,\cdots,0)^{\mathrm{T}},\quad (0,1,\cdots,0)^{\mathrm{T}},\quad \cdots,\quad (0,0,\cdots,1)^{\mathrm{T}}.$$

代入 (1) 得到方程组 $\boldsymbol{Ax}=\mathbf{0}$ 的 $n-r$ 个解:

$$\begin{aligned}
&\boldsymbol{\eta}_1=(-b_{11},-b_{21},\cdots,-b_{r1},1,0,\cdots,0)^{\mathrm{T}},\\
&\boldsymbol{\eta}_2=(-b_{12},-b_{22},\cdots,-b_{r2},0,1,\cdots,0)^{\mathrm{T}},\\
&\vdots\\
&\boldsymbol{\eta}_{n-r}=(-b_{1,n-r},-b_{2,n-r},\cdots,-b_{r,n-r},0,0,\cdots,1)^{\mathrm{T}}.
\end{aligned}$$

以下证明, $\boldsymbol{\eta}_1,\boldsymbol{\eta}_2,\cdots,\boldsymbol{\eta}_{n-r}$ 是 $\boldsymbol{Ax}=\mathbf{0}$ 的一个基础解系.

首先注意到, $n-r$ 个 $n-r$ 维单位向量

$$(1,0,\cdots,0)^{\mathrm{T}},\quad (0,1,\cdots,0)^{\mathrm{T}},\quad \cdots,\quad (0,0,\cdots,1)^{\mathrm{T}}$$

线性无关, 因此其延长向量组 $\boldsymbol{\eta}_1,\boldsymbol{\eta}_2,\cdots,\boldsymbol{\eta}_{n-r}$ 也线性无关.

再证方程组 $\boldsymbol{Ax}=\mathbf{0}$ 的任意解都可以由 $\boldsymbol{\eta}_1,\boldsymbol{\eta}_2,\cdots,\boldsymbol{\eta}_{n-r}$ 线性表示. 设

$$\boldsymbol{\eta}=(c_1,\cdots,c_r,c_{r+1},c_{r+2},\cdots,c_n)^{\mathrm{T}}$$

是 $\boldsymbol{Ax}=\mathbf{0}$ 的任意解. 由于 $\boldsymbol{\eta}_1,\boldsymbol{\eta}_2,\cdots,\boldsymbol{\eta}_{n-r}$ 是 $\boldsymbol{Ax}=\mathbf{0}$ 的解, 故线性组合

$$c_{r+1}\boldsymbol{\eta}_1+c_{r+2}\boldsymbol{\eta}_2+\cdots+c_n\boldsymbol{\eta}_{n-r}$$

也是 $\boldsymbol{Ax}=\mathbf{0}$ 的解. 比较这两个解向量的后 $n-r$ 个分量, 可见自由未知量有相同的值, 从而这两个解相同, 即

$$\boldsymbol{\eta}=c_{r+1}\boldsymbol{\eta}_1+c_{r+2}\boldsymbol{\eta}_2+\cdots+c_n\boldsymbol{\eta}_{n-r}.$$

因此, $\boldsymbol{Ax}=\mathbf{0}$ 的任意解 $\boldsymbol{\eta}$ 都可以由 $\boldsymbol{\eta}_1,\boldsymbol{\eta}_2,\cdots,\boldsymbol{\eta}_{n-r}$ 线性表示. 故 $\boldsymbol{\eta}_1,\boldsymbol{\eta}_2,\cdots,\boldsymbol{\eta}_{n-r}$ 是 $\boldsymbol{Ax}=\mathbf{0}$ 的一个基础解系.

由定义, $\boldsymbol{Ax}=\mathbf{0}$ 的任意基础解系都与基础解系 $\boldsymbol{\eta}_1,\boldsymbol{\eta}_2,\cdots,\boldsymbol{\eta}_{n-r}$ 等价. 注意到它们都是线性无关的, 因此两者所含向量的个数相同. 故 $\boldsymbol{Ax}=\mathbf{0}$ 的任意基础解系所含解向量的个数都等于 $n-r(\boldsymbol{A})$. 证毕.

若 $\boldsymbol{\eta}_1,\boldsymbol{\eta}_2,\cdots,\boldsymbol{\eta}_{n-r}$ 是齐次线性方程组 $\boldsymbol{Ax}=\mathbf{0}$ 的一个基础解系, 则 $\boldsymbol{Ax}=\mathbf{0}$ 的所有解可以表示为

$$c_1\boldsymbol{\eta}_1+c_2\boldsymbol{\eta}_2+\cdots+c_{n-r}\boldsymbol{\eta}_{n-r},$$

其中 $c_1,c_2,\cdots,c_{n-r}$ 是任意常数, 这个表达式通常称为方程组 $\boldsymbol{Ax}=\mathbf{0}$ 的**通解**.

定理的证明过程给出了**求齐次线性方程组的基础解系与通解的方法**:

1. 对方程组的系数矩阵作初等行变换化为行最简形矩阵;

2. 以行最简形矩阵为系数矩阵写出与原方程组同解的方程组;

3. 对 $n-r$ 个自由未知量分别取 $n-r$ 组数:

$$(1,0,\cdots,0)^{\mathrm{T}},(0,1,\cdots,0)^{\mathrm{T}},\cdots,(0,0,\cdots,1)^{\mathrm{T}},$$

依次代入同解方程组, 得到方程组的 $n-r$ 解 $\boldsymbol{\eta}_1,\boldsymbol{\eta}_2,\cdots,\boldsymbol{\eta}_{n-r}$. 则它就是方程组的一个基础解系;

4. 写出方程组的通解

$$c_1\boldsymbol{\eta}_1+c_2\boldsymbol{\eta}_2+\cdots+c_{n-r}\boldsymbol{\eta}_{n-r},$$

其中 $c_1,c_2,\cdots,c_{n-r}$ 是任意常数.

例 1 求齐次线性方程组

$$\begin{cases} x_1+2x_2+3x_3+4x_4=0, \\ x_1+2x_2+4x_3+7x_4=0, \\ x_1+2x_2+2x_3+x_4=0 \end{cases}$$

的基础解系与通解.

解 这是第 1 节例 5 的方程组. 对系数矩阵作初等行变换化为行最简形

矩阵:

$$\begin{pmatrix} 1 & 2 & 3 & 4 \\ 1 & 2 & 4 & 7 \\ 1 & 2 & 2 & 1 \end{pmatrix} \to \begin{pmatrix} 1 & 2 & 0 & -5 \\ 0 & 0 & 1 & 3 \\ 0 & 0 & 0 & 0 \end{pmatrix}$$

因此与原方程组同解的方程组是

$$\begin{cases} x_1 = -2x_2 + 5x_4, \\ x_3 = -3x_4, \end{cases}$$

其中 x_2, x_4 是自由未知量.

令自由未知量 x_2, x_4 分别取值 1,0; 0,1, 依次得到方程组的解

$$\boldsymbol{\eta}_1 = (-2,1,0,0)^{\mathrm{T}}, \quad \boldsymbol{\eta}_2 = (5,0,-3,1)^{\mathrm{T}}.$$

则 $\boldsymbol{\eta}_1, \boldsymbol{\eta}_2$ 是方程组的一个基础解系. 因此方程组的通解是

$$\boldsymbol{\eta} = c_1\boldsymbol{\eta}_1 + c_2\boldsymbol{\eta}_2,$$

其中 c_1, c_2 是任意常数.

注　1. 注意到, 方程组的解是列向量. 因此, 解 $\boldsymbol{\eta}_1 = (-2,1,0,0)^{\mathrm{T}}$ 的右上角的转置符号 T 不能遗忘.

2. 如果只求解方程组, 即只求方程组的通解, 既可以用第 1 节介绍的高斯消元法也可以用本节介绍的方法.

3. 由于一个齐次线性方程组的基础解系不唯一, 因此由基础解系所确定的通解的表达式形式上不唯一. 但是, 由于同一个齐次线性方程组的任意两个基础解系作为向量组而言是等价的, 因此所有通解作为集合而言都是相等的.

例 2　证明: n 元齐次线性方程组 $\boldsymbol{Ax} = \boldsymbol{0}$ 的任意 $n - r(\boldsymbol{A})$ 个线性无关的解都是该方程组的基础解系.

* **证明**　设 $\boldsymbol{\alpha}_1, \boldsymbol{\alpha}_2, \cdots, \boldsymbol{\alpha}_{n-r(\boldsymbol{A})}$ 是 $\boldsymbol{Ax} = \boldsymbol{0}$ 的任意 $n - r(\boldsymbol{A})$ 个线性无关的解. 要证它是该方程组的基础解系, 只需证 $\boldsymbol{Ax} = \boldsymbol{0}$ 的任意解 $\boldsymbol{\alpha}$ 可以由 $\boldsymbol{\alpha}_1, \boldsymbol{\alpha}_2, \cdots,$

$\boldsymbol{\alpha}_{n-r(\boldsymbol{A})}$ 线性表示. 因为 $\boldsymbol{\alpha}_1,\boldsymbol{\alpha}_2,\cdots,\boldsymbol{\alpha}_{n-r(\boldsymbol{A})}$ 线性无关, 所以只需证向量组 $\boldsymbol{\alpha}_1$, $\boldsymbol{\alpha}_2$, $\cdots$, $\boldsymbol{\alpha}_{n-r(\boldsymbol{A})},\boldsymbol{\alpha}$ 线性相关.

事实上, 令 $\boldsymbol{\eta}_1$, $\boldsymbol{\eta}_2$, $\cdots$, $\boldsymbol{\eta}_{n-r(\boldsymbol{A})}$ 是 $\boldsymbol{Ax}=\boldsymbol{0}$ 的一个基础解系. 则 $\boldsymbol{\alpha}_1$, $\boldsymbol{\alpha}_2$, $\cdots$, $\boldsymbol{\alpha}_{n-r(\boldsymbol{A})}$, $\boldsymbol{\alpha}$ 可以由 $\boldsymbol{\eta}_1,\boldsymbol{\eta}_2,\cdots,\boldsymbol{\eta}_{n-r(\boldsymbol{A})}$ 线性表示. 而 $n-r(\boldsymbol{A})+1>n-r(\boldsymbol{A})$. 由第 4 节定理 3, 知 $\boldsymbol{\alpha}_1,\boldsymbol{\alpha}_2,\cdots,\boldsymbol{\alpha}_{n-r(\boldsymbol{A})},\boldsymbol{\alpha}$ 线性相关. 故 $\boldsymbol{\alpha}_1,\boldsymbol{\alpha}_2,\cdots,\boldsymbol{\alpha}_{n-r(\boldsymbol{A})}$ 是 $\boldsymbol{Ax}=\boldsymbol{0}$ 的基础解系.

给定一个齐次线性方程组, 可以求得这个方程组的基础解系. 反之, 给定一个齐次线性方程组的一个基础解系, 可以求得这个方程组.

例 3 求一个齐次线性方程组使它的基础解系是 $\boldsymbol{\eta}_1=(1,2,3,4)^{\mathrm{T}},\boldsymbol{\eta}_2=(4,3,2,1)^{\mathrm{T}}$.

解 设所求的齐次线性方程组是 $\boldsymbol{Ax}=\boldsymbol{0}$, 而 $\boldsymbol{A}$ 的行向量是 $\boldsymbol{\alpha}=(a_1, a_2, a_3, a_4)$. 由 $\boldsymbol{\eta}_1,\boldsymbol{\eta}_2$ 是 $\boldsymbol{Ax}=\boldsymbol{0}$ 的解, 知 $\boldsymbol{\alpha\eta}_1=\boldsymbol{0},\boldsymbol{\alpha\eta}_2=\boldsymbol{0}$, 即

$$\begin{cases} a_1+2a_2+3a_3+4a_4=0, \\ 4a_1+3a_2+2a_3+a_4=0. \end{cases}$$

视 a_1,a_2,a_3,a_4 为未知量, 求这个方程组的一个基础解系. 对系数矩阵作初等行变换化为行最简形矩阵:

$$\begin{pmatrix} 1 & 2 & 3 & 4 \\ 4 & 3 & 2 & 1 \end{pmatrix} \xrightarrow{r_2-4r_1} \begin{pmatrix} 1 & 2 & 3 & 4 \\ 0 & -5 & -10 & -15 \end{pmatrix}$$
$$\xrightarrow{r_2\times(-\frac{1}{5})} \begin{pmatrix} 1 & 2 & 3 & 4 \\ 0 & 1 & 2 & 3 \end{pmatrix} \xrightarrow{r_1-2r_2} \begin{pmatrix} 1 & 0 & -1 & -2 \\ 0 & 1 & 2 & 3 \end{pmatrix}.$$

这个方程组的同解方程组是

$$\begin{cases} a_1-a_3-2a_4=0, \\ a_2+2a_3+3a_4=0, \end{cases}$$

它的一个基础解系是

$$(1,-2,1,0)^{\mathrm{T}}, \quad (2,-3,0,1)^{\mathrm{T}}.$$

把它们依次作为矩阵的行向量, 构造矩阵

$$A=\begin{pmatrix}1&-2&1&0\\2&-3&0&1\end{pmatrix}.$$

则齐次线性方程组 $\boldsymbol{Ax}=\mathbf{0}$, 即

$$\begin{cases}x_1-2x_2+x_3=0,\\2x_1-3x_2+x_4=0\end{cases}$$

为所求. 这是因为 $\boldsymbol{\eta}_1,\boldsymbol{\eta}_2$ 是 $\boldsymbol{Ax}=\mathbf{0}$ 的 $4-r(\boldsymbol{A})=4-2=2$ 个线性无关的解, 所以它是 $\boldsymbol{Ax}=\mathbf{0}$ 的基础解系.

注　由于基础解系不唯一, 故以基础解系为行构造的矩阵 $\boldsymbol{A}$ 不唯一, 从而方程组 $\boldsymbol{Ax}=\mathbf{0}$ 不唯一.

***例 4**　选择题: 设 $\boldsymbol{A}=(\boldsymbol{\alpha}_1,\boldsymbol{\alpha}_2,\boldsymbol{\alpha}_3,\boldsymbol{\alpha}_4)$ 是 4 阶方阵. 若 $(1,0,1,0)^{\mathrm{T}}$ 是方程组 $\boldsymbol{Ax}=\mathbf{0}$ 的一个基础解系, 则 $\boldsymbol{A}^*\boldsymbol{x}=\mathbf{0}$ 的基础解系是 (　　).

(A) $\boldsymbol{\alpha}_1,\boldsymbol{\alpha}_2$　(B) $\boldsymbol{\alpha}_1,\boldsymbol{\alpha}_3$　(C) $\boldsymbol{\alpha}_1,\boldsymbol{\alpha}_2,\boldsymbol{\alpha}_3$　(D) $\boldsymbol{\alpha}_2,\boldsymbol{\alpha}_3,\boldsymbol{\alpha}_4$

解答　由 $\boldsymbol{Ax}=\mathbf{0}$ 的基础解系所含解的个数是 1, 知 $r(\boldsymbol{A})=4-1=3$. 因此 $r(\boldsymbol{A}^*)=1$(见本节习题第 7 题). 由 $(1,0,1,0)^{\mathrm{T}}$ 是方程组 $\boldsymbol{Ax}=\mathbf{0}$ 的解, 知 $\boldsymbol{\alpha}_1+\boldsymbol{\alpha}_3=\mathbf{0}$, 即 $\boldsymbol{\alpha}_1=-\boldsymbol{\alpha}_3$. 故向量组 $\boldsymbol{\alpha}_2,\boldsymbol{\alpha}_3,\boldsymbol{\alpha}_4$ 与 $\boldsymbol{A}$ 的列向量组等价, 从而两者的秩相等. 因此, 向量组 $\boldsymbol{\alpha}_2$, $\boldsymbol{\alpha}_3$, $\boldsymbol{\alpha}_4$ 的秩等于 $r(\boldsymbol{A})=3$, 即它是线性无关的.

而 $|\boldsymbol{A}|=0$, 知 $\boldsymbol{A}^*\boldsymbol{A}=\mathbf{0}$. 因此 $\boldsymbol{\alpha}_2$, $\boldsymbol{\alpha}_3$, $\boldsymbol{\alpha}_4$ 是 $\boldsymbol{A}^*\boldsymbol{x}=\mathbf{0}$ 的解. 故 $\boldsymbol{\alpha}_2,\boldsymbol{\alpha}_3,\boldsymbol{\alpha}_4$ 是 $\boldsymbol{A}^*\boldsymbol{x}=\mathbf{0}$ 的 $4-r(\boldsymbol{A}^*)=3$ 个线性无关的解, 因此它是 $\boldsymbol{A}^*\boldsymbol{x}=\mathbf{0}$ 的一个基础解系. 故选择 D.

***例 5**　设 $\boldsymbol{A}=(a_{ij})_{n\times n}$ 的行列式等于零, 而 $\boldsymbol{A}$ 的某个元素 a_{ij} 的代数余子式 $A_{ij}\neq 0$. 证明: $(A_{i1},A_{i2},\cdots,A_{in})^{\mathrm{T}}$ 是齐次线性方程组 $\boldsymbol{Ax}=\mathbf{0}$ 的一个基础解系.

证明　由 $A_{ij}\neq 0$, 知 $\boldsymbol{A}$ 有一个 $n-1$ 阶子式不是零. 而 $|\boldsymbol{A}|=0$, 因此 $r(\boldsymbol{A})=n-1$. 由 $\boldsymbol{AA}^*=|\boldsymbol{A}|\boldsymbol{E}=\mathbf{0}$, 知 $\boldsymbol{A}^*$ 的每一列都是 $\boldsymbol{Ax}=\mathbf{0}$ 的解. 特别地, $\boldsymbol{A}^*$ 的第 i 列 $(A_{i1},A_{i2},\cdots,A_{in})^{\mathrm{T}}$ 是 $\boldsymbol{Ax}=\mathbf{0}$ 的一个解. 注意到 $A_{ij}\neq 0$. 这个解是一个非零解. 这样它就是 $\boldsymbol{Ax}=\mathbf{0}$ 的 $n-r(\boldsymbol{A})=1$ 个线性无关的解. 因此它是 $\boldsymbol{Ax}=\mathbf{0}$ 的一

个基础解系.

例 6 证明: $r(\boldsymbol{A}^{\mathrm{T}}\boldsymbol{A})=r(\boldsymbol{A}\boldsymbol{A}^{\mathrm{T}})=r(\boldsymbol{A})$.

证明 要证 $r(\boldsymbol{A}^{\mathrm{T}}\boldsymbol{A})=r(\boldsymbol{A})$, 只需证齐次线性方程组 $\boldsymbol{A}^{\mathrm{T}}\boldsymbol{A}\boldsymbol{x}=\boldsymbol{0}$ 和 $\boldsymbol{A}\boldsymbol{x}=\boldsymbol{0}$ 同解.

若 $\boldsymbol{x}$ 满足 $\boldsymbol{A}\boldsymbol{x}=\boldsymbol{0}$, 则 $\boldsymbol{A}^{\mathrm{T}}(\boldsymbol{A}\boldsymbol{x})=\boldsymbol{0}$, 即 $(\boldsymbol{A}^{\mathrm{T}}\boldsymbol{A})\boldsymbol{x}=\boldsymbol{0}$. 反之, 若 $\boldsymbol{x}$ 满足 $(\boldsymbol{A}^{\mathrm{T}}\boldsymbol{A})\boldsymbol{x}=\boldsymbol{0}$, 则 $\boldsymbol{x}^{\mathrm{T}}(\boldsymbol{A}^{\mathrm{T}}\boldsymbol{A})\boldsymbol{x}=0$, 即 $(\boldsymbol{A}\boldsymbol{x})^{\mathrm{T}}(\boldsymbol{A}\boldsymbol{x})=0$. 因此 $\boldsymbol{A}\boldsymbol{x}=\boldsymbol{0}$. 故齐次线性方程组 $\boldsymbol{A}^{\mathrm{T}}\boldsymbol{A}\boldsymbol{x}=\boldsymbol{0}$ 和 $\boldsymbol{A}\boldsymbol{x}=\boldsymbol{0}$ 同解. 当然这两个方程组有相同的基础解系, 因此两者的基础解系所含解的个数相同. 从而 $r(\boldsymbol{A}^{\mathrm{T}}\boldsymbol{A})=r(\boldsymbol{A})$. 又

$$r(\boldsymbol{A}\boldsymbol{A}^{\mathrm{T}})=r((\boldsymbol{A}^{\mathrm{T}})^{\mathrm{T}}\boldsymbol{A}^{\mathrm{T}})=r(\boldsymbol{A}^{\mathrm{T}})=r(\boldsymbol{A}),$$

故等式成立.

注 1. 例 6 中的 $\boldsymbol{A}$ 是实矩阵, 但不一定是方阵.

2. 由例 6, 知下列三条等价:

(1) $\boldsymbol{A}^{\mathrm{T}}\boldsymbol{A}=\boldsymbol{0}$; (2) $\boldsymbol{A}\boldsymbol{A}^{\mathrm{T}}=\boldsymbol{0}$; (3) $\boldsymbol{A}=\boldsymbol{0}$.

***例 7** 设 $\boldsymbol{A}$ 是 n 阶非零方阵 $(n\geqslant 2)$, 且 $a_{ij}=A_{ij},i,j=1,2,\cdots,n$. 证明: $|\boldsymbol{A}|^{n-2}=1$.

证明 由设, 知 $\boldsymbol{A}^*=\boldsymbol{A}^{\mathrm{T}}$. 因此 $\boldsymbol{A}\boldsymbol{A}^*=\boldsymbol{A}\boldsymbol{A}^{\mathrm{T}}=|\boldsymbol{A}|\boldsymbol{E}$. 取行列式, 得 $|\boldsymbol{A}|^2=|\boldsymbol{A}|^n$. 从而 $|\boldsymbol{A}|=0$ 或 $|\boldsymbol{A}|^{n-2}=1$. 假设 $|\boldsymbol{A}|=0$, 则 $\boldsymbol{A}\boldsymbol{A}^{\mathrm{T}}=\boldsymbol{0}$. 因此 $\boldsymbol{A}=\boldsymbol{0}$, 此与 $\boldsymbol{A}$ 是非零方阵矛盾. 因而 $|\boldsymbol{A}|^{n-2}=1$.

例 8 证明: 若 $\boldsymbol{A}_{s\times n}\boldsymbol{B}_{n\times m}=\boldsymbol{0}$, 则 $r(\boldsymbol{A})+r(\boldsymbol{B})\leqslant n$.

证明 令 $\boldsymbol{B}=(\boldsymbol{\beta}_1,\boldsymbol{\beta}_2,\cdots,\boldsymbol{\beta}_m)$. 由 $\boldsymbol{A}\boldsymbol{B}=\boldsymbol{0}$, 知矩阵 $\boldsymbol{B}$ 的 m 个列向量 $\boldsymbol{\beta}_1,\boldsymbol{\beta}_2,\cdots,\boldsymbol{\beta}_m$ 都是 n 元齐次线性方程组 $\boldsymbol{A}\boldsymbol{x}=\boldsymbol{0}$ 的解. 故 $\boldsymbol{\beta}_1,\boldsymbol{\beta}_2,\cdots,\boldsymbol{\beta}_m$ 可以由 $\boldsymbol{A}\boldsymbol{x}=\boldsymbol{0}$ 的基础解系线性表示. 因此

$$r(\boldsymbol{B})=r(\boldsymbol{\beta}_1,\boldsymbol{\beta}_2,\cdots,\boldsymbol{\beta}_m)\leqslant n-r(\boldsymbol{A}),$$

即 $r(\boldsymbol{A})+r(\boldsymbol{B})\leqslant n$.

*例 9　设 $\boldsymbol{A}=\begin{pmatrix}1&4&5\\2&3&6\\3&2&7\\4&1&8\end{pmatrix}$, $\boldsymbol{B}$ 是 3 阶方阵, 且 $\boldsymbol{AB}=\boldsymbol{0}$. 证明: $\boldsymbol{B}$ 的列向量组线性相关.

证明　由 $\boldsymbol{AB}=\boldsymbol{0}$, 知 $r(\boldsymbol{A})+r(\boldsymbol{B})\leqslant 3$. 用初等变换法易求得 $r(\boldsymbol{A})=2$. 故 $r(\boldsymbol{B})\leqslant 1$. 因此 B 的列向量组线性相关.

我们知道, $|\boldsymbol{A}^*|=|\boldsymbol{A}|^{n-1}$(其中 $\boldsymbol{A}$ 是 n 阶方阵, $n\geqslant 2$). 作为本节的结束, 这里给出当 $|\boldsymbol{A}|=0$ 时, $|\boldsymbol{A}^*|=0$ 的另一证明.

分两种情况: 当 $\boldsymbol{A}=\boldsymbol{0}$ 时, 有 $\boldsymbol{A}^*=\boldsymbol{0}$. 从而 $|\boldsymbol{A}^*|=0$.

当 $\boldsymbol{A}\neq\boldsymbol{0}$ 时, 由 $\boldsymbol{A}^*\boldsymbol{A}=\boldsymbol{0}$, 知 $r(\boldsymbol{A}^*)+r(\boldsymbol{A})\leqslant n$. 由 $\boldsymbol{A}\neq\boldsymbol{0}$, 知 $r(\boldsymbol{A})\geqslant 1$. 因此 $r(\boldsymbol{A}^*)\leqslant n-1$. 故 $|\boldsymbol{A}^*|=0$.

习　题

1. 选择题

(1) 4 元齐次线性方程 $\begin{cases}x_1+x_2=0,\\x_3-x_4=0\end{cases}$ 的基础解系是 (　　).

(A) $(0,0,1,1)^{\mathrm{T}}$　　(B) $(-1,1,0,0)^{\mathrm{T}}$

(C) $(0,0,1,1)^{\mathrm{T}},(-1,1,0,0)^{\mathrm{T}}$　　(D) 不存在

(2) 设 $s\times n$ 矩阵 $\boldsymbol{A}$ 的秩 $r(\boldsymbol{A})=n-1$, 且 $\boldsymbol{\eta}_1,\boldsymbol{\eta}_2$ 是 $\boldsymbol{Ax}=\boldsymbol{0}$ 的两个不同的解. 则 $\boldsymbol{Ax}=\boldsymbol{0}$ 的通解是 (　　), 其中 c 是任意常数.

(A) $c\boldsymbol{\eta}_1$　　(B) $c\boldsymbol{\eta}_2$　　(C) $c(\boldsymbol{\eta}_1+\boldsymbol{\eta}_2)$　　(D) $c(\boldsymbol{\eta}_1-\boldsymbol{\eta}_2)$

(3) 设 $(1,0,2)^{\mathrm{T}}$ 与 $(0,1,-1)^{\mathrm{T}}$ 是齐次线性方程组 $\boldsymbol{Ax}=\boldsymbol{0}$ 的两个解. 则其系数矩阵 $\boldsymbol{A}$ 有可能是 (　　).

(A) $\begin{pmatrix}-2&0&1\\1&1&0\end{pmatrix}$　　(B) $\begin{pmatrix}2&0&-1\\0&1&-1\end{pmatrix}$

(C) $(-2,1,1)$ (D) $\begin{pmatrix} 2 & 0 & -1 & -2 \\ 0 & 1 & -1 & 0 \\ -2 & 0 & 2 & 1 \end{pmatrix}$

(4) 设 $\boldsymbol{A},\boldsymbol{B}$ 都是 n 阶非零方阵, 且 $\boldsymbol{AB}=\mathbf{0}$. 则 $\boldsymbol{A}$ 和 $\boldsymbol{B}$ 的秩 ( ).

(A) 必有一个等于零 (B) 都小于 n

(C) 一个小于 n, 一个等于 n (D) 都等于 n

(5) 已知 $\boldsymbol{A}=\begin{pmatrix} 1 & 2 & 3 \\ 2 & 4 & a \\ 3 & 6 & 9 \end{pmatrix}$, $\boldsymbol{B}$ 是 3 阶非零方阵, 且 $\boldsymbol{BA}=\mathbf{0}$. 则 ( ).

(A) $a=6$ 时, $\boldsymbol{B}$ 的秩必为 1 (B) $a=6$ 时, $\boldsymbol{B}$ 的秩必为 2

(C) $a\neq 6$ 时, $\boldsymbol{B}$ 的秩必为 1 (D) $a\neq 6$ 时, $\boldsymbol{B}$ 的秩必为 2

(6) 方程组 $\boldsymbol{Ax}=\mathbf{0}$ 只有零解的充要条件是 ( ).

(A) $\boldsymbol{A}$ 的行向量组线性相关 (B) $\boldsymbol{A}$ 的行向量组线性无关

(C) $\boldsymbol{A}$ 的列向量组线性相关 (D) $\boldsymbol{A}$ 的列向量组线性无关

(7) 方程组 $\boldsymbol{Ax}=\mathbf{0}$ 有非零解的充要条件是 ( ).

(A) $\boldsymbol{A}$ 的任意两个列向量线性相关

(B) $\boldsymbol{A}$ 的任意两个列向量线性无关

(C) $\boldsymbol{A}$ 中至少有一个列向量是其余列向量的线性组合

(D) $\boldsymbol{A}$ 中任意列向量都是其余列向量的线性组合

(8) 设有方程组 $\boldsymbol{Ax}=\mathbf{0}$ 和 $\boldsymbol{Bx}=\mathbf{0}$, 其中 $\boldsymbol{A},\boldsymbol{B}$ 都是 $s\times n$ 矩阵. 现有四个命题:

(a) 若 $\boldsymbol{Ax}=\mathbf{0}$ 的解都是 $\boldsymbol{Bx}=\mathbf{0}$ 的解, 则 $r(\boldsymbol{A})\geqslant r(\boldsymbol{B})$;

(b) 若 $r(\boldsymbol{A})\geqslant r(\boldsymbol{B})$, 则 $\boldsymbol{Ax}=\mathbf{0}$ 的解都是 $\boldsymbol{Bx}=\mathbf{0}$ 的解;

(c) 若 $\boldsymbol{Ax}=\mathbf{0}$ 和 $\boldsymbol{Bx}=\mathbf{0}$ 同解, 则 $r(\boldsymbol{A})=r(\boldsymbol{B})$;

(d) 若 $r(\boldsymbol{A})=r(\boldsymbol{B})$, 则 $\boldsymbol{Ax}=\mathbf{0}$ 和 $\boldsymbol{Bx}=\mathbf{0}$ 同解.

上述命题中正确的是 ( ).

(A) (a)(b)　　(B) (a)(c)　　(C) (b)(d)　　(D) (c)(d)

2. 填空题

(1) n 元齐次线性方程组 $\boldsymbol{Ax}=\boldsymbol{0}$ 的基础解系所含解的个数是____.

*(2) 设 $\boldsymbol{A},\boldsymbol{B},\boldsymbol{C}$ 都是 5 阶方阵, $\boldsymbol{A}=\boldsymbol{BC},r(\boldsymbol{B})=2,r(\boldsymbol{C})=5$. 则线性方程组 $\boldsymbol{Ax}=\boldsymbol{0}$ 的基础解系含____个解.

(3) 方程 $x_1+2x_2+3x_3+4x_4=0$ 的基础解系是____.

(4) 设 n 阶方阵 $\boldsymbol{A}$ 的各行元素的和都是零, 且 $\boldsymbol{A}$ 的秩是 $n-1$. 则线性方程组 $\boldsymbol{Ax}=\boldsymbol{0}$ 的通解是____.

(5) 设 4 阶方阵 $\boldsymbol{A}$ 的秩是 2. 则伴随矩阵 $\boldsymbol{A}^*$ 的秩是____.

(提示: 利用本节习题第 7 题)

3. 求齐次线性方程组

$$\begin{cases} x_1+2x_2+3x_3+4x_4=0, \\ 4x_1+3x_2+2x_3+x_4=0, \\ 2x_1+3x_2+4x_3+5x_4=0 \end{cases}$$

的一个基础解系.

4. 求一个齐次线性方程组使得它的基础解系是

$$\boldsymbol{\eta}_1=(0,1,2,3)^{\mathrm{T}},\quad \boldsymbol{\eta}_2=(3,2,1,0)^{\mathrm{T}}.$$

5. 设 $\boldsymbol{A}=\boldsymbol{E}-\boldsymbol{\alpha}\boldsymbol{\alpha}^{\mathrm{T}}$, 其中 $\boldsymbol{E}$ 是 n 阶单位阵, $\boldsymbol{\alpha}$ 是 n 维非零列向量. 证明:

(1) $\boldsymbol{A}$ 是对称阵;

(2) $\boldsymbol{A}^2=\boldsymbol{A}$ 的充要条件是 $\boldsymbol{\alpha}^{\mathrm{T}}\boldsymbol{\alpha}=1$;

(3) 当 $\boldsymbol{\alpha}^{\mathrm{T}}\boldsymbol{\alpha}=1$ 时, $\boldsymbol{A}$ 是不可逆矩阵.

6. 设 $\boldsymbol{A}=\boldsymbol{E}-2\boldsymbol{\alpha}\boldsymbol{\alpha}^{\mathrm{T}}$, 其中 $\boldsymbol{E}$ 是 n 阶单位阵, $\boldsymbol{\alpha}$ 是 n 维非零列向量. 证明:

(1) $\boldsymbol{A}$ 是对称阵;

(2) $\boldsymbol{A}^2=\boldsymbol{E}$ 的充要条件是 $\boldsymbol{\alpha}^{\mathrm{T}}\boldsymbol{\alpha}=1$;

(3) 当 $\boldsymbol{\alpha}^{\mathrm{T}}\boldsymbol{\alpha}=1$ 时, $\boldsymbol{A}$ 是可逆矩阵.

7. 设 $\boldsymbol{A}$ 是 n 阶方阵 $(n \geqslant 2)$, $\boldsymbol{A}^*$ 是 $\boldsymbol{A}$ 的伴随矩阵. 证明:

$$r(\boldsymbol{A}^*)=\begin{cases} n, & \text{当 } r(\boldsymbol{A})=n \text{ 时}, \\ 1, & \text{当 } r(\boldsymbol{A})=n-1 \text{ 时}, \\ 0, & \text{当 } r(\boldsymbol{A})\leqslant n-2 \text{ 时}. \end{cases}$$

3.7 非齐次线性方程组

第 1 节介绍了求非齐次线性方程组 $\boldsymbol{Ax}=\boldsymbol{b}$ 的通解的方法, 即高斯消元法. 本节利用向量组讨论非齐次线性方程组 $\boldsymbol{Ax}=\boldsymbol{b}$ 解的性质与结构. $\boldsymbol{Ax}=\boldsymbol{0}$ 称为 $\boldsymbol{Ax}=\boldsymbol{b}$ 的**导出组**, 也称为**对应的齐次线性方程组**.

3.7.1 非齐次线性方程组解的性质与结构

非齐次线性方程组的解与其导出组的解之间有着密切的关系. 易证下列的

性质 1 非齐次线性方程组 $\boldsymbol{Ax}=\boldsymbol{b}$ 的一个解与它的导出组 $\boldsymbol{Ax}=\boldsymbol{0}$ 的一个解的和是 $\boldsymbol{Ax}=\boldsymbol{b}$ 的解.

性质 2 非齐次线性方程组 $\boldsymbol{Ax}=\boldsymbol{b}$ 的两个解的差是导出组 $\boldsymbol{Ax}=\boldsymbol{0}$ 的解.

注 1. 性质 2 可推广到一般情况. 设 $\boldsymbol{\eta}_1,\boldsymbol{\eta}_2,\cdots,\boldsymbol{\eta}_s$ 是非齐次线性方程组 $\boldsymbol{Ax}=\boldsymbol{b}$ 的 s 个解. 则线性组合 $k_1\boldsymbol{\eta}_1+k_2\boldsymbol{\eta}_2+\cdots+k_s\boldsymbol{\eta}_s$ 是导出组 $\boldsymbol{Ax}=\boldsymbol{0}$ 的解的充要条件是 $k_1+k_2+\cdots+k_s=0$.

2. 设 $\boldsymbol{\eta}_1,\boldsymbol{\eta}_2,\cdots,\boldsymbol{\eta}_s$ 是非齐次线性方程组 $\boldsymbol{Ax}=\boldsymbol{b}$ 的 s 个解. 则线性组合 $k_1\boldsymbol{\eta}_1+k_2\boldsymbol{\eta}_2+\cdots+k_s\boldsymbol{\eta}_s$ 是方程组 $\boldsymbol{Ax}=\boldsymbol{b}$ 的解的充要条件是 $k_1+k_2+\cdots+k_s=1$.

由性质 1, 2 可以得到非齐次线性方程组解的结构定理.

定理 (非齐次线性方程组解的结构定理) 若 $\boldsymbol{\eta}_0$ 是非齐次线性方程组 $\boldsymbol{Ax}=$

$\boldsymbol{b}$ 的一个解, $\boldsymbol{\eta}$ 是导出组 $\boldsymbol{Ax}=\boldsymbol{0}$ 的通解, 则 $\boldsymbol{\eta}_0+\boldsymbol{\eta}$ 是 $\boldsymbol{Ax}=\boldsymbol{b}$ 的通解.

* **证明**　据性质 1, $\boldsymbol{\eta}_0$ 与导出组 $\boldsymbol{Ax}=\boldsymbol{0}$ 的任意解的和是 $\boldsymbol{Ax}=\boldsymbol{b}$ 的一个解.

反之, 设 $\boldsymbol{\eta}^*$ 是 $\boldsymbol{Ax}=\boldsymbol{b}$ 的任意解. 显然,

$$\boldsymbol{\eta}^*=\boldsymbol{\eta}_0+(\boldsymbol{\eta}^*-\boldsymbol{\eta}_0).$$

据性质 2, $\boldsymbol{\eta}^*-\boldsymbol{\eta}_0$ 是导出组 $\boldsymbol{Ax}=\boldsymbol{0}$ 的解. 因此, $\boldsymbol{Ax}=\boldsymbol{b}$ 的任意解可以表示为 $\boldsymbol{\eta}_0$ 与导出组 $\boldsymbol{Ax}=\boldsymbol{0}$ 的一个解的和. 故 $\boldsymbol{\eta}_0+\boldsymbol{\eta}$ 是 $\boldsymbol{Ax}=\boldsymbol{b}$ 的通解. 证毕.

3.7.2　非齐次线性方程组的解法

非齐次线性方程组解的结构定理给出了**求非齐次线性方程组 $\boldsymbol{Ax}=\boldsymbol{b}$ 的通解的方法**:

1. 对增广矩阵作初等行变换化为行最简形矩阵;

2. 写出与行最简形矩阵相对应的与原方程组同解的方程组;

3. 对自由未知量都取零, 得方程组的一个特解 $\boldsymbol{\eta}_0$;

4. 只考虑系数矩阵的行最简形矩阵, 它对应与导出组同解的齐次线性方程组. 按照齐次线性方程组的基础解系的求法, 得到导出组的一个基础解系 $\boldsymbol{\eta}_1, \boldsymbol{\eta}_2, \cdots, \boldsymbol{\eta}_{n-r}$, 其中 n 是未知量的个数, $r=r(\boldsymbol{A})$;

5. 写出方程组的通解

$$\boldsymbol{\eta}=\boldsymbol{\eta}_0+c_1\boldsymbol{\eta}_1+c_2\boldsymbol{\eta}_2+\cdots+c_{n-r}\boldsymbol{\eta}_{n-r},$$

其中 $c_1, c_2, \cdots, c_{n-r}$ 是任意常数.

例 1　解方程组

$$\begin{cases} x_1+2x_2+3x_3+4x_4=5, \\ x_1+2x_2+4x_3+7x_4=10, \\ x_1+2x_2+2x_3+x_4=0, \end{cases}$$

并求方程组的一个特解和导出组的一个基础解系.

解 这是第 1 节例 3 的方程组. 对增广矩阵作初等行变换化为行最简形矩阵:

$$\begin{pmatrix} 1 & 2 & 3 & 4 & 5 \\ 1 & 2 & 4 & 7 & 10 \\ 1 & 2 & 2 & 1 & 0 \end{pmatrix} \rightarrow \begin{pmatrix} 1 & 2 & 0 & -5 & -10 \\ 0 & 0 & 1 & 3 & 5 \\ 0 & 0 & 0 & 0 & 0 \end{pmatrix}.$$

这个行最简形矩阵对应的同解方程组是

$$\begin{cases} x_1 = -10 - 2x_2 + 5x_4, \\ x_3 = 5 - 3x_4. \end{cases}$$

取 $x_2 = x_4 = 0$. 代入这个方程组, 可得方程组的一个特解 $\boldsymbol{\eta}_0 = (-10,0,5,0)^{\mathrm{T}}$.

只考虑系数矩阵的行最简形矩阵, 它对应与导出组同解的齐次线性方程组

$$\begin{cases} x_1 = -2x_2 + 5x_4, \\ x_3 = -3x_4. \end{cases}$$

取

$$(x_2, x_4)^{\mathrm{T}} = (1,0)^{\mathrm{T}}, (0,1)^{\mathrm{T}}.$$

分别代入这个方程组, 可得导出组的一个基础解系

$$\boldsymbol{\eta}_1 = (-2,1,0,0)^{\mathrm{T}}, \quad \boldsymbol{\eta}_2 = (5,0,-3,1)^{\mathrm{T}}.$$

因此方程组的通解是

$$(x_1,x_2,x_3,x_4)^{\mathrm{T}} = (-10,0,5,0)^{\mathrm{T}} + c_1(-2,1,0,0)^{\mathrm{T}} + c_2(5,0,-3,1)^{\mathrm{T}},$$

其中 c_1, c_2 是任意常数.

注 1. 如果只求解方程组, 即只求方程组的通解, 既可以用第 1 节介绍的高斯消元法也可以用本节介绍的方法.

2. 由于非齐次线性方程组 $\boldsymbol{Ax} = \boldsymbol{b}$ 的特解和导出组 $\boldsymbol{Ax} = \boldsymbol{0}$ 的基础解系都不唯一, 因此由特解和基础解系所确定的方程组 $\boldsymbol{Ax} = \boldsymbol{b}$ 的通解的表达式形式上不

唯一. 但是, 由于同一个导出组 $\boldsymbol{Ax}=\boldsymbol{0}$ 的任意两个基础解系是等价的, 且方程组 $\boldsymbol{Ax}=\boldsymbol{b}$ 的任意两个解的差是导出组 $\boldsymbol{Ax}=\boldsymbol{0}$ 的解, 因此方程组 $\boldsymbol{Ax}=\boldsymbol{b}$ 的所有通解作为集合而言都是相等的.

由第 1 节例 3, 知方程组的通解是

$$\begin{cases} x_1=-10-2c_1+5c_2, \\ x_2=c_1, \\ x_3=5-3c_2, \\ x_4=c_2, \end{cases}$$

其中 c_1,c_2 是任意常数. 用向量的线性运算可以表示为

$$\begin{pmatrix} x_1 \\ x_2 \\ x_3 \\ x_4 \end{pmatrix}=\begin{pmatrix} -10 \\ 0 \\ 5 \\ 0 \end{pmatrix}+c_1\begin{pmatrix} -2 \\ 1 \\ 0 \\ 0 \end{pmatrix}+c_2\begin{pmatrix} 5 \\ 0 \\ -3 \\ 1 \end{pmatrix}.$$

这和例 1 的结果是一样的.

* 这里给出第 2 节例 1 的另一个解法. 同第 2 节例 1, 令 $\boldsymbol{B}_1=(1,0,0)^{\mathrm{T}},\boldsymbol{B}_2=(0,1,0)^{\mathrm{T}},\boldsymbol{B}_3=(0,0,1)^{\mathrm{T}}$. 对矩阵 $(\boldsymbol{A},\boldsymbol{E})$ 作初等行变换把左边的块阵 $\boldsymbol{A}$ 化为行最简形矩阵:

$$(\boldsymbol{A},\boldsymbol{B}_1,\boldsymbol{B}_2,\boldsymbol{B}_3)\to\begin{pmatrix} 1 & 0 & 0 & 1 & 2 & 6 & -1 \\ 0 & 1 & 0 & -2 & -1 & -3 & 1 \\ 0 & 0 & 1 & -3 & -1 & -4 & 1 \end{pmatrix}.$$

因此, 方程组 $\boldsymbol{AX}_1=\boldsymbol{B}_1$ 的同解方程组是

$$\begin{cases} x_1=2-x_4, \\ x_2=-1+2x_4, \\ x_3=-1+3x_4. \end{cases}$$

取 $x_4=0$. 得这个方程组的一个特解 $(2,-1,-1,0)^{\mathrm{T}}$. 方程组 $\boldsymbol{AX}_2=\boldsymbol{B}_2$ 的同解方

程组是

$$\begin{cases} x_1 = 6 - x_4, \\ x_2 = -3 + 2x_4, \\ x_3 = -4 + 3x_4. \end{cases}$$

取 $x_4 = 0$. 得这个方程组的一个特解 $(6, -3, -4, 0)^{\mathrm{T}}$. 方程组 $\boldsymbol{AX}_3 = \boldsymbol{B}_3$ 的同解方程组是

$$\begin{cases} x_1 = -1 - x_4, \\ x_2 = 1 + 2x_4, \\ x_3 = 1 + 3x_4. \end{cases}$$

取 $x_4 = 0$. 得这个方程组的一个特解 $(-1, 1, 1, 0)^{\mathrm{T}}$.

只考虑这三个方程组的系数矩阵 $\boldsymbol{A}$ 的行最简形矩阵, 它对应与导出组同解的齐次线性方程组

$$\begin{cases} x_1 = -x_4, \\ x_2 = 2x_4, \\ x_3 = 3x_4. \end{cases}$$

取 $x_4 = 1$. 得导出组的一个基础解系 $(-1, 2, 3, 1)^{\mathrm{T}}$. 因此方程组 $\boldsymbol{AX}_i = \boldsymbol{B}_i, i = 1, 2, 3$ 的通解分别是

$$\boldsymbol{X}_1 = (2, -1, -1, 0)^{\mathrm{T}} + c_1(-1, 2, 3, 1)^{\mathrm{T}},$$
$$\boldsymbol{X}_2 = (6, -3, -4, 0)^{\mathrm{T}} + c_2(-1, 2, 3, 1)^{\mathrm{T}},$$
$$\boldsymbol{X}_3 = (-1, 1, 1, 0)^{\mathrm{T}} + c_3(-1, 2, 3, 1)^{\mathrm{T}},$$

其中 c_1, c_2, c_3 是任意常数. 故

$$\boldsymbol{X} = \begin{pmatrix} 2 - c_1 & 6 - c_2 & -1 - c_3 \\ -1 + 2c_1 & -3 + 2c_2 & 1 + 2c_3 \\ -1 + 3c_1 & -4 + 3c_2 & 1 + 3c_3 \\ c_1 & c_2 & c_3 \end{pmatrix},$$

其中 c_1, c_2, c_3 是任意常数.

例 2　设 4 元非齐次线性方程组 $\boldsymbol{Ax}=\boldsymbol{b}$ 的 3 个解是 $\boldsymbol{\eta}_1,\boldsymbol{\eta}_2,\boldsymbol{\eta}_3$, 其中 $\boldsymbol{\eta}_1=(1,2,3,4)^{\mathrm{T}},\boldsymbol{\eta}_2+\boldsymbol{\eta}_3=(2,3,4,5)^{\mathrm{T}}$, 且系数矩阵 $\boldsymbol{A}$ 的秩是 3. 求这个方程组的通解.

解　已知方程组 $\boldsymbol{Ax}=\boldsymbol{b}$ 的一个特解 $\boldsymbol{\eta}_1$, 要求它的通解, 只需求它的导出组的一个基础解系. 因为方程组是 4 元的, 且方程组的系数矩阵的秩是 3, 所以导出组的基础解系所含解的个数是 $4-3=1$. 注意到, 任意一个线性无关的解向量, 即任意一个非零解是导出组的一个基础解系. 由于

$$2\boldsymbol{\eta}_1-(\boldsymbol{\eta}_2+\boldsymbol{\eta}_3)=(0,1,2,3)^{\mathrm{T}}$$

是导出组的非零解, 即是导出组的一个基础解系, 故方程组 $\boldsymbol{Ax}=\boldsymbol{b}$ 的通解是

$$(x_1,x_2,x_3,x_4)^{\mathrm{T}}=(1,2,3,4)^{\mathrm{T}}+c(0,1,2,3)^{\mathrm{T}},$$

其中 c 是任意常数.

给定有非零解的非齐次线性方程组 (见例 1), 或者给定满足一定条件的非齐次线性方程组 (见例 2), 可以求它的通解. 反过来, 给定一个非齐次线性方程组的通解, 可以求出这个方程组, 正像齐次线性方程组那样.

例 3　求一个非齐次线性方程组使它的通解是

$$(x_1,x_2,x_3,x_4)^{\mathrm{T}}=(1,0,1,0)^{\mathrm{T}}+c_1(1,2,3,4)^{\mathrm{T}}+c_2(4,3,2,1)^{\mathrm{T}},$$

其中 c_1,c_2 是任意常数.

解　设所求的非齐次线性方程组是 $\boldsymbol{Ax}=\boldsymbol{b}$, 而 $\boldsymbol{A}$ 的行向量是 $\boldsymbol{\alpha}=(a_1,a_2,a_3,a_4)$. 据非齐次线性方程组解的结构, $\boldsymbol{\eta}_1=(1,2,3,4)^{\mathrm{T}},\boldsymbol{\eta}_2=(4,3,2,1)^{\mathrm{T}}$ 是导出组 $\boldsymbol{Ax}=\boldsymbol{0}$ 的一个基础解系. 同上节例 3 可得, 齐次线性方程组 $\boldsymbol{Ax}=\boldsymbol{0}$, 且 $\boldsymbol{\eta}_1,\boldsymbol{\eta}_2$ 是 $\boldsymbol{Ax}=\boldsymbol{0}$ 的基础解系, 其中

$$\boldsymbol{A}=\begin{pmatrix}1&-2&1&0\\2&-3&0&1\end{pmatrix}.$$

又 $(1,0,1,0)^{\mathrm{T}}$ 是 $\boldsymbol{Ax}=\boldsymbol{b}$ 的一个解, 即 $\boldsymbol{A}(1,0,1,0)^{\mathrm{T}}=\boldsymbol{b}$. 则 $\boldsymbol{b}=(2,2)^{\mathrm{T}}$. 故所

求的方程组是 $\boldsymbol{Ax}=\boldsymbol{b}$, 即

$$\begin{cases} x_1-2x_2+x_3=2, \\ 2x_1-3x_2+x_4=2. \end{cases}$$

习　题

1. 选择题

(1) 设 n 阶方阵 $\boldsymbol{A}=(a_{ij})_{n\times n}$ 的行列式不是零. 则方程组

$$\begin{cases} a_{11}x_1+a_{12}x_2+\cdots+a_{1,n-1}x_{n-1}=a_{1n}, \\ a_{21}x_1+a_{22}x_2+\cdots+a_{2,n-1}x_{n-1}=a_{2n}, \\ \qquad\vdots \\ a_{n1}x_1+a_{n2}x_2+\cdots+a_{n,n-1}x_{n-1}=a_{nn} \end{cases}$$

(　　).

(A) 有唯一解　(B) 只有零解　(C) 有无穷多解　(D) 无解

(2) 设 $\boldsymbol{A}$ 是 $s\times n$ 矩阵, $\boldsymbol{Ax}=\boldsymbol{0}$ 是非齐次线性方程组 $\boldsymbol{Ax}=\boldsymbol{b}$ 的导出组. 则下列结论正确的是 (　　).

(A) 若 $\boldsymbol{Ax}=\boldsymbol{0}$ 只有零解, 则 $\boldsymbol{Ax}=\boldsymbol{b}$ 有唯一解

(B) 若 $\boldsymbol{Ax}=\boldsymbol{0}$ 有非零解, 则 $\boldsymbol{Ax}=\boldsymbol{b}$ 有无穷多解

(C) 若 $\boldsymbol{Ax}=\boldsymbol{b}$ 有无穷多解, 则 $\boldsymbol{Ax}=\boldsymbol{0}$ 只有零解

(D) 若 $\boldsymbol{Ax}=\boldsymbol{b}$ 有无穷多解, 则 $\boldsymbol{Ax}=\boldsymbol{0}$ 有非零解

(3) 设 $\boldsymbol{A}$ 是 $s\times n$ 矩阵, $\boldsymbol{Ax}=\boldsymbol{0}$ 是非齐次线性方程组 $\boldsymbol{Ax}=\boldsymbol{b}$ 的导出组. 若 $s<n$, 则 (　　).

(A) $\boldsymbol{Ax}=\boldsymbol{0}$ 必有唯一解　(B) $\boldsymbol{Ax}=\boldsymbol{0}$ 必有非零解

(C) $\boldsymbol{Ax}=\boldsymbol{b}$ 必有唯一解　(D) $\boldsymbol{Ax}=\boldsymbol{b}$ 必有无穷多解

(4) 设 $\boldsymbol{\alpha},\boldsymbol{\beta}$ 是非齐次线性方程组 $\boldsymbol{Ax}=\boldsymbol{b}$ 的解, $\boldsymbol{\eta}$ 是导出组 $\boldsymbol{Ax}=\boldsymbol{0}$ 的解. 则

(　　).

(A) $\boldsymbol{\alpha}+\boldsymbol{\eta}$ 是 $\boldsymbol{Ax}=\boldsymbol{0}$ 的解　　(B) $(\boldsymbol{\alpha}-\boldsymbol{\beta})+\boldsymbol{\eta}$ 是 $\boldsymbol{Ax}=\boldsymbol{0}$ 的解

(C) $\boldsymbol{\alpha}+\boldsymbol{\beta}$ 是 $\boldsymbol{Ax}=\boldsymbol{b}$ 的解　　(D) $\boldsymbol{\alpha}-\boldsymbol{\beta}$ 是 $\boldsymbol{Ax}=\boldsymbol{b}$ 的解

(5) 设 $\boldsymbol{\alpha},\boldsymbol{\beta}$ 是非齐次线性方程组 $\boldsymbol{Ax}=\boldsymbol{b}$ 的两个不同的解, $\boldsymbol{\eta}_1,\boldsymbol{\eta}_2$ 是导出组 $\boldsymbol{Ax}=\boldsymbol{0}$ 的基础解系, c_1,c_2 是任意常数. 则 $\boldsymbol{Ax}=\boldsymbol{b}$ 的通解是 (　　).

(A) $\frac{1}{2}(\boldsymbol{\alpha}-\boldsymbol{\beta})+c_1\boldsymbol{\eta}_1+c_2(\boldsymbol{\eta}_1+\boldsymbol{\eta}_2)$　　(B) $\frac{1}{2}(\boldsymbol{\alpha}+\boldsymbol{\beta})+c_1\boldsymbol{\eta}_1+c_2(\boldsymbol{\eta}_1-\boldsymbol{\eta}_2)$

(C) $\frac{1}{2}(\boldsymbol{\alpha}-\boldsymbol{\beta})+c_1\boldsymbol{\eta}_1+c_2(\boldsymbol{\alpha}+\boldsymbol{\beta})$　　(D) $\frac{1}{2}(\boldsymbol{\alpha}+\boldsymbol{\beta})+c_1\boldsymbol{\eta}_1+c_2(\boldsymbol{\alpha}-\boldsymbol{\beta})$

2. 填空题

当 $a=$____, 方程组

$$\begin{cases} x_1+2x_2+3x_3=1, \\ x_1+3x_2+6x_3=2, \\ 2x_1+3x_2+3x_3=a \end{cases}$$

有解, 此时其导出组的基础解系含____个解向量.

3. 求解方程组

$$\begin{cases} x_1+2x_2+3x_3+4x_4=5, \\ x_1-x_2+x_3+x_4=1, \end{cases}$$

并求方程组的一个特解和导出组的一个基础解系.

4. 设方程组

$$\begin{cases} x_1+a_1x_2+a_1^2x_3=a_1^3, \\ x_1+a_2x_2+a_2^2x_3=a_2^3, \\ x_1+a_3x_2+a_3^2x_3=a_3^3, \\ x_1+a_4x_2+a_4^2x_3=a_4^3. \end{cases}$$

(1) 证明: 若 a_1,a_2,a_3,a_4 互不相等, 则此方程组无解;

(2) 设 $a_1=a_3=a, a_2=a_4=-a\,(a\neq 0)$, 且已知

$$\boldsymbol{\eta}_1=(-1,1,1)^{\mathrm{T}},\quad \boldsymbol{\eta}_2=(1,1,-1)^{\mathrm{T}}$$

是此方程组的两个解. 求此方程组的通解.

3.8 向量空间

我们知道, 向量组是维数相同的向量构成的集合. 向量组中的向量可以进行线性运算, 即两个向量可以相加, 数可以和向量数乘.

例如, 所有 n 维向量构成的集合 $\mathbb{R}^n$. 在 $\mathbb{R}^n$ 中不仅向量可以进行线性运算, 而且对于任意的 $\boldsymbol{\alpha},\boldsymbol{\beta}\in\mathbb{R}^n,k\in\mathbb{R}$, 有

$$\boldsymbol{\alpha}+\boldsymbol{\beta},\quad k\boldsymbol{\alpha}\in\mathbb{R}^n.$$

又例如, n 元齐次线性方程组 $\boldsymbol{Ax}=\boldsymbol{0}$ 的解集 (solution set), 即所有解组成的集合

$$S=\{\boldsymbol{\alpha}|\boldsymbol{A\alpha}=\boldsymbol{0}\}.$$

注意到, n 元齐次线性方程组 $\boldsymbol{Ax}=\boldsymbol{0}$ 有零解, 且所有解是 n 维向量. 因此, S 是 n 维向量的非空集合. 在 S 中不仅向量可以进行线性运算, 而且对于任意的 $\boldsymbol{\alpha},\boldsymbol{\beta}\in S,k\in\mathbb{R}$, 由齐次线性方程组解的性质, 知

$$\boldsymbol{\alpha}+\boldsymbol{\beta},\quad k\boldsymbol{\alpha}\in S.$$

具有这样性质的向量的集合就是这一节介绍的向量空间. 本节介绍向量空间、向量空间的基与维数以及向量的坐标等.

3.8.1 向量空间与子空间

首先引入向量空间的概念.

定义 1 设 V 是由维数相同的向量组成的非空集合. 若集合 V 满足条件: 对任意的 $\boldsymbol{\alpha},\boldsymbol{\beta}\in V,k\in\mathbb{R}$, 有

$$\boldsymbol{\alpha}+\boldsymbol{\beta},\quad k\boldsymbol{\alpha}\in V,$$

则称集合 V 是**向量空间** (vector space).

例如, 所有 n 维向量构成的集合 $\mathbb{R}^n$ 是向量空间.

注　当 $n=1$ 时, 1 维向量空间 $\mathbb{R}^1=\mathbb{R}$ 是通常的数轴 (real number axis);

当 $n=2$ 时, 2 维向量空间 $\mathbb{R}^2$ 是通常的平面;

当 $n=3$ 时, 3 维向量空间 $\mathbb{R}^3$ 是通常的空间;

当 $n\geqslant 4$ 时, n 维向量空间 $\mathbb{R}^n$ 没有几何意义.

又例如, 齐次线性方程组 $\boldsymbol{Ax}=\boldsymbol{0}$ 的解集

$$S=\{\boldsymbol{\alpha}|\boldsymbol{A\alpha}=\boldsymbol{0}\}$$

是向量空间, 称为齐次线性方程组 $\boldsymbol{Ax}=\boldsymbol{0}$ 的**解空间**.

只含一个零向量组成的向量空间称为**零空间**.

可以看出,

$$V_1=\{(x_1,x_2,0)|x_1,x_2\in\mathbb{R}\},$$

$$V_2=\{(x_1,0,0)|x_1\in\mathbb{R}\}$$

都是向量空间. 而

$$V_3=\{(x_1,x_2,1)|\,x_1,x_2\in\mathbb{R}\}$$

与非齐次线性方程组 $\boldsymbol{Ax}=\boldsymbol{b}$ 的解集

$$S=\{\boldsymbol{\alpha}|\boldsymbol{A\alpha}=\boldsymbol{b}\}$$

都不是向量空间. 这是因为, V_3 中的两个向量的和不在 V_3 中; 当 $\boldsymbol{Ax}=\boldsymbol{b}$ 无解, 即 S 是空集时, S 不是向量空间; 当 $\boldsymbol{Ax}=\boldsymbol{b}$ 有解, 即 S 非空时, 由非齐次线性方程组两个解的和不是该方程组的解, 知 S 不是向量空间.

作为集合而言, 上述 V_1 和 V_2 两者有包含关系: $V_2\subseteq V_1$. 具有这样性质的两个向量空间有下列概念.

定义 2　若向量空间 W 与 V 满足 $W\subseteq V$, 则称 W 是 V 的**子空间**.

例如, 上述 V_2 是 V_1 的子空间.

3.8.2 向量空间的基与维数

若一个向量空间包含非零向量, 则这个向量空间一定包含这个非零向量的任意倍数. 因此这个向量空间有无穷多个向量. 对于含无穷多个向量的向量空间, 是否在这个空间中存在有限多个向量使得这个空间中的任意向量都可以由这有限多个向量线性表示? 回答是肯定的.

例如, 在向量空间 V_1 中, 向量组

$$\boldsymbol{e}_1=(1,0,0),\quad \boldsymbol{e}_2=(0,1,0)$$

线性无关, 且 V_1 中任意向量都可以由 $\boldsymbol{e}_1,\boldsymbol{e}_2$ 线性表示.

线性空间中满足如此条件的向量组称为基.

定义 3 设 V 是向量空间. 若 V 中有 r 个向量 $\boldsymbol{\varepsilon}_1,\boldsymbol{\varepsilon}_2,\ldots,\boldsymbol{\varepsilon}_r$ 满足

(1) $\boldsymbol{\varepsilon}_1,\boldsymbol{\varepsilon}_2,\ldots,\boldsymbol{\varepsilon}_r$ 线性无关;

(2) V 中任意向量都可以由 $\boldsymbol{\varepsilon}_1,\boldsymbol{\varepsilon}_2,\ldots,\boldsymbol{\varepsilon}_r$ 线性表示,

则称向量组 $\boldsymbol{\varepsilon}_1,\boldsymbol{\varepsilon}_2,\ldots,\boldsymbol{\varepsilon}_r$ 是向量空间 V 的一个**基**.

例如, $\boldsymbol{e}_1,\boldsymbol{e}_2$ 是向量空间 V_1 的一个基. 任意 n 个线性无关的 n 维向量都是向量空间 $\mathbb{R}^n$ 的基.

一个向量空间可以有多个基. 但任意两个基是等价的线性无关的向量组. 因此, 任意基所含向量的个数相等, 这个数与基的选择无关, 它是由向量空间本身所确定的.

定义 4 向量空间的任意基所含向量的个数称为这个向量空间的**维数**. 若向量空间的维数是 r, 则称这个空间是 r 维向量空间.

例如, V_1 的维数是 2, 而 $\mathbb{R}^n$ 的维数是 n. $\mathbb{R}^n$ 称为n **维向量空间**.

若 n 元齐次线性方程组 $\boldsymbol{A}\boldsymbol{x}=\boldsymbol{0}$ 有非零解, 则 $\boldsymbol{A}\boldsymbol{x}=\boldsymbol{0}$ 的任意基础解系是它的解空间的一个基, 解空间的维数是 $n-r(\boldsymbol{A})$.

3.8.3 向量的坐标

取定向量空间 V 的一个基 $\boldsymbol{\varepsilon}_1,\boldsymbol{\varepsilon}_2,\ldots,\boldsymbol{\varepsilon}_r$. 则 V 中任意向量 $\boldsymbol{\alpha}$ 可以唯一地表示为

$$\boldsymbol{\alpha}=a_1\boldsymbol{\varepsilon}_1+a_2\boldsymbol{\varepsilon}_2+\cdots+a_r\boldsymbol{\varepsilon}_r.$$

数组 $a_1,a_2,\ldots,a_r$ 称为向量 $\boldsymbol{\alpha}$ 在基 $\boldsymbol{\varepsilon}_1,\boldsymbol{\varepsilon}_2,\ldots,\boldsymbol{\varepsilon}_r$ 下的**坐标**.

例　验证向量组

$$\boldsymbol{\varepsilon}_1=(1,0,1),\quad \boldsymbol{\varepsilon}_2=(0,1,1),\quad \boldsymbol{\varepsilon}_3=(1,3,5)$$

是 $\mathbb{R}^3$ 的一个基, 并求向量 $\boldsymbol{\alpha}_1=(1,1,1),\boldsymbol{\alpha}_2=(1,2,3)$ 在这个基下的坐标.

证明　要证向量组 $\boldsymbol{\varepsilon}_1,\boldsymbol{\varepsilon}_2,\boldsymbol{\varepsilon}_3$ 是 $\mathbb{R}^3$ 的一个基, 只需证它们线性无关. 设

$$(\boldsymbol{\alpha}_1^{\mathrm{T}},\boldsymbol{\alpha}_2^{\mathrm{T}})=(\boldsymbol{\varepsilon}_1^{\mathrm{T}},\boldsymbol{\varepsilon}_2^{\mathrm{T}},\boldsymbol{\varepsilon}_3^{\mathrm{T}})\boldsymbol{X}.$$

以 $\boldsymbol{\varepsilon}_1$, $\boldsymbol{\varepsilon}_2$, $\boldsymbol{\varepsilon}_3$ 为列构造矩阵 $\boldsymbol{A}=(\boldsymbol{\varepsilon}_1^{\mathrm{T}},\boldsymbol{\varepsilon}_2^{\mathrm{T}},\boldsymbol{\varepsilon}_3^{\mathrm{T}})$, 以 $\boldsymbol{\alpha}_1,\boldsymbol{\alpha}_2$ 为列构造矩阵 $\boldsymbol{B}=(\boldsymbol{\alpha}_1^{\mathrm{T}},\ \boldsymbol{\alpha}_2^{\mathrm{T}})$. 则 $\boldsymbol{AX}=\boldsymbol{B}$. 由矩阵方程 $\boldsymbol{AX}=\boldsymbol{B}$ 的解法, 对矩阵 $(\boldsymbol{A},\boldsymbol{B})$ 作初等行变换把 $\boldsymbol{A}$ 化为单位阵 $\boldsymbol{E}$:

$$(\boldsymbol{A},\boldsymbol{B})=\begin{pmatrix}1&0&1&1&1\\0&1&3&1&2\\1&1&5&1&3\end{pmatrix}\to\begin{pmatrix}1&0&0&2&1\\0&1&0&4&2\\0&0&1&-1&0\end{pmatrix}.$$

则 $r(\boldsymbol{A})=3$, 且 $\boldsymbol{X}=\boldsymbol{A}^{-1}\boldsymbol{B}=\begin{pmatrix}2&1\\4&2\\-1&0\end{pmatrix}$. 故 $\boldsymbol{\varepsilon}_1,\boldsymbol{\varepsilon}_2,\boldsymbol{\varepsilon}_3$ 线性无关, 且

$$\boldsymbol{\alpha}_1=2\boldsymbol{\varepsilon}_1+4\boldsymbol{\varepsilon}_2-\boldsymbol{\varepsilon}_3,\quad \boldsymbol{\alpha}_2=\boldsymbol{\varepsilon}_1+2\boldsymbol{\varepsilon}_2.$$

因此, 向量 $\boldsymbol{\alpha}_1,\boldsymbol{\alpha}_2$ 在这个基下的坐标分别是 $2,4,-1$ 和 $1,2,0$.

3.8.4 基变换与坐标变换

我们知道, 向量空间的基不唯一. 以下仅讨论 3 维向量空间 $\mathbb{R}^3$ 的任意两个基之间的关系.

在向量空间 $\mathbb{R}^3$ 中取定两个基 $\boldsymbol{\varepsilon}_1,\boldsymbol{\varepsilon}_2,\boldsymbol{\varepsilon}_3$ 和 $\boldsymbol{\eta}_1,\boldsymbol{\eta}_2,\boldsymbol{\eta}_3$. 则

$$(\boldsymbol{\eta}_1,\boldsymbol{\eta}_2,\boldsymbol{\eta}_3)=(\boldsymbol{\varepsilon}_1,\boldsymbol{\varepsilon}_2,\boldsymbol{\varepsilon}_3)\boldsymbol{P},$$

其中矩阵 $\boldsymbol{P}$ 的第 i 列是向量 $\boldsymbol{\eta}_i$ 在基 $\boldsymbol{\varepsilon}_1,\boldsymbol{\varepsilon}_2,\boldsymbol{\varepsilon}_3$ 下的坐标, $i=1,2,3$. 矩阵 $\boldsymbol{P}$ 称为由基 $\boldsymbol{\varepsilon}_1,\boldsymbol{\varepsilon}_2,\boldsymbol{\varepsilon}_3$ 到基 $\boldsymbol{\eta}_1,\boldsymbol{\eta}_2,\boldsymbol{\eta}_3$ 的**过渡矩阵**.

过渡矩阵的求法:

分别以 $\boldsymbol{\varepsilon}_1,\boldsymbol{\varepsilon}_2,\boldsymbol{\varepsilon}_3$ 和 $\boldsymbol{\eta}_1,\boldsymbol{\eta}_2,\boldsymbol{\eta}_3$ 为列构造矩阵 $\boldsymbol{A}=(\boldsymbol{\varepsilon}_1,\boldsymbol{\varepsilon}_2,\boldsymbol{\varepsilon}_3)$ 和 $\boldsymbol{B}=(\boldsymbol{\eta}_1,\boldsymbol{\eta}_2,\boldsymbol{\eta}_3)$. 则 $\boldsymbol{B}=\boldsymbol{AP}$, 从而 $\boldsymbol{P}=\boldsymbol{A}^{-1}\boldsymbol{B}$. 而 $\boldsymbol{A}^{-1}\boldsymbol{B}$ 的求法是用初等行变换法对矩阵 $(\boldsymbol{A},\boldsymbol{B})$ 作初等行变换, 把 $\boldsymbol{A}$ 化为 $\boldsymbol{E}$, 此时 $\boldsymbol{B}$ 就化为 $\boldsymbol{A}^{-1}\boldsymbol{B}$.

设向量 $\boldsymbol{\alpha}$ 在基 $\boldsymbol{\varepsilon}_1,\boldsymbol{\varepsilon}_2,\boldsymbol{\varepsilon}_3$ 和 $\boldsymbol{\eta}_1,\boldsymbol{\eta}_2,\boldsymbol{\eta}_3$ 下的坐标分别是 a_1,a_2,a_3 和 b_1,b_2,b_3, 即

$$\boldsymbol{\alpha}=(\boldsymbol{\varepsilon}_1,\boldsymbol{\varepsilon}_2,\boldsymbol{\varepsilon}_3)\begin{pmatrix}a_1\\a_2\\a_3\end{pmatrix},\quad \boldsymbol{\alpha}=(\boldsymbol{\eta}_1,\boldsymbol{\eta}_2,\boldsymbol{\eta}_3)\begin{pmatrix}b_1\\b_2\\b_3\end{pmatrix}.$$

则

$$\boldsymbol{\alpha}=(\boldsymbol{\eta}_1,\boldsymbol{\eta}_2,\boldsymbol{\eta}_3)\begin{pmatrix}b_1\\b_2\\b_3\end{pmatrix}=(\boldsymbol{\varepsilon}_1,\boldsymbol{\varepsilon}_2,\boldsymbol{\varepsilon}_3)\boldsymbol{P}\begin{pmatrix}b_1\\b_2\\b_3\end{pmatrix}.$$

由于向量 $\boldsymbol{\alpha}$ 在基 $\boldsymbol{\varepsilon}_1,\boldsymbol{\varepsilon}_2,\boldsymbol{\varepsilon}_3$ 下的坐标是唯一的, 故

$$\begin{pmatrix}a_1\\a_2\\a_3\end{pmatrix}=\boldsymbol{P}\begin{pmatrix}b_1\\b_2\\b_3\end{pmatrix},$$

即

$$\begin{pmatrix} b_1 \\ b_2 \\ b_3 \end{pmatrix} = \boldsymbol{P}^{-1} \begin{pmatrix} a_1 \\ a_2 \\ a_3 \end{pmatrix}.$$

这个公式称为**坐标变换公式**, 这是同一个向量在两个基下的坐标之间的关系.

习　题

1. 选择题

(1) 设

$$V = \{(x_1, x_2, \cdots, x_n) | x_1, x_2, \cdots, x_n \in \mathbb{R} \text{满足} x_1 + x_2 + \cdots + x_n = a\},$$

其中 a 是固定的数. 则 $a = 0$ 是 V 成为向量空间的 (　　).

(A) 必要非充分条件　　(B) 充分非必要条件

(C) 充要条件　　(D) 既非充分也非必要条件

(2) 若 $\boldsymbol{\varepsilon}_1, \boldsymbol{\varepsilon}_2, \boldsymbol{\varepsilon}_3$ 是向量空间 V 的一个基, 则下列结论中错的是 (　　).

(A) $\boldsymbol{\varepsilon}_1, \boldsymbol{\varepsilon}_2, \boldsymbol{\varepsilon}_3$ 线性无关

(B) 向量 $\boldsymbol{\varepsilon}_1, \boldsymbol{\varepsilon}_2, \boldsymbol{\varepsilon}_3$ 都是 3 维向量

(C) V 是 3 维向量空间

(D) $\boldsymbol{\varepsilon}_1 + 2\boldsymbol{\varepsilon}_2, \boldsymbol{\varepsilon}_2 + 2\boldsymbol{\varepsilon}_3, \boldsymbol{\varepsilon}_3 + 2\boldsymbol{\varepsilon}_1$ 也是 V 的一个基

2. 填空题

(1) 设 $\boldsymbol{e}_1 = (1,0,0,\cdots,0), \boldsymbol{e}_2 = (0,1,0,\cdots,0), \boldsymbol{e}_3 = (0,0,1,\cdots,0)$. 则向量空间 $V = \{k_1\boldsymbol{e}_1 + k_2\boldsymbol{e}_2 + k_3\boldsymbol{e}_3 | k_1, k_2, k_3 \in \mathbb{R}\}$ 是____ 维向量空间.

(2) 设 3 维向量空间 $\mathbb{R}^3$ 的一个基是 $\boldsymbol{\varepsilon}_1 = (1,1,0), \boldsymbol{\varepsilon}_2 = (1,0,1), \boldsymbol{\varepsilon}_3 = (0,1,1)$. 则向量 $\boldsymbol{\alpha} = (2,0,0)$ 在这个基下的坐标是____.

3. 求齐次线性方程组

$$\begin{cases} 2x_1-3x_2-2x_3+x_4=0, \\ 3x_1+5x_2+4x_3-2x_4=0, \\ 8x_1+7x_2+6x_3-3x_4=0 \end{cases}$$

的解空间的基与维数.

4. 给定向量组

$$\boldsymbol{\varepsilon}_1=(1,1,0),\quad \boldsymbol{\varepsilon}_2=(0,-1,1),\quad \boldsymbol{\varepsilon}_3=(1,0,2),\quad \boldsymbol{\alpha}_1=(3,1,0),\quad \boldsymbol{\alpha}_2=(0,1,1).$$

验证向量组 $\boldsymbol{\varepsilon}_1,\boldsymbol{\varepsilon}_2,\boldsymbol{\varepsilon}_3$ 是 $\mathbb{R}^3$ 的一个基, 并求向量 $\boldsymbol{\alpha}_1,\boldsymbol{\alpha}_2$ 在这个基下的坐标.

5. 已知 3 维向量空间 $\mathbb{R}^3$ 的两个基分别是

$$\boldsymbol{\varepsilon}_1=(1,0,1),\quad \boldsymbol{\varepsilon}_2=(1,1,-1),\quad \boldsymbol{\varepsilon}_3=(1,-1,1)$$

与

$$\boldsymbol{\eta}_1=(3,0,1),\quad \boldsymbol{\eta}_2=(2,0,0),\quad \boldsymbol{\eta}_3=(0,2,-2).$$

求由基 $\boldsymbol{\varepsilon}_1,\boldsymbol{\varepsilon}_2,\boldsymbol{\varepsilon}_3$ 到基 $\boldsymbol{\eta}_1,\boldsymbol{\eta}_2,\boldsymbol{\eta}_3$ 的过渡矩阵.

3.9 正交向量组与正交矩阵

本节主要讨论向量的内积与长度, 以及正交向量组与正交矩阵. 作为行列式、矩阵以及线性方程组的应用, 第 4 章第 3 节将讨论对称阵的相似对角化, 第 5 章将讨论二次型的标准形和正定二次型. 这些内容都需要正交向量组和正交矩阵.

3.9.1　向量的内积

我们知道, 解析几何中向量 $\boldsymbol{\alpha}=(a_1,a_2,a_3)$ 与 $\boldsymbol{\beta}=(b_1,b_2,b_3)$ 的数量积是

$$\boldsymbol{\alpha}\cdot\boldsymbol{\beta}=a_1b_1+a_2b_2+a_3b_3.$$

作为数量积的一种推广, 引入 n 维向量的内积的概念.

定义 1　n 维向量 $\boldsymbol{\alpha}=(a_1,a_2,\cdots,a_n)$ 与 $\boldsymbol{\beta}=(b_1,b_2,\cdots,b_n)$ 的对应分量乘积的和

$$a_1b_1+a_2b_2+\cdots+a_nb_n$$

称为向量 $\boldsymbol{\alpha}$ 与 $\boldsymbol{\beta}$ 的**内积**, 记为 $[\boldsymbol{\alpha},\boldsymbol{\beta}]$.

两个向量的内积是一个数.

由于向量是特殊的矩阵, 按照矩阵的乘法, 有

$$[\boldsymbol{\alpha},\boldsymbol{\beta}]=\boldsymbol{\alpha}\boldsymbol{\beta}^{\mathrm{T}}=(a_1,a_2,\cdots,a_n)\begin{pmatrix}b_1\\b_2\\\vdots\\b_n\end{pmatrix}.$$

根据内积的定义, 容易得到内积具有下列性质 (其中 $\boldsymbol{\alpha},\boldsymbol{\beta},\boldsymbol{\gamma}$ 是 n 维向量, k 是数):

(1) $[\boldsymbol{\alpha},\boldsymbol{\beta}]=[\boldsymbol{\beta},\boldsymbol{\alpha}]$ (对称性);

(2) $[\boldsymbol{\alpha}+\boldsymbol{\beta},\boldsymbol{\gamma}]=[\boldsymbol{\alpha},\boldsymbol{\gamma}]+[\boldsymbol{\beta},\boldsymbol{\gamma}]$;

(3) $[k\boldsymbol{\alpha},\boldsymbol{\beta}]=k[\boldsymbol{\alpha},\boldsymbol{\beta}]$;

(4) 当 $\boldsymbol{\alpha}=\mathbf{0}$ 时, $[\boldsymbol{\alpha},\boldsymbol{\alpha}]=0$; 当 $\boldsymbol{\alpha}\neq\mathbf{0}$ 时, $[\boldsymbol{\alpha},\boldsymbol{\alpha}]>0$ (正定性).

利用性质 (2) 和 (3) 可得内积的线性性:

$$[k_1\boldsymbol{\alpha}_1+k_2\boldsymbol{\alpha}_2+\cdots+k_s\boldsymbol{\alpha}_s,\boldsymbol{\beta}]=k_1[\boldsymbol{\alpha}_1,\boldsymbol{\beta}]+k_2[\boldsymbol{\alpha}_2,\boldsymbol{\beta}]+\cdots+k_s[\boldsymbol{\alpha}_s,\boldsymbol{\beta}],$$

其中 $k_1,k_2,\cdots,k_s$ 是数, $\boldsymbol{\alpha}_1,\boldsymbol{\alpha}_2,\cdots,\boldsymbol{\alpha}_s$ 是向量组.

内积具有下列不等式, 称为**柯西不等式**, 这个不等式这里就不证明了:

$$[\boldsymbol{\alpha},\boldsymbol{\beta}]^2 \leqslant [\boldsymbol{\alpha},\boldsymbol{\alpha}][\boldsymbol{\beta},\boldsymbol{\beta}],$$

即

$$(a_1b_1+a_2b_2+\cdots+a_nb_n)^2 \leqslant (a_1^2+a_2^2+\cdots+a_n^2)(b_1^2+b_2^2+\cdots+b_n^2).$$

3.9.2 向量的长度

注意到, 内积的性质 (4). 因此, 向量和向量自身的内积是一个非负数. 而非负数可以开平方. 向量和向量自身的内积的平方根称为这个向量的**长度**. 具体地, 有下列定义

定义 2 令 $\boldsymbol{\alpha}=(a_1,a_2,\cdots,a_n)$. 称

$$\sqrt{[\boldsymbol{\alpha},\boldsymbol{\alpha}]}=\sqrt{a_1^2+a_2^2+\cdots a_n^2}$$

为向量 $\boldsymbol{\alpha}$ 的**长度**, 记为 $\|\boldsymbol{\alpha}\|$.

可以证明, 向量的长度具有下列性质:

(1) $\|\boldsymbol{\alpha}+\boldsymbol{\beta}\| \leqslant \|\boldsymbol{\alpha}\|+\|\boldsymbol{\beta}\|$ (三角不等式);

(2) $\|k\boldsymbol{\alpha}\|=|k|\|\boldsymbol{\alpha}\|$;

(3) 当 $\boldsymbol{\alpha}=\mathbf{0}$ 时, $\|\boldsymbol{\alpha}\|=0$; 当 $\boldsymbol{\alpha}\neq\mathbf{0}$ 时, $\|\boldsymbol{\alpha}\|>0$ (非负性).

长度是 1 的向量称为**单位向量**. 当向量 $\boldsymbol{\alpha}\neq\mathbf{0}$ 时, $\dfrac{\boldsymbol{\alpha}}{\|\boldsymbol{\alpha}\|}$ 是单位向量. 此时, 称为**把向量 $\boldsymbol{\alpha}$ 单位化**.

3.9.3 正交向量组

我们知道, 两个向量的内积是一个数. 数当然可以等于零. 若向量 $\boldsymbol{\alpha}$ 与 $\boldsymbol{\beta}$ 的内积是零, 即 $[\boldsymbol{\alpha},\boldsymbol{\beta}]=0$, 则称向量 $\boldsymbol{\alpha}$ 与 $\boldsymbol{\beta}$ **正交**.

显然, 零向量和任意向量都正交. 若向量 $\boldsymbol{\alpha}$ 与一个向量组中的任意向量都正交, 则 $\boldsymbol{\alpha}$ 与这个向量组的任意线性组合都正交.

向量组称为**正交向量组**, 如果每个向量都是非零向量, 且任意两个向量都正交. 例如, 向量组 $\boldsymbol{\alpha}_1=(1,0,1),\boldsymbol{\alpha}_2=(1,0,-1),\boldsymbol{\alpha}_3=(0,1,0)$ 是正交向量组.

正交向量组具有下列性质:

定理 1　正交向量组是线性无关的.

证明　设 $\boldsymbol{\alpha}_1,\boldsymbol{\alpha}_2,\cdots,\boldsymbol{\alpha}_s$ 是正交向量组. 令 $k_1,k_2,\cdots,k_s$ 使得

$$k_1\boldsymbol{\alpha}_1+k_2\boldsymbol{\alpha}_2+\cdots+k_s\boldsymbol{\alpha}_s=\mathbf{0}.$$

用 $\boldsymbol{\alpha}_i$ 和等式两边作内积, 得

$$k_i[\boldsymbol{\alpha}_i,\boldsymbol{\alpha}_i]=0,\quad i=1,2,\cdots,s.$$

由于 $\boldsymbol{\alpha}_i\neq\mathbf{0}$, 故 $[\boldsymbol{\alpha}_i,\boldsymbol{\alpha}_i]>0$. 从而 $k_i=0$. 因此向量组 $\boldsymbol{\alpha}_1,\boldsymbol{a}_2,\cdots,\boldsymbol{a}_s$ 线性无关. 证毕.

虽然线性无关向量组中每个向量都是非零向量, 但线性无关向量组不一定是正交向量组. 例如, 向量组 $\boldsymbol{\alpha}_1=(1,0)$, $\boldsymbol{\alpha}_2=(1,1)$ 线性无关, 但内积 $[\boldsymbol{\alpha}_1,\boldsymbol{\alpha}_2]=1\neq0$, 因此 $\boldsymbol{\alpha}_1,\boldsymbol{\alpha}_2$ 不是正交向量组.

但是, 以下**施密特 (Schmidt) 方法**可以把线性无关向量组化为正交向量组.

设 $\boldsymbol{\alpha}_1,\boldsymbol{\alpha}_2,\cdots,\boldsymbol{\alpha}_s$ 是线性无关向量组. 令

$$\begin{aligned}
\boldsymbol{\beta}_1&=\boldsymbol{\alpha}_1,\\
\boldsymbol{\beta}_2&=\boldsymbol{\alpha}_2-\frac{[\boldsymbol{\alpha}_2,\boldsymbol{\beta}_1]}{[\boldsymbol{\beta}_1,\boldsymbol{\beta}_1]}\boldsymbol{\beta}_1,\\
\boldsymbol{\beta}_3&=\boldsymbol{\alpha}_3-\frac{[\boldsymbol{\alpha}_3,\boldsymbol{\beta}_1]}{[\boldsymbol{\beta}_1,\boldsymbol{\beta}_1]}\boldsymbol{\beta}_1-\frac{[\boldsymbol{\alpha}_3,\boldsymbol{\beta}_2]}{[\boldsymbol{\beta}_2,\boldsymbol{\beta}_2]}\boldsymbol{\beta}_2,\\
&\ \ \vdots\\
\boldsymbol{\beta}_s&=\boldsymbol{\alpha}_s-\frac{[\boldsymbol{\alpha}_s,\boldsymbol{\beta}_1]}{[\boldsymbol{\beta}_1,\boldsymbol{\beta}_1]}\boldsymbol{\beta}_1-\frac{[\boldsymbol{\alpha}_s,\boldsymbol{\beta}_2]}{[\boldsymbol{\beta}_2,\boldsymbol{\beta}_2]}\boldsymbol{\beta}_2-\cdots-\frac{[\boldsymbol{\alpha}_s,\boldsymbol{\beta}_{s-1}]}{[\boldsymbol{\beta}_{s-1},\boldsymbol{\beta}_{s-1}]}\boldsymbol{\beta}_{s-1}.
\end{aligned}$$

可以证明, $\boldsymbol{\beta}_1,\boldsymbol{\beta}_2,\cdots,\boldsymbol{\beta}_s$ 是正交向量组, 且 $\boldsymbol{\beta}_1,\boldsymbol{\beta}_2,\cdots,\boldsymbol{\beta}_s$ 与 $\boldsymbol{\alpha}_1,\boldsymbol{\alpha}_2,\cdots,\boldsymbol{\alpha}_s$ 等价.

进一步把 $\boldsymbol{\beta}_1,\boldsymbol{\beta}_2,\cdots,\boldsymbol{\beta}_s$ 单位化, 令

$$\boldsymbol{\varepsilon}_1=\frac{1}{\|\boldsymbol{\beta}_1\|}\boldsymbol{\beta}_1,\quad \boldsymbol{\varepsilon}_2=\frac{1}{\|\boldsymbol{\beta}_2\|}\boldsymbol{\beta}_2,\quad \cdots,\quad \boldsymbol{\varepsilon}_s=\frac{1}{\|\boldsymbol{\beta}_s\|}\boldsymbol{\beta}_s.$$

则 $\boldsymbol{\varepsilon}_1,\boldsymbol{\varepsilon}_2,\cdots,\boldsymbol{\varepsilon}_s$ 是正交单位向量组.

此时, 由线性无关向量组得到正交向量组的过程称为**把线性无关向量组正交化**. 进一步把它们单位化得到正交单位向量组的过程称为**把线性无关向量组规范正交化**.

例 1 设 $\boldsymbol{\alpha}_1=(1,1,0),\boldsymbol{\alpha}_2=(1,0,1),\boldsymbol{\alpha}_3=(0,1,1)$. 用施密特方法把这个向量组规范正交化.

解 利用列摆放行变换法, 容易求得 $\boldsymbol{\alpha}_1,\boldsymbol{\alpha}_2,\boldsymbol{\alpha}_3$ 的秩是 3. 因此, $\boldsymbol{\alpha}_1,\boldsymbol{\alpha}_2,\boldsymbol{\alpha}_3$ 是线性无关的. 先正交化, 取

$$\begin{aligned}
\boldsymbol{\beta}_1&=\boldsymbol{\alpha}_1,\\
\boldsymbol{\beta}_2&=\boldsymbol{\alpha}_2-\frac{[\boldsymbol{\alpha}_2,\boldsymbol{\beta}_1]}{[\boldsymbol{\beta}_1,\boldsymbol{\beta}_1]}\boldsymbol{\beta}_1=(1,0,1)-\frac{1}{2}(1,1,0)=\frac{1}{2}(1,-1,2),\\
\boldsymbol{\beta}_3&=\boldsymbol{\alpha}_3-\frac{[\boldsymbol{\alpha}_3,\boldsymbol{\beta}_1]}{[\boldsymbol{\beta}_1,\boldsymbol{\beta}_1]}\boldsymbol{\beta}_1-\frac{[\boldsymbol{\alpha}_3,\boldsymbol{\beta}_2]}{[\boldsymbol{\beta}_2,\boldsymbol{\beta}_2]}\boldsymbol{\beta}_2\\
&=(0,1,1)-\frac{1}{2}(1,1,0)-\frac{1}{3}\cdot\frac{1}{2}(1,-1,2)=\frac{2}{3}(-1,1,1).
\end{aligned}$$

再把它们单位化, 取

$$\begin{aligned}
\boldsymbol{\varepsilon}_1&=\frac{1}{\|\boldsymbol{\beta}_1\|}\boldsymbol{\beta}_1=\frac{1}{\sqrt{2}}(1,1,0),\\
\boldsymbol{\varepsilon}_2&=\frac{1}{\|\boldsymbol{\beta}_2\|}\boldsymbol{\beta}_2=\frac{1}{\sqrt{6}}(1,-1,2),\\
\boldsymbol{\varepsilon}_3&=\frac{1}{\|\boldsymbol{\beta}_3\|}\boldsymbol{\beta}_3=\frac{1}{\sqrt{3}}(-1,1,1).
\end{aligned}$$

则 $\boldsymbol{\varepsilon}_1,\boldsymbol{\varepsilon}_2,\boldsymbol{\varepsilon}_3$ 是正交单位向量组.

注 把线性无关向量组规范正交化的施密特方法是先正交化, 后单位化, 从而得到正交单位向量组. 如果先单位化, 后正交化, 那么这样得到的向量不一定是

单位向量.

3.9.4　正交矩阵

我们知道, 方阵是可逆阵的充要条件是它的行 (列) 向量组是线性无关向量组. 以下考虑一类特殊的可逆阵, 其行 (列) 向量组是正交单位向量组.

例如, 以例 1 中的正交单位向量组 $\boldsymbol{\varepsilon}_1,\boldsymbol{\varepsilon}_2,\boldsymbol{\varepsilon}_3$ 为行构成的矩阵

$$\boldsymbol{A}=\begin{pmatrix} \dfrac{1}{\sqrt{2}} & \dfrac{1}{\sqrt{2}} & 0 \\ \dfrac{1}{\sqrt{6}} & -\dfrac{1}{\sqrt{6}} & \dfrac{2}{\sqrt{6}} \\ -\dfrac{1}{\sqrt{3}} & \dfrac{1}{\sqrt{3}} & \dfrac{1}{\sqrt{3}} \end{pmatrix}.$$

设 $\boldsymbol{A}=(\boldsymbol{\alpha}_1,\boldsymbol{\alpha}_2,\cdots,\boldsymbol{\alpha}_n)$ 是 n 阶方阵, 其列向量组是正交单位向量组. 则

$$[\boldsymbol{\alpha}_i,\boldsymbol{\alpha}_j]=\boldsymbol{\alpha}_i^{\mathrm{T}}\boldsymbol{\alpha}_j=\begin{cases} 1, & 当i=j, \\ 0, & 当i\neq j, \end{cases}\qquad i,j=1,2,\cdots,n.$$

因此

$$\begin{pmatrix} \boldsymbol{\alpha}_1^{\mathrm{T}} \\ \boldsymbol{\alpha}_2^{\mathrm{T}} \\ \vdots \\ \boldsymbol{\alpha}_n^{\mathrm{T}} \end{pmatrix}\begin{pmatrix} \boldsymbol{\alpha}_1,\boldsymbol{\alpha}_2,\cdots,\boldsymbol{\alpha}_n \end{pmatrix}=\begin{pmatrix} \boldsymbol{\alpha}_1^{\mathrm{T}}\boldsymbol{\alpha}_1 & \boldsymbol{\alpha}_1^{\mathrm{T}}\boldsymbol{\alpha}_2 & \cdots & \boldsymbol{\alpha}_1^{\mathrm{T}}\boldsymbol{\alpha}_n \\ \boldsymbol{\alpha}_2^{\mathrm{T}}\boldsymbol{\alpha}_1 & \boldsymbol{\alpha}_2^{\mathrm{T}}\boldsymbol{\alpha}_2 & \cdots & \boldsymbol{\alpha}_2^{\mathrm{T}}\boldsymbol{\alpha}_n \\ \vdots & \vdots & & \vdots \\ \boldsymbol{\alpha}_n^{\mathrm{T}}\boldsymbol{\alpha}_1 & \boldsymbol{\alpha}_n^{\mathrm{T}}\boldsymbol{\alpha}_2 & \cdots & \boldsymbol{\alpha}_n^{\mathrm{T}}\boldsymbol{\alpha}_n \end{pmatrix}=\boldsymbol{E},$$

即 $\boldsymbol{A}^{\mathrm{T}}\boldsymbol{A}=\boldsymbol{E}$.

对于满足这个条件的方阵, 引入下列概念.

定义 3　若方阵 $\boldsymbol{A}$ 满足 $\boldsymbol{A}^{\mathrm{T}}\boldsymbol{A}=\boldsymbol{E}$, 则称 $\boldsymbol{A}$ 是**正交矩阵**, 简称**正交阵**.

例如, 上述 3 阶方阵 $\boldsymbol{A}$ 是正交阵.

正交阵和正交向量组之间的关系, 有下列结果.

定理 2　方阵是正交阵的充要条件是它的行 (列) 向量组是正交单位向量组.

* **证明** 只证列向量的情况. 充分性的证明在引入正交阵的概念之前已证. 充分性的证明倒推, 即得必要性的证明. 证毕.

例 2 判断下列矩阵是否是正交阵.

$$(1)\begin{pmatrix} \frac{1}{\sqrt{2}} & \frac{1}{\sqrt{2}} & 0 \\ \frac{1}{\sqrt{2}} & -\frac{1}{\sqrt{2}} & 0 \\ 0 & 0 & 2 \end{pmatrix};\quad (2)\begin{pmatrix} \frac{1}{\sqrt{2}} & \frac{1}{\sqrt{2}} & 0 \\ \frac{1}{\sqrt{2}} & -\frac{1}{\sqrt{2}} & 0 \\ 0 & 0 & 1 \end{pmatrix}.$$

解答 (1) 注意到, 矩阵的第 3 行的长度是 $2\neq 1$. 因此, 第 3 行不是单位向量. 故该矩阵不是正交阵.

(2) 容易验证, 这个矩阵的行向量组是正交单位向量组. 故该矩阵是正交阵.

容易看出, 正交阵具有下列性质:

(1) 方阵 $\boldsymbol{A}$ 是正交阵当且仅当 $\boldsymbol{A}^{-1}=\boldsymbol{A}^{\mathrm{T}}$;

(2) 若 $\boldsymbol{A}$ 是正交阵, 则 $\boldsymbol{A}^{\mathrm{T}}$ 即 $\boldsymbol{A}^{-1}$ 是正交阵;

(3) 设 k 是数, $\boldsymbol{A}$ 是正交阵. 则 $k\boldsymbol{A}$ 是正交阵当且仅当 $k=\pm 1$;

(4) 正交阵的乘积是正交阵;

(5) 正交阵的行列式等于 1 或 -1.

3.9.5 规范正交基

我们知道, 向量空间的基是满足一定条件的线性无关向量组. 若向量空间的基作为向量组而言是正交单位向量组, 则称这个基是**规范正交基**.

例如,

$$\boldsymbol{\varepsilon}_1=(\frac{1}{\sqrt{2}},\frac{1}{\sqrt{2}},0),\quad \boldsymbol{\varepsilon}_2=(\frac{1}{\sqrt{2}},-\frac{1}{\sqrt{2}},0),\quad \boldsymbol{\varepsilon}_3=(0,0,1)$$

是 $\mathbb{R}^3$ 的一个规范正交基.

人物简介

施密特 (Otto Vl'evic Schmidt, 1891~1956), 苏联数学家、天文学家、地球物理学家、北极研究者. 1934 年被选为乌克兰科学院院士. 1935 年被选为苏联科学院院士. 他以毕生精力从事科学研究, 其数学研究的主要成就在群论方面. 他还组建了北极地带研究所, 并担任第一任所长, 领导了关于开辟北极理论和实际应用的研究, 同时他也是四个北极考察队的直接组织者和参加者. 施密特晚年从事宇宙起源问题的研究, 创立了地球起源和发展的理论, 并为苏联地球物理科学的发展开辟了广阔的空间.

他是多种科学杂志的编委, 苏联大百科全书的主编. 他也是卓越的科学普及工作者.

习　题

1. 用施密特方法把下列向量组规范正交化:

(1) $\boldsymbol{\alpha}_1=(1,1,1),\boldsymbol{\alpha}_2=(1,2,3),\boldsymbol{\alpha}_3=(1,3,6)$.

(2) $\boldsymbol{\alpha}_1=(1,0,-1,1),\boldsymbol{\alpha}_2=(1,-1,0,1),\boldsymbol{\alpha}_3=(-1,1,1,0)$.

2. 设 $\boldsymbol{A}$ 是秩为 2 的 5×4 矩阵, 向量 $\boldsymbol{\alpha}_1=(1,1,2,3)^{\mathrm{T}},\boldsymbol{\alpha}_2=(1,1,-1,-5)^{\mathrm{T}}$ 是齐次线性方程组 $\boldsymbol{Ax}=\boldsymbol{0}$ 的解. 求 $\boldsymbol{Ax}=\boldsymbol{0}$ 的解空间的一个规范正交基.

3. 判断下列矩阵是否是正交矩阵?

(1) $\begin{pmatrix}\cos\theta & \sin\theta\\ \sin\theta & \cos\theta\end{pmatrix}$.　(2) $\dfrac{1}{\sqrt{2}}\begin{pmatrix}1&0&1&0\\1&0&-1&0\\0&1&0&1\\0&-1&0&1\end{pmatrix}$.

第 4 章　矩阵的特征值与特征向量

作为行列式与线性方程组的应用, 本章主要讨论方阵的特征值与特征向量, 矩阵的相似对角化, 以及对称阵的相似对角化等问题. 数学中, 如方阵的对角化及解微分方程组等问题, 都要用到特征值的理论. 工程技术和经济管理等领域的许多定量分析问题, 从数量关系上经常归结为求矩阵的特征值和特征向量的问题.

4.1　矩阵的特征值与特征向量

本节给出方阵的特征值与特征向量的概念与求法, 并讨论其性质.

4.1.1　特征值与特征向量的概念

在数学本身和实际应用中会考虑这样的问题: 给定 n 阶方阵 $\boldsymbol{A}$, 是否存在 n 维非零列向量 $\boldsymbol{\alpha}$ 使得 $\boldsymbol{A\alpha}$ 与 $\boldsymbol{\alpha}$ 成比例? 如果存在的话, 这样的向量 $\boldsymbol{\alpha}$ 怎样求? 例如, 方阵 $\boldsymbol{A}=\begin{pmatrix}1 & 2\\ 4 & 3\end{pmatrix}$, 向量 $\boldsymbol{\alpha}=\begin{pmatrix}1\\ 2\end{pmatrix}$,$\boldsymbol{\beta}=\begin{pmatrix}1\\ 0\end{pmatrix}$. 我们有

$$\boldsymbol{A\alpha}=\begin{pmatrix}1 & 2\\ 4 & 3\end{pmatrix}\begin{pmatrix}1\\ 2\end{pmatrix}=\begin{pmatrix}5\\ 10\end{pmatrix}=5\boldsymbol{\alpha}.$$

但对任意的数 k,

$$\boldsymbol{A\beta}=\begin{pmatrix}1&2\\4&3\end{pmatrix}\begin{pmatrix}1\\0\end{pmatrix}=\begin{pmatrix}1\\4\end{pmatrix}\neq k\boldsymbol{\beta}.$$

可见, $\boldsymbol{A\alpha}$ 与 $\boldsymbol{\alpha}$ 成比例, 但 $\boldsymbol{A\beta}$ 与 $\boldsymbol{\beta}$ 不成比例.

我们研究满足条件 $\boldsymbol{A\alpha}$ 与 $\boldsymbol{\alpha}$ 成比列的向量 $\boldsymbol{\alpha}$, 为此, 引入下列概念.

定义 1　设 $\boldsymbol{A}$ 是 n 阶方阵. 若数 λ_0 和 n 维非零列向量 $\boldsymbol{\alpha}$ 使得

$$\boldsymbol{A\alpha}=\lambda_0\boldsymbol{\alpha},$$

则称数 λ_0 是方阵 $\boldsymbol{A}$ 的**特征值**, 非零向量 $\boldsymbol{\alpha}$ 是 $\boldsymbol{A}$ 的属于特征值 λ_0 的**特征向量**, 或 $\boldsymbol{\alpha}$ 是 $\boldsymbol{A}$ 的对应于特征值 λ_0 的**特征向量**.

例如, 5 是方阵 $\boldsymbol{A}=\begin{pmatrix}1&2\\4&3\end{pmatrix}$ 的特征值, 向量 $\boldsymbol{\alpha}=\begin{pmatrix}1\\2\end{pmatrix}$ 是 $\boldsymbol{A}$ 的属于特征值 5 的特征向量.

注　1. 只有方阵才讨论特征值和特征向量. 事实上, 设 $\boldsymbol{A}$ 是 $s\times n$ 矩阵, $\boldsymbol{\alpha}$ 是 n 维列向量. 若 $\boldsymbol{A\alpha}=\lambda_0\boldsymbol{\alpha}$, 则 $s=n$.

2. 方阵的属于同一个特征值的特征向量不唯一. 事实上, 方阵的属于特征值的特征向量的任意非零倍数仍然是属于这个特征值的特征向量; 进一步, 方阵的属于同一个特征值的若干个特征向量的任意非零线性组合仍然是属于这个特征值的特征向量.

3. 特征向量只能属于一个特征值. 事实上, 若 $\boldsymbol{\alpha}$ 是 $\boldsymbol{A}$ 的属于特征值 λ_1 与 λ_2 的特征向量, 则 $\boldsymbol{A\alpha}=\lambda_1\boldsymbol{\alpha}, \boldsymbol{A\alpha}=\lambda_2\boldsymbol{\alpha}, \boldsymbol{\alpha}\neq\boldsymbol{0}$. 从而 $(\lambda_1-\lambda_2)\boldsymbol{\alpha}=\boldsymbol{0}$. 因此 $\lambda_1=\lambda_2$.

4.1.2　特征值与特征向量的求法

设 λ_0 是 $\boldsymbol{A}$ 的一个特征值, $\boldsymbol{\alpha}$ 是 $\boldsymbol{A}$ 的属于 λ_0 的特征向量. 首先注意到, 等式

$$\boldsymbol{A\alpha}=\lambda_0\boldsymbol{\alpha}$$

可以写成

$$(\lambda_0 \boldsymbol{E}-\boldsymbol{A})\boldsymbol{\alpha}=\mathbf{0}.$$

注意到, 特征向量 $\boldsymbol{\alpha}\neq\mathbf{0}$. 因此 $\boldsymbol{\alpha}$ 是齐次线性方程组 $(\lambda_0 \boldsymbol{E}-\boldsymbol{A})\boldsymbol{x}=\mathbf{0}$ 的一个非零解. 从而这个方程组的系数行列式 $|\lambda_0 \boldsymbol{E}-\boldsymbol{A}|=0$, 即 λ_0 是关于 λ 的多项式 $|\lambda \boldsymbol{E}-\boldsymbol{A}|$ 的一个根. 而多项式 $|\lambda \boldsymbol{E}-\boldsymbol{A}|$ 在特征值和特征向量的讨论中起着重要的作用. 为此, 引入

定义 2 多项式

$$|\lambda \boldsymbol{E}-\boldsymbol{A}|=\begin{vmatrix} \lambda-a_{11} & -a_{12} & \cdots & -a_{1n} \\ -a_{21} & \lambda-a_{22} & \cdots & -a_{2n} \\ \vdots & \vdots & & \vdots \\ -a_{n1} & -a_{n2} & \cdots & \lambda-a_{nn} \end{vmatrix}$$

称为方阵 $\boldsymbol{A}=(a_{ij})_{n\times n}$ 的**特征多项式**.

因此, $\boldsymbol{A}$ 的特征值 λ_0 是 $\boldsymbol{A}$ 的特征多项式 $|\lambda \boldsymbol{E}-\boldsymbol{A}|$ 的一个根, $\boldsymbol{A}$ 的属于特征值 λ_0 的特征向量 $\boldsymbol{\alpha}$ 是齐次线性方程组 $(\lambda_0 \boldsymbol{E}-\boldsymbol{A})\boldsymbol{x}=\mathbf{0}$ 的一个非零解.

反之, 若 λ_0 是 $\boldsymbol{A}$ 的特征多项式$|\lambda \boldsymbol{E}-\boldsymbol{A}|$的根, 则齐次线性方程组$(\lambda_0 \boldsymbol{E}-\boldsymbol{A})\boldsymbol{x}=\mathbf{0}$ 的系数行列式 $|\lambda_0 \boldsymbol{E}-\boldsymbol{A}|=0$. 因此这个方程组有非零解, 设 $\boldsymbol{\alpha}$ 是一个非零解. 这时, $\boldsymbol{A\alpha}=\lambda_0\boldsymbol{\alpha}$. 故 λ_0 是 $\boldsymbol{A}$ 的一个特征值, $\boldsymbol{\alpha}$ 是 $\boldsymbol{A}$ 的属于特征值 λ_0 的特征向量.

根据上述讨论, 得到方阵 $\boldsymbol{A}$ 的**特征值和特征向量的求法**:

1. 求特征多项式 $|\lambda \boldsymbol{E}-\boldsymbol{A}|$ 的所有根, 它们就是 $\boldsymbol{A}$ 的所有特征值;

2. 对 $\boldsymbol{A}$ 的每一个特征值 λ_i, 解齐次线性方程组 $(\lambda_i \boldsymbol{E}-\boldsymbol{A})\boldsymbol{x}=\mathbf{0}$, 求出它的一个基础解系 $\boldsymbol{\eta}_1,\boldsymbol{\eta}_2,\cdots,\boldsymbol{\eta}_s$, 它们是 $\boldsymbol{A}$ 的属于 λ_i 的线性无关的特征向量;

3. $\boldsymbol{A}$ 的属于 λ_i 的所有特征向量是方程组 $(\lambda_i \boldsymbol{E}-\boldsymbol{A})\boldsymbol{x}=\mathbf{0}$ 的所有非零解

$$c_1\boldsymbol{\eta}_1+c_2\boldsymbol{\eta}_2+\cdots+c_s\boldsymbol{\eta}_s,$$

其中 $c_1,c_2,\cdots,c_s$ 是不全为零的任意常数.

例 1　求方阵

$$A=\begin{pmatrix}1 & 2\\ 4 & 3\end{pmatrix}$$

的特征值和特征向量.

解　由于 A 的特征多项式是

$$|\lambda E-A|=\begin{vmatrix}\lambda-1 & -2\\ -4 & \lambda-3\end{vmatrix}=(\lambda+1)(\lambda-5),$$

故 A 的特征值是 $\lambda_1=-1,\lambda_2=5$.

对于 $\lambda_1=-1$, 解齐次线性方程组 $(-E-A)x=0$, 即解方程组

$$\begin{cases}-2x_1-2x_2=0,\\ -4x_1-4x_2=0,\end{cases}$$

得基础解系 $\eta_1=(1,-1)^{\mathrm{T}}$. 因此, A 的属于 -1 的所有特征向量是 $c_1\eta_1$, 其中 c_1 是任意非零常数.

对于 $\lambda_2=5$, 解齐次线性方程组 $(5E-A)x=0$, 即解方程组

$$\begin{cases}4x_1-2x_2=0,\\ -4x_1+2x_2=0,\end{cases}$$

得基础解系 $\eta_2=(1,2)^{\mathrm{T}}$. 因此, A 的属于 5 的所有特征向量是 $c_2\eta_2$, 其中 c_2 是任意非零常数.

注　A 的属于 -1 的所有特征向量不能写成 $\eta_1=(1,-1)^{\mathrm{T}}$, 这只是其中一个.

例 2　求方阵

$$A=\begin{pmatrix}1 & 2 & 0\\ 4 & 3 & 0\\ 5 & 0 & 5\end{pmatrix}$$

的特征值和特征向量.

解　由于 A 的特征多项式是

$$|\lambda E-A|=\begin{vmatrix}\lambda-1 & -2 & 0\\ -4 & \lambda-3 & 0\\ -5 & 0 & \lambda-5\end{vmatrix}\xlongequal{\text{按第 3 列展开}}(\lambda+1)(\lambda-5)^2,$$

故 $\boldsymbol{A}$ 的特征值是 $\lambda_1=-1, \lambda_2=\lambda_3=5$.

对于 $\lambda_1=-1$, 解方程组 $(-\boldsymbol{E}-\boldsymbol{A})\boldsymbol{x}=\boldsymbol{0}$. 由

$$-\boldsymbol{E}-\boldsymbol{A}=\begin{pmatrix}-2 & -2 & 0\\ -4 & -4 & 0\\ -5 & 0 & -6\end{pmatrix}\to\begin{pmatrix}1 & 0 & \dfrac{6}{5}\\ 0 & 1 & -\dfrac{6}{5}\\ 0 & 0 & 0\end{pmatrix},$$

得基础解系 $\boldsymbol{\eta}_1=(-6,6,5)^{\mathrm{T}}$. 因此, $\boldsymbol{A}$ 的属于 -1 的所有特征向量是 $c_1\boldsymbol{\eta}_1$, 其中 c_1 是任意非零常数.

对于 $\lambda_2=\lambda_3=5$, 解方程组 $(5\boldsymbol{E}-\boldsymbol{A})\boldsymbol{x}=\boldsymbol{0}$. 由

$$5\boldsymbol{E}-\boldsymbol{A}=\begin{pmatrix}4 & -2 & 0\\ -4 & 2 & 0\\ -5 & 0 & 0\end{pmatrix}\to\begin{pmatrix}1 & 0 & 0\\ 0 & 1 & 0\\ 0 & 0 & 0\end{pmatrix},$$

得基础解系 $\boldsymbol{\eta}_2=(0,0,1)^{\mathrm{T}}$. 因此, $\boldsymbol{A}$ 的属于 5 的所有特征向量是 $c_2\boldsymbol{\eta}_2$, 其中 c_2 是任意非零常数.

例 3 求方阵

$$\boldsymbol{A}=\begin{pmatrix}3 & 1 & 0\\ 0 & 4 & 0\\ 0 & 0 & 4\end{pmatrix}$$

的特征值和特征向量.

解 由于 $\boldsymbol{A}$ 的特征多项式

$$|\lambda\boldsymbol{E}-\boldsymbol{A}|=\begin{vmatrix}\lambda-3 & -1 & 0\\ 0 & \lambda-4 & 0\\ 0 & 0 & \lambda-4\end{vmatrix}$$

是上三角形行列式, 故 $|\lambda\boldsymbol{E}-\boldsymbol{A}|=(\lambda-3)(\lambda-4)^2$. 因此, $\boldsymbol{A}$ 的特征值是 $\lambda_1=3, \lambda_2=\lambda_3=4$.

对于 $\lambda_1=3$, 解方程组 $(3\boldsymbol{E}-\boldsymbol{A})\boldsymbol{x}=\boldsymbol{0}$. 由

$$3\boldsymbol{E}-\boldsymbol{A}=\begin{pmatrix}0&-1&0\\0&-1&0\\0&0&-1\end{pmatrix}\to\begin{pmatrix}0&1&0\\0&0&1\\0&0&0\end{pmatrix},$$

得基础解系 $\boldsymbol{\eta}_1=(1,0,0)^{\mathrm{T}}$. 因此, $\boldsymbol{A}$ 的属于 3 的所有特征向量是 $c_1\boldsymbol{\eta}_1=(c_1,0,0)^{\mathrm{T}}$, 其中 c_1 是任意非零常数.

对于 $\lambda_2=\lambda_3=4$, 解方程组 $(4\boldsymbol{E}-\boldsymbol{A})\boldsymbol{x}=\boldsymbol{0}$. 由

$$4\boldsymbol{E}-\boldsymbol{A}=\begin{pmatrix}1&-1&0\\0&0&0\\0&0&0\end{pmatrix},$$

得基础解系

$$\boldsymbol{\eta}_2=(1,1,0)^{\mathrm{T}},\quad \boldsymbol{\eta}_3=(0,0,1)^{\mathrm{T}}.$$

因此, $\boldsymbol{A}$ 的属于 4 的所有特征向量是 $c_2\boldsymbol{\eta}_2+c_3\boldsymbol{\eta}_3=(c_2,c_2,c_3)^{\mathrm{T}}$, 其中 c_2,c_3 是不全为零的任意常数.

我们知道, 给定方阵可以求其特征值和特征向量. 对于含待定参数的方阵, **已知特征值或特征向量反求方阵中的参数的方法**:

若仅给出方阵的特征值, 则根据特征值是特征多项式 $|\lambda\boldsymbol{E}-\boldsymbol{A}|$ 的根, 求得所含参数; 若给出方阵的特征向量, 且所给出的特征向量有可能也含参数, 则根据定义 $\boldsymbol{A\alpha}=\lambda_0\boldsymbol{\alpha}$ 写出含参数的方程组, 然后解方程组求得所含参数, 同时求得特征向量所对应的特征值.

例 4 已知 $\boldsymbol{\alpha}=\begin{pmatrix}1\\b\\1\end{pmatrix}$ 是方阵 $\boldsymbol{A}=\begin{pmatrix}2&1&1\\1&2&1\\1&1&a\end{pmatrix}$ 的逆阵 $\boldsymbol{A}^{-1}$ 的特征向量. 求 a,b 及特征向量 $\boldsymbol{\alpha}$ 所对应的特征值.

解 设特征向量 $\boldsymbol{\alpha}$ 所对应的特征值是 λ_0. 则 $\boldsymbol{A}^{-1}\boldsymbol{\alpha}=\lambda_0\boldsymbol{\alpha}$. 等式两边左乘 $\boldsymbol{A}$,

利用 $\boldsymbol{A}\boldsymbol{A}^{-1}=\boldsymbol{E}$, 得到 $\boldsymbol{A}\boldsymbol{\alpha}=\lambda_0^{-1}\boldsymbol{\alpha}$, 即

$$\begin{pmatrix}2&1&1\\1&2&1\\1&1&a\end{pmatrix}\begin{pmatrix}1\\b\\1\end{pmatrix}=\lambda_0^{-1}\begin{pmatrix}1\\b\\1\end{pmatrix}.$$

因此

$$\begin{cases}3+b=\lambda_0^{-1},\\2+2b=\lambda_0^{-1}b,\\1+b+a=\lambda_0^{-1}.\end{cases}$$

由第 1 式和第 3 式, 得 $a=2$. 将第 1 式代入第 2 式, 得 $b^2+b-2=0$. 因此 $b=-2$ 或 $b=1$. 将 b 的值代入第 1 式: 当 $b=-2$ 时, $\lambda_0=1$; 当 $b=1$ 时, $\lambda_0=1/4$. 因此 $a=2$, 且 $b=-2,\lambda_0=1$ 或 $b=1,\lambda_0=1/4$.

4.1.3 特征值与特征向量的性质

首先考虑方阵的特征值的性质. 由例 1, 方阵 $\boldsymbol{A}=\begin{pmatrix}1&2\\4&3\end{pmatrix}$ 的特征值是 $\lambda_1=-1$, $\lambda_2=5$. 我们看到, $\boldsymbol{A}$ 的特征值的和 $\lambda_1+\lambda_2$ 等于 $\boldsymbol{A}$ 的主对角线上的元素 1 与 3 的和, 且 $\boldsymbol{A}$ 的特征值的乘积 $\lambda_1\lambda_2$ 等于 $\boldsymbol{A}$ 的行列式. 一般地, 有

性质 1 设 n 阶方阵 $\boldsymbol{A}=(a_{ij})_{n\times n}$ 的特征值是 $\lambda_1,\lambda_2,\cdots,\lambda_n$. 则

(1) $\lambda_1+\lambda_2+\cdots+\lambda_n=a_{11}+a_{22}+\cdots+a_{nn}$;

(2) $\lambda_1\lambda_2\cdots\lambda_n=|\boldsymbol{A}|$.

性质 1 可以表述为: 方阵的所有特征值的和等于这个方阵的主对角线上元素的和; 方阵的所有特征值的乘积等于这个方阵的行列式.

此性质这里不证明.

由性质 1(2) 可得下列的

推论 方阵是可逆阵的充要条件是它的所有特征值都不是零; 而方阵是不可逆阵的充要条件是零为它的一个特征值.

令 $\boldsymbol{A}$ 是方阵,

$$f(\lambda)=a_s\lambda^s+\cdots+a_1\lambda+a_0$$

是多项式. 矩阵

$$a_s\boldsymbol{A}^s+\cdots+a_1\boldsymbol{A}+a_0\boldsymbol{E}$$

记为 $f(\boldsymbol{A})$.

注　$f(\boldsymbol{A})$ 是把 $f(\lambda)$ 中逢 λ 换为 $\boldsymbol{A}$, 而常数项 a_0 要换成矩阵 $a_0\boldsymbol{E}$.

性质 2　设 λ_0 是方阵 $\boldsymbol{A}$ 的特征值, $\boldsymbol{\alpha}$ 是 $\boldsymbol{A}$ 的属于 λ_0 的特征向量. 则

(1) $f(\lambda_0)$ 是 $f(\boldsymbol{A})$ 的特征值, $\boldsymbol{\alpha}$ 是 $f(\boldsymbol{A})$ 的属于 $f(\lambda_0)$ 的特征向量, 其中 $f(\lambda)$ 是多项式;

(2) 若 $\boldsymbol{A}$ 是可逆阵, 则 λ_0^{-1} 是 $\boldsymbol{A}^{-1}$ 的特征值, $\boldsymbol{\alpha}$ 是 $\boldsymbol{A}^{-1}$ 的属于 λ_0^{-1} 的特征向量;

*(3) 若 $\boldsymbol{A}$ 是可逆阵, 则 $f(\lambda_0)+g(\lambda_0^{-1})$ 是 $f(\boldsymbol{A})+g(\boldsymbol{A}^{-1})$ 的特征值, $\boldsymbol{\alpha}$ 是 $f(\boldsymbol{A})+g(\boldsymbol{A}^{-1})$ 的属于 $f(\lambda_0)+g(\lambda_0^{-1})$ 的特征向量, 其中 $f(\lambda),g(\lambda)$ 是多项式.

证明　由 $\boldsymbol{\alpha}$ 是 $\boldsymbol{A}$ 的属于 λ_0 的特征向量, 知 $\boldsymbol{\alpha}\neq\boldsymbol{0}$, 且 $\boldsymbol{A}\boldsymbol{\alpha}=\lambda_0\boldsymbol{\alpha}$.

(1) 设

$$f(\lambda)=a_s\lambda^s+\cdots+a_1\lambda+a_0.$$

明显地,

$$\boldsymbol{A}^2\boldsymbol{\alpha}=\boldsymbol{A}(\boldsymbol{A}\boldsymbol{\alpha})=\boldsymbol{A}(\lambda_0\boldsymbol{\alpha})=\lambda_0(\boldsymbol{A}\boldsymbol{\alpha})=\lambda_0^2\boldsymbol{\alpha}.$$

同样地,

$$\boldsymbol{A}^3\boldsymbol{\alpha}=\boldsymbol{A}(\boldsymbol{A}^2\boldsymbol{\alpha})=\boldsymbol{A}(\lambda_0^2\boldsymbol{\alpha})=\lambda_0^2(\boldsymbol{A}\boldsymbol{\alpha})=\lambda_0^3\boldsymbol{\alpha}.$$

继续下去, 可得

$$\boldsymbol{A}^m\boldsymbol{\alpha}=\lambda_0^m\boldsymbol{\alpha},\quad m=1,2,\cdots,s.$$

故

$$f(\boldsymbol{A})\boldsymbol{\alpha}=(a_s\boldsymbol{A}^s+\cdots+a_1\boldsymbol{A}+a_0\boldsymbol{E})\boldsymbol{\alpha}$$

$$=a_s\boldsymbol{A}^s\boldsymbol{\alpha}+\cdots+a_1\boldsymbol{A}\boldsymbol{\alpha}+a_0\boldsymbol{E}\boldsymbol{\alpha}$$

$$=a_s\lambda_0^s\boldsymbol{\alpha}+\cdots+a_1\lambda_0\boldsymbol{\alpha}+a_0\boldsymbol{\alpha}$$

$$=(a_s\lambda_0^s+\cdots+a_1\lambda_0+a_0)\boldsymbol{\alpha}$$

$$=f(\lambda_0)\boldsymbol{\alpha}.$$

因此 $f(\lambda_0)$ 是 $f(\boldsymbol{A})$ 的特征值, $\boldsymbol{\alpha}$ 是 $f(\boldsymbol{A})$ 的属于 $f(\lambda_0)$ 的特征向量.

(2) 若 $\boldsymbol{A}$ 是可逆阵, 则 $\lambda_0\neq 0$. 由 $\boldsymbol{A}\boldsymbol{\alpha}=\lambda_0\boldsymbol{\alpha}$, 等式两边左乘 $\lambda_0^{-1}\boldsymbol{A}^{-1}$, 得

$$\boldsymbol{A}^{-1}\boldsymbol{\alpha}=\lambda_0^{-1}\boldsymbol{\alpha}.$$

故 λ_0^{-1} 是 $\boldsymbol{A}^{-1}$ 的特征值, $\boldsymbol{\alpha}$ 是 $\boldsymbol{A}^{-1}$ 的属于 λ_0^{-1} 的特征向量.

(3) 由 (1), 知 $f(\boldsymbol{A})\boldsymbol{\alpha}=f(\lambda_0)\boldsymbol{\alpha}$. 由 (2), 知 $\boldsymbol{A}^{-1}\boldsymbol{\alpha}=\lambda_0^{-1}\boldsymbol{\alpha}$. 从而再由 (1), 知 $g(\boldsymbol{A}^{-1})\boldsymbol{\alpha}=g(\lambda_0^{-1})\boldsymbol{\alpha}$. 因此

$$(f(\boldsymbol{A})+g(\boldsymbol{A}^{-1}))\boldsymbol{\alpha}=(f(\lambda_0)+g(\lambda_0^{-1}))\boldsymbol{\alpha}.$$

故 (3) 成立.

* **注** 两个同阶方阵的特征值的和未必是这两个方阵的和的特征值; 两个同阶方阵的特征值的乘积未必是这两个方阵的乘积的特征值, 即若 λ,μ 分别是同阶方阵 $\boldsymbol{A}$ 和 $\boldsymbol{B}$ 的特征值, 则 $\lambda+\mu$ 未必是方阵 $\boldsymbol{A}+\boldsymbol{B}$ 的特征值; $\lambda\mu$ 未必是方阵 $\boldsymbol{AB}$ 的特征值. 例如,

$$\boldsymbol{A}=\begin{pmatrix}1&2&0\\4&3&0\\5&0&5\end{pmatrix},\quad \boldsymbol{B}=\begin{pmatrix}3&1&0\\0&4&0\\0&0&4\end{pmatrix}.$$

由例 2 和例 3, 知 $-1,3$ 分别是 $\boldsymbol{A},\boldsymbol{B}$ 的特征值. 容易验证, $2=-1+3$ 不是 $\boldsymbol{A}+\boldsymbol{B}=\begin{pmatrix}4&3&0\\4&7&0\\5&0&9\end{pmatrix}$ 的特征值, $-3=(-1)\times 3$ 不是 $\boldsymbol{AB}=\begin{pmatrix}3&9&0\\12&16&0\\15&5&20\end{pmatrix}$ 的特征值.

例 5 设 3 阶方阵 $\boldsymbol{A}$ 的特征值是 0,1,2. 求 $3\boldsymbol{A}^2-\boldsymbol{A}+5\boldsymbol{E}$ 的特征值.

解 令 $f(\lambda)=3\lambda^2-\lambda+5$. 则 $f(\boldsymbol{A})=3\boldsymbol{A}^2-\boldsymbol{A}+5\boldsymbol{E}$. 由于 $\boldsymbol{A}$ 的特征值是 0,1,2, 故 $f(\boldsymbol{A})$ 的特征值是 $f(0)=5, f(1)=7, f(2)=15$.

* **例 6** 设 3 阶方阵 $\boldsymbol{A}$ 的特征值是 $-1,1,2$. 求 $|4\boldsymbol{A}^*+3\boldsymbol{A}^2-\boldsymbol{A}+5\boldsymbol{E}|$.

解 因 $\boldsymbol{A}$ 的特征值都不是 0, 知 $\boldsymbol{A}$ 是可逆阵. 故 $\boldsymbol{A}^*=|\boldsymbol{A}|\boldsymbol{A}^{-1}$. 而

$$|\boldsymbol{A}|=\lambda_1\lambda_2\lambda_3=-2,$$

因此

$$4\boldsymbol{A}^*+3\boldsymbol{A}^2-\boldsymbol{A}+5\boldsymbol{E}=-8\boldsymbol{A}^{-1}+3\boldsymbol{A}^2-\boldsymbol{A}+5\boldsymbol{E}.$$

令

$$f(\lambda)=-8\lambda,\quad g(\lambda)=3\lambda^2-\lambda+5.$$

则

$$f(\boldsymbol{A}^{-1})+g(\boldsymbol{A})=4\boldsymbol{A}^*+3\boldsymbol{A}^2-\boldsymbol{A}+5\boldsymbol{E}.$$

由 $\boldsymbol{A}$ 的特征值是 $-1,1,2$, 知 $f(\boldsymbol{A}^{-1})+g(\boldsymbol{A})$ 的特征值是

$$f(-1)+g(-1)=17,\quad f(1)+g(1)=-1,\quad f(\frac{1}{2})+g(2)=11.$$

因此

$$|\boldsymbol{A}^*+3\boldsymbol{A}^2-\boldsymbol{A}+5\boldsymbol{E}|=17\times(-1)\times11=-187.$$

性质 3 方阵与它的转置矩阵有相同的特征值.

证明 设 $\boldsymbol{A}$ 是方阵. 则

$$|\lambda\boldsymbol{E}-\boldsymbol{A}^{\mathrm{T}}|=|(\lambda\boldsymbol{E}-\boldsymbol{A})^{\mathrm{T}}|=|\lambda\boldsymbol{E}-\boldsymbol{A}|.$$

因此 $\boldsymbol{A}$ 和 $\boldsymbol{A}^{\mathrm{T}}$ 有相同的特征多项式, 从而两者有相同的特征值.

定理 1 方阵的属于不同特征值的特征向量线性无关.

* **证明** 设 $\boldsymbol{\alpha}_1,\boldsymbol{\alpha}_2,\cdots,\boldsymbol{\alpha}_s$ 是方阵 $\boldsymbol{A}$ 的分别属于 s 个不同特征值 $\lambda_1,\lambda_2,\cdots,\lambda_s$ 的特征向量. 则 $\boldsymbol{\alpha}_i\neq\boldsymbol{0}$, 且 $\boldsymbol{A}\boldsymbol{\alpha}_i=\lambda_i\boldsymbol{\alpha}$, $i=1,2,\cdots,s$.

对特征值的个数 s 用数学归纳法证明 $\boldsymbol{\alpha}_1,\boldsymbol{\alpha}_2,\cdots,\boldsymbol{\alpha}_s$ 线性无关.

当 $s=1$ 时, $\boldsymbol{\alpha}_1\neq\boldsymbol{0}$, 当然 $\boldsymbol{\alpha}_1$ 线性无关. 故结论成立.

假设 $s-1$ 时结论成立, 下证 s 时结论成立. 设 $k_1,k_2,\cdots,k_{s-1},k_s$ 使得

$$k_1\boldsymbol{\alpha}_1+k_2\boldsymbol{\alpha}_2+\cdots+k_{s-1}\boldsymbol{\alpha}_{s-1}+k_s\boldsymbol{\alpha}_s=\boldsymbol{0}. \tag{1}$$

上式两边左乘矩阵 $\boldsymbol{A}$, 得

$$k_1\boldsymbol{A}\boldsymbol{\alpha}_1+k_2\boldsymbol{A}\boldsymbol{\alpha}_2+\cdots+k_{s-1}\boldsymbol{A}\boldsymbol{\alpha}_{s-1}+k_s\boldsymbol{A}\boldsymbol{\alpha}_s=\boldsymbol{0}.$$

由 $\boldsymbol{A}\boldsymbol{\alpha}_i=\lambda_i\boldsymbol{\alpha}$, $i=1,2,\cdots,s$, 知

$$k_1\lambda_1\boldsymbol{\alpha}_1+k_2\lambda_2\boldsymbol{\alpha}_2+\cdots+k_{s-1}\lambda_{s-1}\boldsymbol{\alpha}_{s-1}+k_s\lambda_s\boldsymbol{\alpha}_s=\boldsymbol{0}. \tag{2}$$

(1) 式两边乘以 λ_s, 得

$$k_1\lambda_s\boldsymbol{\alpha}_1+k_2\lambda_s\boldsymbol{\alpha}_2+\cdots+k_{s-1}\lambda_s\boldsymbol{\alpha}_{s-1}+k_s\lambda_s\boldsymbol{\alpha}_s=\boldsymbol{0}. \tag{3}$$

注意到, (2) 式和 (3) 式左边的最后一项相同. (2) 式减 (3) 式, 得

$$k_1(\lambda_1-\lambda_s)\boldsymbol{\alpha}_1+k_2(\lambda_2-\lambda_s)\boldsymbol{\alpha}_2+\cdots+k_{s-1}(\lambda_{s-1}-\lambda_s)\boldsymbol{\alpha}_{s-1}=\boldsymbol{0}.$$

由归纳假设, $\boldsymbol{\alpha}_1,\boldsymbol{\alpha}_2,\cdots,\boldsymbol{\alpha}_{s-1}$ 线性无关. 因此

$$k_i(\lambda_i-\lambda_s)=0,\quad i=1,2,\cdots,s-1.$$

由 $\lambda_1,\lambda_2,\cdots,\lambda_s$ 互不相同, 知 $k_1=k_2=\cdots=k_{s-1}=0$. 代入 (1) 式, 得 $k_s\boldsymbol{\alpha}_s=\boldsymbol{0}$. 而 $\boldsymbol{\alpha}_s\neq\boldsymbol{0}$, 故 $k_s=0$. 这就证明了 $\boldsymbol{\alpha}_1,\boldsymbol{\alpha}_2,\cdots,\boldsymbol{\alpha}_s$ 线性无关.

根据归纳法原理, 定理得证. 证毕.

定理 1 可以推广为

定理 2 若 $\lambda_1,\lambda_2,\cdots,\lambda_s$ 是方阵 $\boldsymbol{A}$ 的不同的特征值, $\boldsymbol{\alpha}_{i1},\boldsymbol{\alpha}_{i2},\cdots,\boldsymbol{\alpha}_{ik_i}$ 是 $\boldsymbol{A}$ 的属于 λ_i 的线性无关的特征向量, $i=1,2,\cdots,s$, 则向量组

$$\boldsymbol{\alpha}_{11},\boldsymbol{\alpha}_{12},\cdots,\boldsymbol{\alpha}_{1k_1},\boldsymbol{\alpha}_{21},\boldsymbol{\alpha}_{22},\cdots,\boldsymbol{\alpha}_{2k_2},\cdots,\boldsymbol{\alpha}_{s1},\boldsymbol{\alpha}_{s2},\cdots,\boldsymbol{\alpha}_{sk_s}$$

也线性无关.

这个定理的证明类似于定理 1 的证明, 此处略.

习 题

1. 选择题

(1) 设 $\boldsymbol{A}$ 是 3 阶方阵, 且 $|3\boldsymbol{A}+2\boldsymbol{E}|=0$. 则 $\boldsymbol{A}$ 的特征值之一是 ( ).

(A) $-2/3$ (B) $-3/2$ (C) $2/3$ (D) $3/2$

(2) 设 2 是可逆阵 $\boldsymbol{A}$ 的特征值. 则 $[(1/3)\boldsymbol{A}^2]^{-1}$ 的特征值之一是 ( ).

(A) $1/2$ (B) $1/4$ (C) $3/4$ (D) $4/3$

(3) 设 λ 是 n 阶可逆阵 $\boldsymbol{A}$ 的特征值. 则 $\boldsymbol{A}$ 的伴随矩阵 $\boldsymbol{A}^*$ 的特征值之一是 ( ).

(A) $\lambda^{-1}|\boldsymbol{A}|^n$ (B) $\lambda^{-1}|\boldsymbol{A}|$ (C) $\lambda|\boldsymbol{A}|^n$ (D) $\lambda|\boldsymbol{A}|$

(4) 设 $\boldsymbol{A}$ 是 n 阶方阵, 且 $\boldsymbol{A}^2=\boldsymbol{E}$. 则 ( ).

(A) $\boldsymbol{A}$ 的行列式等于 1 (B) $\boldsymbol{A}$ 的逆矩阵等于 $\boldsymbol{E}$

(C) $\boldsymbol{A}$ 的秩等于 n (D) $\boldsymbol{A}$ 的特征值都是 1

2. 填空题

(1) 设 n 阶方阵 $\boldsymbol{A}$ 的元素全是 1. 则 $\boldsymbol{A}$ 的 n 个特征值是____.

(2) 设 3 是方阵

$$\begin{pmatrix} 0 & 1 & 0 & 0 \\ 1 & 0 & 0 & 0 \\ 0 & 0 & a & 1 \\ 0 & 0 & 1 & 2 \end{pmatrix}$$

的特征值. 则 $a=$____.

(3) 设 3 阶方阵 $\boldsymbol{A}$ 的特征值是 $1,2,-1$. 则 $\boldsymbol{A}+3\boldsymbol{E}$ 的特征值是____, $|\boldsymbol{A}+3\boldsymbol{E}|=$____.

*(4) 设 $\boldsymbol{A}$ 是 n 阶方阵, $|\boldsymbol{A}|\neq 0$. 若 $\boldsymbol{A}$ 有特征值 λ_0, 则 $(\boldsymbol{A}^*)^2+\boldsymbol{E}$ 必有特征值____.

3. 求下列方阵的特征值和特征向量:

(1) $\begin{pmatrix} 3 & 4 \\ 5 & 2 \end{pmatrix}$; (2) $\begin{pmatrix} -1 & 1 & 0 \\ -4 & 3 & 0 \\ 1 & 0 & 2 \end{pmatrix}$; (3) $\begin{pmatrix} 3 & 0 & 0 \\ 0 & 1 & 2 \\ 0 & -2 & 5 \end{pmatrix}$.

4. 已知 $\boldsymbol{\alpha}=\begin{pmatrix} 1 \\ 1 \\ -1 \end{pmatrix}$ 是方阵 $\boldsymbol{A}=\begin{pmatrix} 2 & -1 & 2 \\ 5 & a & 3 \\ -1 & b & -2 \end{pmatrix}$ 的特征向量. 求 a,b 及特征向量 $\boldsymbol{\alpha}$ 所对应的特征值.

5. 已知 3 阶方阵 $\boldsymbol{A}$ 的特征值是 $1,2,3$. 求 $|\boldsymbol{A}^2-2\boldsymbol{A}+3\boldsymbol{E}|$.

*6. 已知 3 阶方阵 $\boldsymbol{A}$ 的特征值是 $1,2,-1$. 求 $\boldsymbol{A}^*+2\boldsymbol{A}+3\boldsymbol{E}$ 的特征值.

7. 设方阵 $\boldsymbol{A}$ 满足 $\boldsymbol{A}^2=\boldsymbol{A}$. 证明: $\boldsymbol{A}$ 的特征值只能是 1 或 0.

4.2 矩阵的相似对角化

本节先介绍相似矩阵的概念与性质, 然后讨论方阵可相似对角化的条件.

4.2.1 相似矩阵的概念与性质

我们讨论两个方阵之间的关系. 先看一个具体的例子. 对于 2 阶方阵

$$\boldsymbol{A}=\begin{pmatrix} 1 & 2 \\ 4 & 3 \end{pmatrix},\quad \boldsymbol{B}=\begin{pmatrix} 3 & 2 \\ 4 & 1 \end{pmatrix}.$$

容易验证, 可逆阵 $\boldsymbol{P}=\begin{pmatrix}1 & 0\\ 1 & 1\end{pmatrix}$ 使得 $\boldsymbol{P}^{-1}\boldsymbol{A}\boldsymbol{P}=\boldsymbol{B}$.

一般地, 对于满足这样条件的方阵 $\boldsymbol{A}$ 和 $\boldsymbol{B}$, 引入矩阵相似的概念.

定义 设 $\boldsymbol{A},\boldsymbol{B}$ 是同阶方阵. 若存在可逆阵 $\boldsymbol{P}$ 使得

$$\boldsymbol{P}^{-1}\boldsymbol{A}\boldsymbol{P}=\boldsymbol{B},$$

则称方阵 $\boldsymbol{A}$ 与 $\boldsymbol{B}$ **相似**.

例如, 方阵

$$\boldsymbol{A}=\begin{pmatrix}1 & 2\\ 4 & 3\end{pmatrix} \quad 与 \quad \boldsymbol{B}=\begin{pmatrix}3 & 2\\ 4 & 1\end{pmatrix}$$

相似.

* **注** 矩阵相似与矩阵等价以及下一章将介绍的矩阵合同是矩阵论中三种关系.

两个矩阵相似必等价. 但等价的矩阵不一定相似. 首先, 等价的矩阵不一定是方阵, 即便是方阵, 也不一定相似. 例如, 矩阵

$$\boldsymbol{A}=\begin{pmatrix}1 & 0\\ 0 & 1\end{pmatrix}, \quad \boldsymbol{B}=\begin{pmatrix}1 & 1\\ 0 & 1\end{pmatrix}$$

的秩都是 2, 因此两者等价. 但两者不相似, 因为和 $\boldsymbol{A}$ 相似的矩阵只有 $\boldsymbol{A}$.

定理 1 相似矩阵有相同的特征多项式, 从而相似矩阵有相同的特征值.

证明 设 $\boldsymbol{A}$ 与 $\boldsymbol{B}$ 相似. 则存在可逆阵 $\boldsymbol{P}$ 使得 $\boldsymbol{P}^{-1}\boldsymbol{A}\boldsymbol{P}=\boldsymbol{B}$. 故

$$\begin{aligned}|\lambda\boldsymbol{E}-\boldsymbol{B}| &= |\boldsymbol{P}^{-1}(\lambda\boldsymbol{E})\boldsymbol{P}-\boldsymbol{P}^{-1}\boldsymbol{A}\boldsymbol{P}| = |\boldsymbol{P}^{-1}(\lambda\boldsymbol{E}-\boldsymbol{A})\boldsymbol{P}|\\ &= |\boldsymbol{P}^{-1}||\lambda\boldsymbol{E}-\boldsymbol{A}||\boldsymbol{P}| = |\lambda\boldsymbol{E}-\boldsymbol{A}|.\end{aligned}$$

因此结论成立. 证毕.

由于方阵的行列式等于它的所有特征值的乘积, 故据定理 1 即得下列的

推论 相似矩阵有相同的行列式.

4.2.2 矩阵的相似对角化

对角阵被认为是矩阵中一类最简单的矩阵. 以下讨论方阵与对角阵相似.

先看一个具体的例子. 对于 2 阶方阵 $\boldsymbol{A}=\begin{pmatrix}1 & 2\\ 4 & 3\end{pmatrix}$ 和 2 阶对角阵 $\boldsymbol{D}=\operatorname{diag}(-1,5)$. 容易验证, 可逆阵 $\boldsymbol{P}=\begin{pmatrix}1 & 1\\ -1 & 2\end{pmatrix}$ 使得 $\boldsymbol{P}^{-1}\boldsymbol{A}\boldsymbol{P}=\boldsymbol{D}$. 因此, $\boldsymbol{A}$ 与 $\boldsymbol{D}$ 相似.

一般地, 对于满足这样条件的方阵 $\boldsymbol{A}$, 引入矩阵可相似对角化的概念.

若方阵 $\boldsymbol{A}$ 与一个对角阵相似, 则称方阵 $\boldsymbol{A}$ **可相似对角化**, 简称为 $\boldsymbol{A}$ **可对角化**.

例如, 上述方阵 $\boldsymbol{A}$ 可相似对角化.

对于 2 阶方阵 $\boldsymbol{A}=\begin{pmatrix}0 & 1\\ -1 & 2\end{pmatrix}$, $\boldsymbol{A}$ 不能相似对角化. 事实上, 假设 $\boldsymbol{A}$ 可相似对角化, 则存在可逆阵 $\boldsymbol{P}$ 与对角阵 $\boldsymbol{D}$ 使得 $\boldsymbol{P}^{-1}\boldsymbol{A}\boldsymbol{P}=\boldsymbol{D}$. 易见, $\boldsymbol{A}$ 的特征值是 1,1. 注意到, 相似矩阵有相同的特征值. 因此, 对角阵 $\boldsymbol{D}$ 的特征值是 1,1. 故 $\boldsymbol{D}=\boldsymbol{E}$. 从而

$$\boldsymbol{A}=\boldsymbol{P}\boldsymbol{D}\boldsymbol{P}^{-1}=\boldsymbol{P}\boldsymbol{E}\boldsymbol{P}^{-1}=\boldsymbol{E}.$$

此与 $\boldsymbol{A}\neq\boldsymbol{E}$ 矛盾. 故 $\boldsymbol{A}$ 不能相似对角化.

我们发现, 并不是所有的方阵都可相似对角化. 我们要问: 在什么条件下方阵 $\boldsymbol{A}$ 可相似对角化? 如果 $\boldsymbol{A}$ 可相似对角化, 怎样求可逆阵 $\boldsymbol{P}$ 使得 $\boldsymbol{P}^{-1}\boldsymbol{A}\boldsymbol{P}=\boldsymbol{D}$ 是对角阵?

以下给出方阵可相似对角化的条件.

定理 2 设 n 阶方阵 $\boldsymbol{A}$ 的所有互不相同的特征值是 $\lambda_1,\lambda_2,\cdots,\lambda_s$, 且 λ_i 的重数是 $k_i, i=1,2,\cdots,s$. 则下列三条件等价:

(1) $\boldsymbol{A}$ 可相似对角化;

(2) $\boldsymbol{A}$ 有 n 个线性无关的特征向量;

(3) 对所有的 λ_i, 有

$$n-r(\lambda_i\boldsymbol{E}-\boldsymbol{A})=k_i,$$

即齐次线性方程组 $(\lambda_i\boldsymbol{E}-\boldsymbol{A})\boldsymbol{x}=\boldsymbol{0}$ 的基础解系所含解的个数, 也就是 $\boldsymbol{A}$ 的属于 λ_i 的线性无关的特征向量的个数等于 λ_i 的重数 k_i.

* **证明**　(1) $\Rightarrow$ (2). 由 $\boldsymbol{A}$ 可相似对角化, 可设 $\boldsymbol{A}$ 与对角阵 $\boldsymbol{D}$ 相似. 则存在可逆阵 $\boldsymbol{P}$ 使得 $\boldsymbol{P}^{-1}\boldsymbol{AP}=\boldsymbol{D}$, 从而 $\boldsymbol{AP}=\boldsymbol{PD}$. 令 $\boldsymbol{P}$ 的列向量是 $\boldsymbol{\varepsilon}_1,\boldsymbol{\varepsilon}_2,\cdots,\boldsymbol{\varepsilon}_n$, 即 $\boldsymbol{P}=(\boldsymbol{\varepsilon}_1,\boldsymbol{\varepsilon}_2,\cdots,\boldsymbol{\varepsilon}_n)$. 令

$$\boldsymbol{D}=\operatorname{diag}(\lambda_1,\lambda_2,\cdots,\lambda_n).$$

则

$$\begin{aligned}\boldsymbol{A}(\boldsymbol{\varepsilon}_1,\boldsymbol{\varepsilon}_2,\cdots,\boldsymbol{\varepsilon}_n)&=(\boldsymbol{A\varepsilon}_1,\boldsymbol{A\varepsilon}_2,\cdots,\boldsymbol{A\varepsilon}_n)\\&=(\boldsymbol{\varepsilon}_1,\boldsymbol{\varepsilon}_2,\cdots,\boldsymbol{\varepsilon}_n)\operatorname{diag}(\lambda_1,\lambda_2,\cdots,\lambda_n).\end{aligned}$$

因此 $\boldsymbol{A\varepsilon}_i=\lambda_i\boldsymbol{\varepsilon}_i, i=1,2,\cdots,n$. 由 $\boldsymbol{P}$ 是可逆阵, 知 $\boldsymbol{\varepsilon}_i\neq\boldsymbol{0}$, 且 $\boldsymbol{\varepsilon}_1,\boldsymbol{\varepsilon}_2,\cdots,\boldsymbol{\varepsilon}_n$ 线性无关. 故 $\boldsymbol{\varepsilon}_1,\boldsymbol{\varepsilon}_2,\cdots,\boldsymbol{\varepsilon}_n$ 是 $\boldsymbol{A}$ 的 n 个线性无关的特征向量.

(2) $\Rightarrow$ (1). 令 $\boldsymbol{A}$ 有 n 个线性无关的特征向量 $\boldsymbol{\varepsilon}_1,\boldsymbol{\varepsilon}_2,\cdots,\boldsymbol{\varepsilon}_n$. 设 $\boldsymbol{A\varepsilon}_i=\lambda_i\boldsymbol{\varepsilon}_i$, $i=1,2,\cdots,n$. 令

$$\boldsymbol{P}=(\boldsymbol{\varepsilon}_1,\boldsymbol{\varepsilon}_2,\cdots,\boldsymbol{\varepsilon}_n),\quad \boldsymbol{D}=\operatorname{diag}(\lambda_1,\lambda_2,\cdots,\lambda_n).$$

则 $\boldsymbol{P}$ 是可逆阵, 且

$$\begin{aligned}\boldsymbol{AP}=\boldsymbol{A}(\boldsymbol{\varepsilon}_1,\boldsymbol{\varepsilon}_2,\cdots,\boldsymbol{\varepsilon}_n)&=(\boldsymbol{A\varepsilon}_1,\boldsymbol{A\varepsilon}_2,\cdots,\boldsymbol{A\varepsilon}_n)\\&=(\boldsymbol{\varepsilon}_1,\boldsymbol{\varepsilon}_2,\cdots,\boldsymbol{\varepsilon}_n)\operatorname{diag}(\lambda_1,\lambda_2,\cdots,\lambda_n)=\boldsymbol{PD}.\end{aligned}$$

因此 $\boldsymbol{P}^{-1}\boldsymbol{AP}=\boldsymbol{D}$. 故 $\boldsymbol{A}$ 可相似对角化.

(1) $\Rightarrow$ (3). 由 $\boldsymbol{A}$ 可相似对角化, 可设 $\boldsymbol{A}$ 与对角阵 $\boldsymbol{D}$ 相似, 从而 $\lambda_i\boldsymbol{E}-\boldsymbol{A}$ 与 $\lambda_i\boldsymbol{E}-\boldsymbol{D}$ 相似. 注意到, $\boldsymbol{D}$ 的主对角线上的元素恰是 $\boldsymbol{A}$ 的所有特征值. 因为 λ_i 是 $\boldsymbol{A}$ 的 k_i 重特征值, 所以 $\boldsymbol{A}$ 的这 n 个特征值中有 k_i 个等于 λ_i, 有 $n-k_i$ 个不等

于 λ_i. 因此, 对角阵 $\lambda_i\boldsymbol{E}-\boldsymbol{D}$ 的主对角线上的元素有 k_i 个等于 0, 有 $n-k_i$ 个不等于 0. 故 $r(\lambda_i\boldsymbol{E}-\boldsymbol{D})=n-k_i$. 注意到, 相似的矩阵有相同的秩. 从而

$$r(\lambda_i\boldsymbol{E}-\boldsymbol{A})=r(\lambda_i\boldsymbol{E}-\boldsymbol{D})=n-k_i.$$

(3) ⇒ (1). 对于每个特征值 λ_i, 注意到 (3), 可设 $\boldsymbol{\eta}_{i1},\boldsymbol{\eta}_{i2},\cdots,\boldsymbol{\eta}_{ik_i}$ 是齐次线性方程组 $(\lambda_i\boldsymbol{E}-\boldsymbol{A})\boldsymbol{x}=\boldsymbol{0}$ 的一个基础解系, 它们是 $\boldsymbol{A}$ 的属于 λ_i 的线性无关的特征向量, $i=1,2,\cdots,s$. 据上节定理 2, 知所有这些特征向量

$$\boldsymbol{\eta}_{11},\boldsymbol{\eta}_{12},\cdots,\boldsymbol{\eta}_{1k_1},\boldsymbol{\eta}_{21},\boldsymbol{\eta}_{22},\cdots,\boldsymbol{\eta}_{2k_2},\cdots,\boldsymbol{\eta}_{s1},\boldsymbol{\eta}_{s2},\cdots,\boldsymbol{\eta}_{sk_s}$$

线性无关. 注意到, 这些特征向量的个数是 $k_1+k_2+\cdots+k_s=n$. 以这 n 个特征向量为列构造矩阵 $\boldsymbol{P}$, 即令

$$\boldsymbol{P}=(\boldsymbol{\eta}_{11},\boldsymbol{\eta}_{12},\cdots,\boldsymbol{\eta}_{1k_1},\boldsymbol{\eta}_{21},\boldsymbol{\eta}_{22},\cdots,\boldsymbol{\eta}_{2k_2},\cdots,\boldsymbol{\eta}_{s1},\boldsymbol{\eta}_{s2},\cdots,\boldsymbol{\eta}_{sk_s}).$$

令

$$\boldsymbol{D}=\mathrm{diag}(\underbrace{\lambda_1,\cdots,\lambda_1}_{k_1},\underbrace{\lambda_2,\cdots,\lambda_2}_{k_2},\cdots,\underbrace{\lambda_s,\cdots,\lambda_s}_{k_s}),$$

其中 $\boldsymbol{D}$ 的主对角线上的元素 λ_i 的个数是 k_i, 且这些元素的排列次序与 $\boldsymbol{P}$ 中列向量的排列次序相对应. 则 $\boldsymbol{P}$ 是可逆阵, 且 $\boldsymbol{AP}=\boldsymbol{PD}$. 从而 $\boldsymbol{P}^{-1}\boldsymbol{AP}=\boldsymbol{D}$. 因此 $\boldsymbol{A}$ 可相似对角化. 证毕.

定理 2 不仅给出了**方阵可相似对角化的判别方法,** 而且它的证明过程给出了对于**可相似对角化方阵 $\boldsymbol{A}$ 求可逆阵 $\boldsymbol{P}$ 使得 $\boldsymbol{P}^{-1}\boldsymbol{AP}=\boldsymbol{D}$ 是对角阵的方法**:

1. 求 n 阶方阵 $\boldsymbol{A}$ 的所有互不相同的特征值 $\lambda_1,\lambda_2,\cdots,\lambda_s$, 且 λ_i 的重数是 k_i, $i=1,2,\cdots,s$;

2. 对于每个特征值 λ_i, 求矩阵 $\lambda_i\boldsymbol{E}-\boldsymbol{A}$ 的秩 $r(\lambda_i\boldsymbol{E}-\boldsymbol{A})$. 从而判断 $\boldsymbol{A}$ 可否相似对角化: 若对某一个 λ_i, 有 $n-r(\lambda_i\boldsymbol{E}-\boldsymbol{A})<k_i$, 则 $\boldsymbol{A}$ 不能相似对角化. 若对所有的 λ_i, 都有 $n-r(\lambda_i\boldsymbol{E}-\boldsymbol{A})=k_i$, 则 $\boldsymbol{A}$ 可相似对角化;

3. 在 $\boldsymbol{A}$ 可相似对角化的情况下, 进一步求可逆阵 $\boldsymbol{P}$ 使得 $\boldsymbol{P}^{-1}\boldsymbol{A}\boldsymbol{P}=\boldsymbol{D}$ 是对角阵:

对于每个特征值 λ_i, 求方程组 $(\lambda_i\boldsymbol{E}-\boldsymbol{A})\boldsymbol{x}=\boldsymbol{0}$ 的一个基础解系 $\boldsymbol{\eta}_{i1},\boldsymbol{\eta}_{i2},\cdots,\boldsymbol{\eta}_{ik_i}$. 令

$$\boldsymbol{P}=(\boldsymbol{\eta}_{11},\boldsymbol{\eta}_{12},\cdots,\boldsymbol{\eta}_{1k_1},\boldsymbol{\eta}_{21},\boldsymbol{\eta}_{22},\cdots,\boldsymbol{\eta}_{2k_2},\cdots,\boldsymbol{\eta}_{s1},\boldsymbol{\eta}_{s2},\cdots,\boldsymbol{\eta}_{sk_s}),$$

$$\boldsymbol{D}=\operatorname{diag}(\underbrace{\lambda_1,\cdots,\lambda_1}_{k_1},\underbrace{\lambda_2,\cdots,\lambda_2}_{k_2},\cdots,\underbrace{\lambda_s,\cdots,\lambda_s}_{k_s}),$$

其中 $\boldsymbol{D}$ 的主对角线上的元素 λ_i 的个数是 k_i, 且这些元素的排列次序与 $\boldsymbol{P}$ 中列向量的排列次序相对应. 则 $\boldsymbol{P}$ 是可逆阵, 且

$$\boldsymbol{P}^{-1}\boldsymbol{A}\boldsymbol{P}=\boldsymbol{D}.$$

注　一般地, 方阵属于同一特征值的线性无关的特征向量的个数不超过这个特征值的重数. 这个结果这里就不证明了. 因此, 方阵属于单特征值的线性无关的特征向量的个数等于 1. 分两种情况:

(1) 当方阵的所有特征值互不相同, 即所有特征值都是单特征值, 也就是没有重特征值 (重数 $k\geqslant 2$), 那么根据方阵可相似对角化的判别方法, 知这个矩阵可相似对角化;

(2) 当方阵有重特征值, 只需考察所有重特征值, 从而根据方阵可相似对角化的判别方法, 判断方阵可否相似对角化.

例如, 上节例 1 中的方阵 $\boldsymbol{A}=\begin{pmatrix}1&2\\4&3\end{pmatrix}$ 的特征值 -1 与 5 互不相同, 故 $\boldsymbol{A}$ 可相似对角化.

又如, 上节例 2 中的方阵 $\boldsymbol{A}=\begin{pmatrix}1&2&0\\4&3&0\\5&0&5\end{pmatrix}$ 有 2 重特征值 5. 而 $r(5\boldsymbol{E}-\boldsymbol{A})=2$, 故 $\boldsymbol{A}$ 的属于 5 的线性无关的特征向量个数

$$3-r(5\boldsymbol{E}-\boldsymbol{A})=3-2=1$$

小于重数 2. 因此 $\boldsymbol{A}$ 不能相似对角化.

例 1 判断方阵

$$\boldsymbol{A}=\begin{pmatrix}3&1&0\\0&4&0\\0&0&4\end{pmatrix}$$

可否相似对角化. 若能, 求可逆阵 $\boldsymbol{P}$ 使得 $\boldsymbol{P}^{-1}\boldsymbol{AP}$ 是对角阵.

解 这个方阵是上节例 3 中的方阵. 由例 3, 知 $\boldsymbol{A}$ 的特征值是 $\lambda_1=3,\lambda_2=\lambda_3=4$, 且对于 2 重特征值 4, 有

$$3-r(4\boldsymbol{E}-\boldsymbol{A})=3-1=2$$

等于 4 的重数 2. 因此 $\boldsymbol{A}$ 可对角化.

再由例 3, 知 $\boldsymbol{A}$ 的属于 3 的特征向量是 $\boldsymbol{\eta}_1=(1,0,0)^{\mathrm{T}}$, 而 $\boldsymbol{A}$ 的属于 4 的线性无关的特征向量是 $\boldsymbol{\eta}_2=(1,1,0)^{\mathrm{T}},\boldsymbol{\eta}_3=(0,0,1)^{\mathrm{T}}$. 令

$$\boldsymbol{P}=(\boldsymbol{\eta}_1,\boldsymbol{\eta}_2,\boldsymbol{\eta}_3)=\begin{pmatrix}1&1&0\\0&1&0\\0&0&1\end{pmatrix},$$

则

$$\boldsymbol{P}^{-1}\boldsymbol{AP}=\mathrm{diag}(3,4,4).$$

注 1. 注意 $\boldsymbol{P}^{-1}$ 和 $\boldsymbol{P}$ 在 $\boldsymbol{P}^{-1}\boldsymbol{AP}$ 中的位置: $\boldsymbol{P}^{-1}$ 在 $\boldsymbol{A}$ 的左边, 而 $\boldsymbol{P}$ 在 $\boldsymbol{A}$ 的右边.

2. 利用 $\boldsymbol{P}^{-1}\boldsymbol{AP}=\boldsymbol{D}$, 即 $\boldsymbol{AP}=\boldsymbol{PD}$ 可以验证 $\boldsymbol{P}$ 的正确性. 在例 1 中

$$\boldsymbol{AP}=\begin{pmatrix}3&1&0\\0&4&0\\0&0&4\end{pmatrix}\begin{pmatrix}1&1&0\\0&1&0\\0&0&1\end{pmatrix}=\begin{pmatrix}1&1&0\\0&1&0\\0&0&1\end{pmatrix}\begin{pmatrix}3&0&0\\0&4&0\\0&0&4\end{pmatrix}=\boldsymbol{PD}.$$

3. 由于特征向量不唯一, 故 $\boldsymbol{P}$ 不唯一. 而对角阵 $\boldsymbol{D}$ 除了主对角线上元素的排列次序以外是唯一的.

4. 虽然 $\boldsymbol{P}$ 不唯一, 但都有 $\boldsymbol{A}=\boldsymbol{PDP}^{-1}$. 由此, 可以计算 $\boldsymbol{A}$ 的方幂. 对任意的正整数 k, 注意到 $\boldsymbol{P}^{-1}\boldsymbol{P}=\boldsymbol{E}$, 有

$$\boldsymbol{A}^k=(\boldsymbol{PDP}^{-1})^k=\underbrace{\boldsymbol{PDP}^{-1}\cdot\boldsymbol{PDP}^{-1}\cdots\boldsymbol{PDP}^{-1}}_{k}=\boldsymbol{PD}^k\boldsymbol{P}^{-1}.$$

*5. 从例 1 可以看出, 方阵 $\boldsymbol{A}$ 有重特征值 4, 但 $\boldsymbol{A}$ 可相似对角化. 因此, n 阶方阵 $\boldsymbol{A}$ 有 n 个不同的特征值是 $\boldsymbol{A}$ 可相似对角化的充分而非必要条件.

*6. 我们知道, 相似矩阵有相同的特征值. 但两个相似矩阵属于同一个特征值的特征值向量不一定相同.

例如, 例 1 中 $\boldsymbol{A}$ 与 $\boldsymbol{B}=\mathrm{diag}(3,4,4)$ 相似. 由上节例 3, 知 $\boldsymbol{A}$ 的属于 4 的所有特征向量是 $(c_2,c_2,c_3)^{\mathrm{T}}$, 其中 c_2,c_3 是不全为零的任意常数. 而容易求得, $\boldsymbol{B}$ 的属于 4 的所有特征向量是 $(0,c_2,c_3)^{\mathrm{T}}$, 其中 c_2,c_3 是不全为零的任意常数.

一般地, 求一个方阵的高次幂是一件比较麻烦的事, 尤其是当方阵的阶数或方幂的次数较高时, 计算会比较繁杂. 但对于可相似对角化的方阵, 可以较容易地求其方幂.

例 2　求

$$\begin{pmatrix}3&1&0\\0&4&0\\0&0&4\end{pmatrix}^{100}.$$

解　注意到, 这个方阵是例 1 中的方阵 $\boldsymbol{A}$. 由例 1, 知存在可逆阵 $\boldsymbol{P}$ 和对角阵 $\boldsymbol{D}$ 使得 $\boldsymbol{P}^{-1}\boldsymbol{AP}=\boldsymbol{D}$, 其中

$$\boldsymbol{P}=\begin{pmatrix}1&1&0\\0&1&0\\0&0&1\end{pmatrix},\quad \boldsymbol{D}=\begin{pmatrix}3&0&0\\0&4&0\\0&0&4\end{pmatrix}.$$

因此 $\boldsymbol{A}=\boldsymbol{PDP}^{-1}$. 而

$$\boldsymbol{P}^{-1}=\begin{pmatrix}1&-1&0\\0&1&0\\0&0&1\end{pmatrix},$$

故

$$A^{100}=PD^{100}P^{-1}=P\begin{pmatrix}3^{100}&0&0\\0&4^{100}&0\\0&0&4^{100}\end{pmatrix}P^{-1}$$

$$=\begin{pmatrix}3^{100}&4^{100}-3^{100}&0\\0&4^{100}&0\\0&0&4^{100}\end{pmatrix}.$$

我们知道, 给定方阵可以求其特征值与特征向量. 另一方面, 给定一个方阵的所有特征值与特征向量, 当这个方阵可相似对角化时, 可以反求这个方阵. **由方阵的特征值与特征向量反求矩阵的方法**:

以给定的 n 阶方阵 $\boldsymbol{A}$ 的 (n 个依次属于特征值的线性无关的) 特征向量为列构造矩阵 $\boldsymbol{P}$, 以给定的 $\boldsymbol{A}$ 的所有特征值为主对角线上的元素构造对角阵 $\boldsymbol{D}$. 则 $\boldsymbol{P}$ 是可逆阵, 且 $\boldsymbol{P}^{-1}\boldsymbol{A}\boldsymbol{P}=\boldsymbol{D}$. 因此 $\boldsymbol{A}=\boldsymbol{P}\boldsymbol{D}\boldsymbol{P}^{-1}$.

例 3 设 3 阶方阵 $\boldsymbol{A}$ 的特征值是 $\lambda_1=3,\lambda_2=\lambda_3=4$, $\boldsymbol{A}$ 的属于 3 的特征向量是 $\boldsymbol{\eta}_1=(1,0,0)^{\mathrm{T}}$, $\boldsymbol{A}$ 的属于 4 的线性无关的特征向量是 $\boldsymbol{\eta}_2=(1,1,0)^{\mathrm{T}}$, $\boldsymbol{\eta}_3=(0,0,1)^{\mathrm{T}}$. 求 $\boldsymbol{A}$.

解 由设, 知 $\boldsymbol{\eta}_1,\boldsymbol{\eta}_2,\boldsymbol{\eta}_3$ 是 $\boldsymbol{A}$ 的 3 个线性无关的特征向量. 令

$$\boldsymbol{P}=(\boldsymbol{\eta}_1,\boldsymbol{\eta}_2,\boldsymbol{\eta}_3)=\begin{pmatrix}1&1&0\\0&1&0\\0&0&1\end{pmatrix},\quad \boldsymbol{D}=\begin{pmatrix}3&0&0\\0&4&0\\0&0&4\end{pmatrix}.$$

则 $\boldsymbol{P}$ 是可逆阵, 且 $\boldsymbol{P}^{-1}\boldsymbol{A}\boldsymbol{P}=\boldsymbol{D}$. 而 $\boldsymbol{P}^{-1}=\begin{pmatrix}1&-1&0\\0&1&0\\0&0&1\end{pmatrix}$. 因此

$$\boldsymbol{A}=\boldsymbol{P}\boldsymbol{D}\boldsymbol{P}^{-1}=\begin{pmatrix}3&1&0\\0&4&0\\0&0&4\end{pmatrix}.$$

习　题

1. 选择题

(1) 矩阵 $\boldsymbol{A}=\operatorname{diag}(1,1,2)$ 与矩阵 (　　) 相似.

(A) $\begin{pmatrix} 1 & 0 & 0 \\ 0 & 2 & 0 \\ 0 & 0 & 1 \end{pmatrix}$　　(B) $\begin{pmatrix} 1 & 1 & 0 \\ 0 & 1 & 0 \\ 0 & 0 & 2 \end{pmatrix}$

(C) $\begin{pmatrix} 2 & 0 & 0 \\ 0 & 1 & 1 \\ 0 & 0 & 1 \end{pmatrix}$　　(D) $\begin{pmatrix} 1 & 0 & 1 \\ 0 & 2 & 0 \\ 0 & 0 & 1 \end{pmatrix}$

(2) 若 (　　), 则矩阵 $\boldsymbol{A}$ 与 $\boldsymbol{B}$ 相似.

(A) $|\boldsymbol{A}|=|\boldsymbol{B}|$

(B) $r(\boldsymbol{A})=r(\boldsymbol{B})$

(C) $|\lambda\boldsymbol{E}-\boldsymbol{A}|=|\lambda\boldsymbol{E}-\boldsymbol{B}|$

(D) n 阶方阵 $\boldsymbol{A}$ 与 $\boldsymbol{B}$ 有相同的特征值, 且 n 个特征值互异

*(3) n 阶方阵 $\boldsymbol{A}$ 有 n 个不同的特征值是 $\boldsymbol{A}$ 与对角阵相似的 (　　).

(A) 充要条件　　(B) 充分而非必要条件

(C) 必要而非充分条件　　(D) 既非充分又非必要条件

*(4) 设 $\boldsymbol{A}$ 与 $\boldsymbol{B}$ 相似. 则 (　　).

(A) 存在可逆阵 $\boldsymbol{P}$ 使得 $\boldsymbol{P}^{-1}\boldsymbol{A}\boldsymbol{P}=\boldsymbol{B}$

(B) $\boldsymbol{A}$ 与 $\boldsymbol{B}$ 有相同的特征值和特征向量

(C) $\boldsymbol{A}$ 与 $\boldsymbol{B}$ 都相似于同一个对角阵

(D) 对任意常数 k, $k\boldsymbol{E}-\boldsymbol{A}=k\boldsymbol{E}-\boldsymbol{B}$

2. 填空题　设 $\boldsymbol{A}$ 与 $\operatorname{diag}(1,2,-1)$ 相似, $\boldsymbol{B}=\boldsymbol{A}^2-2\boldsymbol{E}$. 则 $|\boldsymbol{B}^*|=$____.

3. 判断下列方阵可否相似对角化:

(1) $\begin{pmatrix} -1 & 1 & 0 \\ -4 & 3 & 0 \\ 1 & 0 & 2 \end{pmatrix}$; (2) $\begin{pmatrix} 2 & 0 & 0 \\ 1 & 2 & -1 \\ 1 & 0 & 1 \end{pmatrix}$.

4. 设 $\boldsymbol{A}=\begin{pmatrix} 0 & 0 & 1 \\ 1 & 1 & a \\ 1 & 0 & 0 \end{pmatrix}$.

(1) a 是何值时, $\boldsymbol{A}$ 可相似对角化?

(2) 在 $\boldsymbol{A}$ 可相似对角化的条件下, 求可逆阵 $\boldsymbol{P}$ 使得 $\boldsymbol{P}^{-1}\boldsymbol{A}\boldsymbol{P}$ 是对角阵;

(3) 在 $\boldsymbol{A}$ 可相似对角化的条件下, 求 $\boldsymbol{A}^{50}$.

5. 设 3 阶方阵 $\boldsymbol{A}$ 的特征值是 $1,0,-1$, 对应的特征向量分别是

$$\boldsymbol{\alpha}_1=(1,1,1)^{\mathrm{T}},\quad \boldsymbol{\alpha}_2=(1,1,0)^{\mathrm{T}},\quad \boldsymbol{\alpha}_3=(0,1,1)^{\mathrm{T}}.$$

求 $\boldsymbol{A}$.

6. 设 $\boldsymbol{A}$ 是 3 阶方阵, 且 $\boldsymbol{E}-\boldsymbol{A},2\boldsymbol{E}+\boldsymbol{A},3\boldsymbol{E}-\boldsymbol{A}$ 都不可逆. 证明 $\boldsymbol{A}$ 可相似对角化.

7. 证明 n 阶方阵

$$\begin{pmatrix} 0 & \cdots & 0 & 1 \\ 0 & \cdots & 0 & 2 \\ \vdots & & \vdots & \vdots \\ 0 & \cdots & 0 & n \end{pmatrix}$$

可相似对角化.

4.3 对称矩阵的相似对角化

第 2 节讨论了方阵可相似对角化的条件. 本节讨论对称阵的相似对角化.

4.3.1　对称矩阵的特征值与特征向量的性质

首先给出对称阵的特征值与特征向量所具有的一些特殊性质.

我们知道, 方阵的特征值是这个方阵的特征多项式的根, 当然可以是复数. 例如, 2 阶方阵 $\begin{pmatrix} 0 & 1 \\ -1 & 0 \end{pmatrix}$ 的特征值是复数 $i,-i$. 但对于实对称阵而言, 有

定理 1　对称阵的特征值都是实数.

* **证明**　设复数 λ 是对称阵 $\boldsymbol{A}$ 的任意特征值, 复向量 $\boldsymbol{\alpha}$ 是 $\boldsymbol{A}$ 的属于 λ 的特征向量, 即 $\boldsymbol{A\alpha}=\lambda\boldsymbol{\alpha},\boldsymbol{\alpha}\neq\boldsymbol{0}$.

用 $\overline{\lambda}$ 表示 λ 的共轭复数, $\overline{\boldsymbol{\alpha}}$ 表示 $\boldsymbol{\alpha}$ 的共轭复向量. 而 $\boldsymbol{A}$ 是实矩阵, 有 $\boldsymbol{A}=\overline{\boldsymbol{A}}$. 等式 $\boldsymbol{A\alpha}=\lambda\boldsymbol{\alpha}$ 两边取共轭, 得

$$\boldsymbol{A}\overline{\boldsymbol{\alpha}}=\overline{\boldsymbol{A}}\overline{\boldsymbol{\alpha}}=\overline{\boldsymbol{A\alpha}}=\overline{\lambda\boldsymbol{\alpha}}=\overline{\lambda}\overline{\boldsymbol{\alpha}}.$$

由 $\boldsymbol{A}$ 是对称阵, 对上式取转置, 得

$$\overline{\boldsymbol{\alpha}}^{\mathrm{T}}\boldsymbol{A}=\overline{\lambda}\overline{\boldsymbol{\alpha}}^{\mathrm{T}}.$$

上式两边右乘 $\boldsymbol{\alpha}$, 得

$$\overline{\boldsymbol{\alpha}}^{\mathrm{T}}\boldsymbol{A\alpha}=\overline{\lambda}\overline{\boldsymbol{\alpha}}^{\mathrm{T}}\boldsymbol{\alpha}.$$

另一方面, 等式 $\boldsymbol{A\alpha}=\lambda\boldsymbol{\alpha}$ 两边左乘 $\overline{\boldsymbol{\alpha}}^{\mathrm{T}}$, 得

$$\overline{\boldsymbol{\alpha}}^{\mathrm{T}}\boldsymbol{A\alpha}=\lambda\overline{\boldsymbol{\alpha}}^{\mathrm{T}}\boldsymbol{\alpha}.$$

两式相减, 得

$$(\lambda-\overline{\lambda})\overline{\boldsymbol{\alpha}}^{\mathrm{T}}\boldsymbol{\alpha}=0.$$

但 $\boldsymbol{\alpha}\neq\boldsymbol{0}$, 因而

$$\overline{\boldsymbol{\alpha}}^{\mathrm{T}}\boldsymbol{\alpha}=\sum_{i=1}^{n}\overline{a_i}a_i=\sum_{i=1}^{n}|a_i|^2\neq 0,$$

其中 $\boldsymbol{\alpha}=(a_1,a_2,\cdots,a_n)^{\mathrm{T}}$. 故 $\lambda-\overline{\lambda}=0$, 即 $\lambda=\overline{\lambda}$. 因此 λ 是实数. 证毕.

我们知道, 方阵的属于不同特征值的特征向量是线性无关的. 对于对称阵而言, 有更进一步的结果.

定理 2 对称阵的属于不同特征值的特征向量是正交向量组.

* **证明** 只需证明两个的情况. 设 λ_1,λ_2 是对称阵 $\boldsymbol{A}$ 的两个不同的特征值, $\boldsymbol{\alpha}_1,\boldsymbol{\alpha}_2$ 是 $\boldsymbol{A}$ 的分别属于 λ_1,λ_2 的特征向量. 则 $\boldsymbol{A}\boldsymbol{\alpha}_1=\lambda_1\boldsymbol{\alpha}_1,\boldsymbol{A}\boldsymbol{\alpha}_2=\lambda_2\boldsymbol{\alpha}_2$.

由 $\boldsymbol{A}$ 是对称阵, 对 $\boldsymbol{A}\boldsymbol{\alpha}_1=\lambda_1\boldsymbol{\alpha}_1$ 取转置, 得

$$\boldsymbol{\alpha}_1^{\mathrm{T}}\boldsymbol{A}=\lambda_1\boldsymbol{\alpha}_1^{\mathrm{T}}.$$

上式两边右乘 $\boldsymbol{\alpha}_2$, 得

$$\boldsymbol{\alpha}_1^{\mathrm{T}}\boldsymbol{A}\boldsymbol{\alpha}_2=\lambda_1\boldsymbol{\alpha}_1^{\mathrm{T}}\boldsymbol{\alpha}_2.$$

由于 $\boldsymbol{A}\boldsymbol{\alpha}_2=\lambda_2\boldsymbol{\alpha}_2$, 故

$$\lambda_2\boldsymbol{\alpha}_1^{\mathrm{T}}\boldsymbol{\alpha}_2=\lambda_1\boldsymbol{\alpha}_1^{\mathrm{T}}\boldsymbol{\alpha}_2.$$

从而 $(\lambda_1-\lambda_2)\boldsymbol{\alpha}_1^{\mathrm{T}}\boldsymbol{\alpha}_2=0$. 但 $\lambda_1\neq\lambda_2$, 故 $\boldsymbol{\alpha}_1^{\mathrm{T}}\boldsymbol{\alpha}_2=0$, 即 $\boldsymbol{\alpha}_1$ 与 $\boldsymbol{\alpha}_2$ 正交. 注意到, $\boldsymbol{\alpha}_1,\boldsymbol{\alpha}_2$ 都是非零向量. 故 $\boldsymbol{\alpha}_1,\boldsymbol{\alpha}_2$ 是正交向量组. 证毕.

定理 3 设 $\boldsymbol{A}$ 是对称阵. 则存在正交阵 $\boldsymbol{P}$ 使得 $\boldsymbol{P}^{-1}\boldsymbol{A}\boldsymbol{P}=\boldsymbol{P}^{\mathrm{T}}\boldsymbol{A}\boldsymbol{P}=\boldsymbol{D}$, 其中 $\boldsymbol{D}$ 是对角阵, 且主对角线上的元素是 $\boldsymbol{A}$ 的所有特征值.

此定理这里就不证明了.

我们知道, 方阵可相似对角化是有条件的. 据定理 3, 对称阵 $\boldsymbol{A}$ 可相似对角化是无条件的, 且存在正交阵 $\boldsymbol{P}$ 使得 $\boldsymbol{P}^{-1}\boldsymbol{A}\boldsymbol{P}=\boldsymbol{P}^{\mathrm{T}}\boldsymbol{A}\boldsymbol{P}=\boldsymbol{D}$ 是对角阵.

4.3.2 对称矩阵的相似对角化

设 n 阶对称阵 $\boldsymbol{A}$ 的所有互不相同的特征值是 $\lambda_1,\cdots,\lambda_s$, 它们的重数分别是 $k_1,\cdots,k_s\,(k_1+\cdots+k_s=n)$. 由定理 1, 知 λ_i 是实数. 由 $\boldsymbol{A}$ 可相似对角化, 且由第

2 节定理 2 关于方阵可相似对角化的条件, 知 $\boldsymbol{A}$ 的属于特征值 λ_i 的线性无关的特征向量恰有 k_i 个. 用施密特方法把它们规范正交化. 注意到, 属于同一特征值的特征向量的非零线性组合也是属于这个特征值的特征向量. 这样就得到 $\boldsymbol{A}$ 的 k_i 个两两正交的单位特征向量. 由 $k_1+\cdots+k_s=n$, 知这样的特征向量共有 n 个. 由定理 2, 知这 n 个单位特征向量两两正交. 以它们为列构造矩阵 $\boldsymbol{P}$. 则 $\boldsymbol{P}$ 是正交阵, 且 $\boldsymbol{P}^{-1}\boldsymbol{AP}=\boldsymbol{P}^{\mathrm{T}}\boldsymbol{AP}=\boldsymbol{D}$ 是对角阵, 注意 $\boldsymbol{D}$ 的主对角线上的元素的排列次序与 $\boldsymbol{P}$ 中列向量的排列次序相对应.

因此, 对于对称阵 $\boldsymbol{A}$ **求正交阵** $\boldsymbol{P}$ **使得** $\boldsymbol{P}^{-1}\boldsymbol{AP}=\boldsymbol{P}^{\mathrm{T}}\boldsymbol{AP}=\boldsymbol{D}$ **是对角阵的方法**:

1. 求出 $\boldsymbol{A}$ 的所有互不相同的特征值 $\lambda_1,\cdots,\lambda_s$;

2. 对每个特征值 λ_i, 求方程组 $(\lambda_i\boldsymbol{E}-\boldsymbol{A})\boldsymbol{x}=\boldsymbol{0}$ 的一个基础解系 (即 $\boldsymbol{A}$ 的线性无关的特征向量);

3. 把这个基础解系 (即 $\boldsymbol{A}$ 的线性无关的特征向量) 先正交化, 再单位化;

4. 以这些单位向量为列构造矩阵 $\boldsymbol{P}$. 则 $\boldsymbol{P}$ 为所求.

例 1　设 $\boldsymbol{A}=\begin{pmatrix}2&2&-2\\2&5&-4\\-2&-4&5\end{pmatrix}$. 求一个正交阵 $\boldsymbol{P}$ 使得 $\boldsymbol{P}^{-1}\boldsymbol{AP}=\boldsymbol{D}$ 是对角阵.

解　由于 $\boldsymbol{A}$ 的特征多项式是

$$|\lambda\boldsymbol{E}-\boldsymbol{A}|=\begin{vmatrix}\lambda-2&-2&2\\-2&\lambda-5&4\\2&4&\lambda-5\end{vmatrix}$$

$$\xlongequal{r_2+r_3}\begin{vmatrix}\lambda-2&-2&2\\0&\lambda-1&\lambda-1\\2&4&\lambda-5\end{vmatrix}$$

$$= (\lambda-1)\begin{vmatrix} \lambda-2 & -2 & 2 \\ 0 & 1 & 1 \\ 2 & 4 & \lambda-5 \end{vmatrix}$$

$$\xlongequal{c_3-c_2} (\lambda-1)\begin{vmatrix} \lambda-2 & -2 & 4 \\ 0 & 1 & 0 \\ 2 & 4 & \lambda-9 \end{vmatrix}$$

$$\xlongequal{\text{按第 2 行展开}} (\lambda-1)[(\lambda-2)(\lambda-9)-8]$$

$$= (\lambda-1)(\lambda^2-11\lambda+10) = (\lambda-10)(\lambda-1)^2,$$

故 $\boldsymbol{A}$ 的特征值是 $\lambda_1 = 10, \lambda_2 = \lambda_3 = 1$.

对于 $\lambda_1 = 10$, 解方程组 $(10\boldsymbol{E}-\boldsymbol{A})\boldsymbol{x} = \boldsymbol{0}$, 得基础解系 $\boldsymbol{\alpha}_1 = (1,2,-2)^{\mathrm{T}}$, 即 $\boldsymbol{A}$ 的属于 10 的特征向量是 $\boldsymbol{\alpha}_1$.

把 $\boldsymbol{\alpha}_1$ 单位化, 得 $\boldsymbol{\varepsilon}_1 = \dfrac{1}{3}(1,2,-2)^{\mathrm{T}}$.

对于 $\lambda_2 = \lambda_3 = 1$, 解方程组 $(\boldsymbol{E}-\boldsymbol{A})\boldsymbol{x} = \boldsymbol{0}$, 得基础解系

$$\boldsymbol{\alpha}_2 = (-2,1,0)^{\mathrm{T}}, \quad \boldsymbol{\alpha}_3 = (2,0,1)^{\mathrm{T}},$$

即 $\boldsymbol{A}$ 的属于 1 的线性无关的特征向量是 $\boldsymbol{\alpha}_2, \boldsymbol{\alpha}_3$.

把 $\boldsymbol{\alpha}_2, \boldsymbol{\alpha}_3$ 正交化, 取

$$\boldsymbol{\beta}_2 = \boldsymbol{\alpha}_2,$$

$$\boldsymbol{\beta}_3 = \boldsymbol{\alpha}_3 - \frac{[\boldsymbol{\alpha}_3,\boldsymbol{\beta}_2]}{[\boldsymbol{\beta}_2,\boldsymbol{\beta}_2]}\boldsymbol{\beta}_2 = \frac{1}{5}(2,4,5)^{\mathrm{T}}.$$

把 $\boldsymbol{\beta}_2, \boldsymbol{\beta}_3$ 单位化, 得

$$\boldsymbol{\varepsilon}_2 = \frac{1}{\sqrt{5}}(-2,1,0)^{\mathrm{T}}, \quad \boldsymbol{\varepsilon}_3 = \frac{1}{3\sqrt{5}}(2,4,5)^{\mathrm{T}}.$$

令

$$P=(\varepsilon_1,\varepsilon_2,\varepsilon_3)=\begin{pmatrix} \frac{1}{3} & -\frac{2}{\sqrt{5}} & \frac{2}{3\sqrt{5}} \\ \frac{2}{3} & \frac{1}{\sqrt{5}} & \frac{4}{3\sqrt{5}} \\ -\frac{2}{3} & 0 & \frac{5}{3\sqrt{5}} \end{pmatrix},\quad D=\begin{pmatrix} 10 & 0 & 0 \\ 0 & 1 & 0 \\ 0 & 0 & 1 \end{pmatrix}.$$

则 P 是正交阵, 且

$$P^{-1}AP=P^{\mathrm{T}}AP=D.$$

注　1. 当特征多项式 $|\lambda E-A|$ 是参数 λ 的三次或三次以上的多项式时, 有时直接展开 $|\lambda E-A|$, 不易将此多项式分解成 λ 的一次因式的乘积, 而出现求不出特征值的窘况. 为此, 经常在展开前将 $|\lambda E-A|$ 化简, 先提取 λ 的一个一次因式, 然后展开计算, 最后分解 λ 的一个二次因式.

将 $|\lambda E-A|$ 中不含参数 λ 的某元素化为零, 使得该元素所在的行或列出现参数的一次公因式, 这是为提取公因式常采取的技巧. 例如, 例 1 将 $|\lambda E-A|$ 中第 2 行第 1 列元素化为零, 则第 2 行元素就有公因式 $\lambda-1$.

2. 逐一对 A 的属于同一特征值的线性无关的特征向量先正交化, 后单位化. 不同特征值之间对应的特征向量不需正交化, 因为它们已经正交了.

求对称矩阵 A 的方幂的方法:

方法 1　注意到, 对称阵 A 可相似对角化. 因此, 按照可相似对角化方阵 A 求可逆阵 P 使得 $P^{-1}AP=D$ 是对角阵的方法, 求可逆阵 P 使得 $P^{-1}AP=D$ 是对角阵. 因此 $A=PDP^{-1}$. 故

$$A^n=PD^nP^{-1}.$$

方法 2　按照对称阵 A 求正交阵 P 使得 $P^{-1}AP=P^{\mathrm{T}}AP=D$ 是对角阵的方法, 求正交阵 P 使得 $P^{-1}AP=P^{\mathrm{T}}AP=D$ 是对角阵. 因此 $A=PDP^{\mathrm{T}}$. 故

$$A^n=PD^nP^{\mathrm{T}}.$$

例 2 设 $\boldsymbol{A}=\begin{pmatrix} 2 & 2 & -2 \\ 2 & 5 & -4 \\ -2 & -4 & 5 \end{pmatrix}$. 求 $\boldsymbol{A}^{20}$.

解 这是例 1 中的矩阵.

方法 1 由例 1, 令

$$\boldsymbol{P}=(\boldsymbol{\alpha}_1,\boldsymbol{\alpha}_2,\boldsymbol{\alpha}_3)=\begin{pmatrix} 1 & -2 & 2 \\ 2 & 1 & 0 \\ -2 & 0 & 1 \end{pmatrix},\quad \boldsymbol{D}=\begin{pmatrix} 10 & 0 & 0 \\ 0 & 1 & 0 \\ 0 & 0 & 1 \end{pmatrix}.$$

则 $\boldsymbol{P}$ 是可逆阵, 且 $\boldsymbol{P}^{-1}\boldsymbol{A}\boldsymbol{P}=\boldsymbol{D}$. 因此 $\boldsymbol{A}=\boldsymbol{P}\boldsymbol{D}\boldsymbol{P}^{-1}$. 而由初等变换法可求得

$$\boldsymbol{P}^{-1}=\frac{1}{9}\begin{pmatrix} 1 & 2 & -2 \\ -2 & 5 & 4 \\ 2 & 4 & 5 \end{pmatrix}.$$

故

$$\begin{aligned}\boldsymbol{A}^{20}&=\boldsymbol{P}\boldsymbol{D}^{20}\boldsymbol{P}^{-1}\\&=\frac{1}{9}\begin{pmatrix} 1 & -2 & 2 \\ 2 & 1 & 0 \\ -2 & 0 & 1 \end{pmatrix}\begin{pmatrix} 10^{20} & 0 & 0 \\ 0 & 1 & 0 \\ 0 & 0 & 1 \end{pmatrix}\begin{pmatrix} 1 & 2 & -2 \\ -2 & 5 & 4 \\ 2 & 4 & 5 \end{pmatrix}\\&=\frac{1}{9}\begin{pmatrix} 10^{20}+8 & 2\times10^{20}-2 & -2\times10^{20}+2 \\ 2\times10^{20}-2 & 4\times10^{20}+5 & -4\times10^{20}+4 \\ -2\times10^{20}+2 & -4\times10^{20}+4 & 4\times10^{20}+5 \end{pmatrix}.\end{aligned}$$

方法 2 由例 1, 得

$$\boldsymbol{P}=(\boldsymbol{\varepsilon}_1,\boldsymbol{\varepsilon}_2,\boldsymbol{\varepsilon}_3)=\begin{pmatrix} \frac{1}{3} & -\frac{2}{\sqrt{5}} & \frac{2}{3\sqrt{5}} \\ \frac{2}{3} & \frac{1}{\sqrt{5}} & \frac{4}{3\sqrt{5}} \\ -\frac{2}{3} & 0 & \frac{5}{3\sqrt{5}} \end{pmatrix},\quad \boldsymbol{D}=\begin{pmatrix} 10 & 0 & 0 \\ 0 & 1 & 0 \\ 0 & 0 & 1 \end{pmatrix}$$

分别是正交阵和对角阵, 且 $\boldsymbol{P}^{\mathrm{T}}\boldsymbol{A}\boldsymbol{P}=\boldsymbol{D}$. 因此 $\boldsymbol{A}=\boldsymbol{P}\boldsymbol{D}\boldsymbol{P}^{\mathrm{T}}$. 故

$$\begin{aligned}\boldsymbol{A}^{20}&=\boldsymbol{P}\boldsymbol{D}^{20}\boldsymbol{P}^{\mathrm{T}}\\&=\begin{pmatrix}\frac{1}{3}&-\frac{2}{\sqrt{5}}&\frac{2}{3\sqrt{5}}\\\frac{2}{3}&\frac{1}{\sqrt{5}}&\frac{4}{3\sqrt{5}}\\-\frac{2}{3}&0&\frac{5}{3\sqrt{5}}\end{pmatrix}\begin{pmatrix}10^{20}&0&0\\0&1&0\\0&0&1\end{pmatrix}\begin{pmatrix}\frac{1}{3}&\frac{2}{3}&-\frac{2}{3}\\-\frac{2}{\sqrt{5}}&\frac{1}{\sqrt{5}}&0\\\frac{2}{3\sqrt{5}}&\frac{4}{3\sqrt{5}}&\frac{5}{3\sqrt{5}}\end{pmatrix}\\&=\frac{1}{9}\begin{pmatrix}10^{20}+8&2\times10^{20}-2&-2\times10^{20}+2\\2\times10^{20}-2&4\times10^{20}+5&-4\times10^{20}+4\\-2\times10^{20}+2&-4\times10^{20}+4&4\times10^{20}+5\end{pmatrix}.\end{aligned}$$

注　方法 1 涉及求可逆阵 $\boldsymbol{P}$, 这时只需要把线性无关的特征向量为列构造矩阵即得 $\boldsymbol{P}$, 但需要求逆矩阵 $\boldsymbol{P}^{-1}$; 方法 2 涉及求正交阵 $\boldsymbol{P}$, 这时要用施密特方法逐一把 $\boldsymbol{A}$ 的属于同一特征值的线性无关的特征向量规范正交化. 但 $\boldsymbol{P}^{-1}=\boldsymbol{P}^{\mathrm{T}}$ 就可以直接写出了.

我们知道, 给定对称阵可以求其特征值与特征向量. 另一方面, 给定一个对称阵的所有特征值与特征向量, 或给定一个对称阵的部分特征值与特征向量, 根据已知条件与对称矩阵属于不同特征值的特征向量是正交的性质求得对称阵的所有特征值与特征向量. 此时, 可以反求这个对称阵. **由对称阵的特征值与特征向量反求对称阵的方法**:

方法 1　以给定 (或据已知条件求得) 的 n 阶对称阵 $\boldsymbol{A}$ 的 (n 个依次属于特征值的线性无关的) 特征向量为列构造矩阵 $\boldsymbol{P}$. 以给定 (或据已知条件求得) 的 $\boldsymbol{A}$ 的所有特征值为主对角线上的元素构造对角阵 $\boldsymbol{D}$. 则 $\boldsymbol{P}$ 是可逆阵, 且 $\boldsymbol{P}^{-1}\boldsymbol{A}\boldsymbol{P}=\boldsymbol{D}$. 因此 $\boldsymbol{A}=\boldsymbol{P}\boldsymbol{D}\boldsymbol{P}^{-1}$.

方法 2　1. 用施密特方法逐一把给定 (或据已知条件求得) 的 n 阶对称阵 $\boldsymbol{A}$ 的属于同一特征值的特征向量正交化与单位化, 得 $\boldsymbol{A}$ 的 n 个相互正交的单位特征向量.

2. 以 $\boldsymbol{A}$ 的这 n 个依次属于特征值的相互正交的单位特征向量为列构造矩阵

$\boldsymbol{P}$. 以给定 (或据已知条件求得) 的 $\boldsymbol{A}$ 的所有特征值为主对角线上的元素构造对角阵 $\boldsymbol{D}$. 则 $\boldsymbol{P}$ 是正交阵, 且 $\boldsymbol{P}^{\mathrm{T}}\boldsymbol{A}\boldsymbol{P}=\boldsymbol{D}$. 因此 $\boldsymbol{A}=\boldsymbol{P}\boldsymbol{D}\boldsymbol{P}^{\mathrm{T}}$.

例 3 设 $\boldsymbol{A}$ 是 3 阶对称阵, $\boldsymbol{A}$ 的秩是 2, 且

$$\boldsymbol{A}\begin{pmatrix}1 & 1\\0 & 0\\-1 & 1\end{pmatrix}=\begin{pmatrix}-1 & 1\\0 & 0\\1 & 1\end{pmatrix}.$$

(1) 求 $\boldsymbol{A}$ 的特征值与特征向量;

(2) 求矩阵 $\boldsymbol{A}$.

解 (1) 令

$$\boldsymbol{\alpha}_1=(1,0,-1)^{\mathrm{T}},\quad \boldsymbol{\alpha}_2=(1,0,1)^{\mathrm{T}}.$$

由条件, 知 $\boldsymbol{A}\boldsymbol{\alpha}_1=-\boldsymbol{\alpha}_1,\boldsymbol{A}\boldsymbol{\alpha}_2=\boldsymbol{\alpha}_2$, 即 $-1,1$ 是 $\boldsymbol{A}$ 的特征值, $\boldsymbol{\alpha}_1,\boldsymbol{\alpha}_2$ 分别是 $\boldsymbol{A}$ 的属于特征值 $-1,1$ 的特征向量. 因此, $c_1\boldsymbol{\alpha}_1,c_2\boldsymbol{\alpha}_2$ 分别是 $\boldsymbol{A}$ 的属于特征值 $-1,1$ 的所有特征向量, 其中 c_1,c_2 是任意非零常数.

由 $\boldsymbol{A}$ 的秩是 2, 知 $|\boldsymbol{A}|=0$. 而 $\boldsymbol{A}$ 的所有特征值的积等于 $|\boldsymbol{A}|$, 故 0 是 $\boldsymbol{A}$ 的特征值. 设 $\boldsymbol{A}$ 的属于特征值 0 的特征向量是 $\boldsymbol{\alpha}_3=(x_1,x_2,x_3)^{\mathrm{T}}$. 由于 $\boldsymbol{A}$ 是对称阵, 故 $\boldsymbol{A}$ 的属于不同特征值的特征向量相互正交. 因此

$$[\boldsymbol{\alpha}_1,\boldsymbol{\alpha}_3]=0,\quad [\boldsymbol{\alpha}_2,\boldsymbol{\alpha}_3]=0,$$

即

$$\begin{cases}x_1-x_3=0,\\x_1+x_3=0.\end{cases}$$

求这个方程组的基础解系, 得 $\boldsymbol{\alpha}_3=(0,1,0)^{\mathrm{T}}$. 因此, $c_3\boldsymbol{\alpha}_3$ 是 $\boldsymbol{A}$ 的属于特征值 0 的所有特征向量, 其中 c_3 是任意非零常数.

(2) **方法 1** 令

$$\boldsymbol{P}=(\boldsymbol{\alpha}_1,\boldsymbol{\alpha}_2,\boldsymbol{\alpha}_3)=\begin{pmatrix}1 & 1 & 0\\0 & 0 & 1\\-1 & 1 & 0\end{pmatrix},\quad \boldsymbol{D}=\begin{pmatrix}-1 & 0 & 0\\0 & 1 & 0\\0 & 0 & 0\end{pmatrix}.$$

则 $\boldsymbol{P}$ 是可逆阵, 且 $\boldsymbol{P}^{-1}\boldsymbol{A}\boldsymbol{P}=\boldsymbol{D}$. 而

$$\boldsymbol{P}^{-1}=\begin{pmatrix}\frac{1}{2} & 0 & -\frac{1}{2}\\ \frac{1}{2} & 0 & \frac{1}{2}\\ 0 & 1 & 0\end{pmatrix}.$$

因此

$$\boldsymbol{A}=\boldsymbol{P}\boldsymbol{D}\boldsymbol{P}^{-1}=\begin{pmatrix}0 & 0 & 1\\ 0 & 0 & 0\\ 1 & 0 & 0\end{pmatrix}.$$

方法 2　把 $\boldsymbol{\alpha}_1,\boldsymbol{\alpha}_2,\boldsymbol{\alpha}_3$ 单位化, 得

$$\boldsymbol{\varepsilon}_1=\frac{\sqrt{2}}{2}\boldsymbol{\alpha}_1,\quad \boldsymbol{\varepsilon}_2=\frac{\sqrt{2}}{2}\boldsymbol{\alpha}_2,\quad \boldsymbol{\varepsilon}_3=\boldsymbol{\alpha}_3.$$

令

$$\boldsymbol{P}=(\boldsymbol{\varepsilon}_1,\boldsymbol{\varepsilon}_2,\boldsymbol{\varepsilon}_3)=\begin{pmatrix}\frac{\sqrt{2}}{2} & \frac{\sqrt{2}}{2} & 0\\ 0 & 0 & 1\\ -\frac{\sqrt{2}}{2} & \frac{\sqrt{2}}{2} & 0\end{pmatrix},\quad \boldsymbol{D}=\begin{pmatrix}-1 & 0 & 0\\ 0 & 1 & 0\\ 0 & 0 & 0\end{pmatrix}.$$

则 $\boldsymbol{P}$ 是正交阵, 且 $\boldsymbol{P}^{\mathrm{T}}\boldsymbol{A}\boldsymbol{P}=\boldsymbol{D}$. 因此

$$\boldsymbol{A}=\boldsymbol{P}\boldsymbol{D}\boldsymbol{P}^{\mathrm{T}}=\begin{pmatrix}0 & 0 & 1\\ 0 & 0 & 0\\ 1 & 0 & 0\end{pmatrix}.$$

习　题

1. 选择题

设 $\boldsymbol{A}$ 是 4 阶对称阵, 且 $\boldsymbol{A}^2+\boldsymbol{A}=\boldsymbol{0}$. 若 $r(\boldsymbol{A})=3$, 则 $\boldsymbol{A}$ 相似于 (　　).

(A) $\mathrm{diag}(1,1,1,0)$　　(B) $\mathrm{diag}(1,1,-1,0)$

(C) $\mathrm{diag}(1,-1,-1,0)$　　(D) $\mathrm{diag}(-1,-1,-1,0)$

2. 对下列对称阵 $\boldsymbol{A}$, 求正交阵 $\boldsymbol{P}$ 使得 $\boldsymbol{P}^{-1}\boldsymbol{A}\boldsymbol{P}$ 是对角阵.

(1) $\begin{pmatrix} 2 & -1 \\ -1 & 2 \end{pmatrix}$;　(2) $\begin{pmatrix} 1 & -2 & 2 \\ -2 & -2 & 4 \\ 2 & 4 & -2 \end{pmatrix}$.

3. 设矩阵 $\boldsymbol{A}=\begin{pmatrix} 1 & -2 & -4 \\ -2 & a & -2 \\ -4 & -2 & 1 \end{pmatrix}$ 与 $\boldsymbol{D}=\begin{pmatrix} 5 & & \\ & -4 & \\ & & b \end{pmatrix}$ 相似.

(1) 求 a,b;

(2) 求一个正交阵 $\boldsymbol{P}$ 使得 $\boldsymbol{P}^{-1}\boldsymbol{A}\boldsymbol{P}=\boldsymbol{D}$.

4. 设 3 阶对称阵 $\boldsymbol{A}$ 的特征值是 1,2,3, 矩阵 $\boldsymbol{A}$ 的属于特征值 1,2 的特征向量分别是 $\boldsymbol{\alpha}_1=(-1,-1,1)^{\mathrm{T}},\boldsymbol{\alpha}_2=(1,-2,-1)^{\mathrm{T}}$.

(1) 求 $\boldsymbol{A}$ 的属于特征值 3 的特征向量;

(2) 求矩阵 $\boldsymbol{A}$;

(3) 求 $\boldsymbol{A}^{10}$.

5. 设 3 阶对称阵 $\boldsymbol{A}$ 的特征值是 $\lambda_1=-1,\lambda_2=\lambda_3=1$, 矩阵 $\boldsymbol{A}$ 的属于特征值 $\lambda_1=-1$ 的特征向量是 $\boldsymbol{\alpha}_1=(0,1,1)^{\mathrm{T}}$. 求 $\boldsymbol{A}$.

*6. 证明 n 阶方阵 $\begin{pmatrix} 1 & 1 & \cdots & 1 \\ 1 & 1 & \cdots & 1 \\ \vdots & \vdots & & \vdots \\ 1 & 1 & \cdots & 1 \end{pmatrix}$ 与 $\begin{pmatrix} 0 & \cdots & 0 & 1 \\ 0 & \cdots & 0 & 2 \\ \vdots & & \vdots & \vdots \\ 0 & \cdots & 0 & n \end{pmatrix}$ 相似.

第5章 二 次 型

作为行列式、矩阵与线性方程组的综合应用,本章讨论二次型的标准形理论与正定二次型. 标准形理论在许多理论问题或实际问题中,比如多元函数求极值、优化问题、力学研究中都有重要的应用.

5.1 二次型及其矩阵

本节给出二次型,二次型的矩阵以及矩阵合同的概念.

5.1.1 二次型的概念

我们知道,二次曲线方程

$$ax^2+bxy+cy^2=1$$

的左边是含有变量 x,y 的二元二次齐次多项式. 含有变量 x_1,x_2 的二元二次齐次多项式的一般形式是

$$f(x_1,x_2)=a_{11}x_1^2+2a_{12}x_1x_2+a_{22}x_2^2. \tag{1}$$

注意到, 在 (1) 式中 x_1x_2 的系数写成 $2a_{12}$, 而不是 a_{12}.

二次曲面方程

$$ax^2+by^2+cz^2+dxy+exz+fyz=1$$

的左边是含有变量 x,y,z 的三元二次齐次多项式. 含有变量 x_1,x_2,x_3 的三元二次齐次多项式的一般形式是

$$\begin{aligned}f(x_1,x_2,x_3)=a_{11}x_1^2&+2a_{12}x_1x_2+2a_{13}x_1x_3\\&+a_{22}x_2^2+2a_{23}x_2x_3+a_{33}x_3^2.\end{aligned}\tag{2}$$

注意到, 为了以后讨论的方便, 在 (2) 式中 $x_ix_j(i<j)$ 的系数写成 $2a_{ij}$, 而不是 a_{ij}.

对于一般的 n 元二次齐次多项式, 我们称为 n 元二次型, 即下列概念.

定义 1 含有 n 个变量 $x_1,x_2,\cdots,x_n$ 的二次齐次多项式

$$\begin{aligned}f(x_1,x_2,\cdots,x_n)=a_{11}x_1^2+2a_{12}x_1x_2+2a_{13}x_1x_3+\cdots+2a_{1n}x_1x_n\\+a_{22}x_2^2+2a_{23}x_2x_3+\cdots+2a_{2n}x_2x_n\\+a_{33}x_3^2+\cdots+2a_{3n}x_3x_n\\+\cdots\cdots\\+a_{nn}x_n^2\end{aligned}\tag{3}$$

称为n **元二次型**, 在不致引起混淆时简称为**二次型**.

为了以后讨论的方便, 在 (3) 式中 $x_ix_j(i<j)$ 的系数写成 $2a_{ij}$, 而不是 a_{ij}.

例如,

$$\begin{aligned}f(x_1,x_2)&=2x_1^2+2x_2^2-8x_1x_2,\\f(x_1,x_2,x_3)&=x_1^2+2x_2^2+19x_3^2+2x_1x_2+2x_1x_3-6x_2x_3\end{aligned}$$

分别是二元和三元二次型.

本章和其他章一样, 只讨论 a_{ij} 是实数的情况. 这时, 二次型称为**实二次型**.

5.1.2　二次型的矩阵

在讨论二次型时, 矩阵是一个有力的工具. 先把二次型用矩阵表示.

在二次型 (3) 式中, 令

$$a_{ji}=a_{ij},\quad i<j.$$

由于 $x_ix_j=x_jx_i$, 故

$$2a_{ij}x_ix_j=a_{ij}x_ix_j+a_{ji}x_jx_i.$$

因此 (3) 式可以写成

$$\begin{aligned}
f(x_1,x_2,\cdots,x_n)&=a_{11}x_1^2+a_{12}x_1x_2+\cdots+a_{1n}x_1x_n\\
&\quad+a_{21}x_2x_1+a_{22}x_2^2+\cdots+a_{2n}x_2x_n\\
&\quad+\cdots\cdots\\
&\quad+a_{n1}x_nx_1+a_{n2}x_nx_2+\cdots+a_{nn}x_n^2\\
&=x_1(a_{11}x_1+a_{12}x_2+\cdots+a_{1n}x_n)\\
&\quad+x_2(a_{21}x_1+a_{22}x_2+\cdots+a_{2n}x_n)\\
&\quad+\cdots\cdots\\
&\quad+x_n(a_{n1}x_1+a_{n2}x_2+\cdots+a_{nn}x_n)\\
&=(x_1,x_2,\cdots,x_n)\begin{pmatrix}a_{11}x_1+a_{12}x_2+\cdots+a_{1n}x_n\\ a_{21}x_1+a_{22}x_2+\cdots+a_{2n}x_n\\ \vdots\\ a_{n1}x_1+a_{n2}x_2+\cdots+a_{nn}x_n\end{pmatrix}\\
&=(x_1,x_2,\cdots,x_n)\begin{pmatrix}a_{11}&a_{12}&\cdots&a_{1n}\\ a_{21}&a_{22}&\cdots&a_{2n}\\ \vdots&\vdots&&\vdots\\ a_{n1}&a_{n2}&\cdots&a_{nn}\end{pmatrix}\begin{pmatrix}x_1\\ x_2\\ \vdots\\ x_n\end{pmatrix}.
\end{aligned}$$

令

$$A=(a_{ij})_{n\times n},\quad \boldsymbol{x}=(x_1,x_2,\cdots,x_n)^{\mathrm{T}}.$$

则

$$f(\boldsymbol{x})=\boldsymbol{x}^{\mathrm{T}}A\boldsymbol{x}.$$

注意到, $a_{ji}=a_{ij}$. 则矩阵 A 是对称阵, 且 a_{ii} 是 x_i^2 项的系数, 而当 $i\neq j$ 时, $a_{ij}=a_{ji}$ 是 x_ix_j 项的系数的一半. 因此, 矩阵 A 是由二次型 (3) 式所唯一确定的. A 称为这个**二次型的矩阵**, A 的秩称为这个**二次型的秩**.

例如, 二次型

$$f(x_1,x_2,x_3)=x_1^2+2x_2^2+17x_3^2+2x_1x_2+2x_1x_3-6x_2x_3$$

的矩阵是

$$A=\begin{pmatrix}1&1&1\\1&2&-3\\1&-3&17\end{pmatrix},$$

这个二次型的秩是 2, 因为矩阵 A 的秩是 2.

5.1.3 矩阵的合同

我们知道, 在平面解析几何中, 坐标旋转变换

$$\begin{cases}x=x'\cos\theta-y'\sin\theta,\\y=x'\sin\theta+y'\cos\theta\end{cases}$$

把二次曲线方程

$$ax^2+bxy+cy^2=1$$

化为标准方程

$$mx'^2+ny'^2=1.$$

坐标旋转变换是 x,y 到 x',y' 的线性变换. 一般地, 为了化简有关的二次型, 引入

定义 2　关系式

$$\begin{cases} x_1 = p_{11}y_1 + p_{12}y_2 + \cdots + p_{1n}y_n, \\ x_2 = p_{21}y_1 + p_{22}y_2 + \cdots + p_{2n}y_n, \\ \qquad \vdots \\ x_n = p_{n1}y_1 + p_{n2}y_2 + \cdots + p_{nn}y_n \end{cases} \tag{4}$$

称为由变量 $x_1,x_2,\cdots,x_n$ 到变量 $y_1,y_2,\cdots,y_n$ 的**线性变换**.

令矩阵

$$\boldsymbol{P} = (p_{ij})_{n\times n},\ \boldsymbol{y} = (y_1,y_2,\cdots,y_n)^{\mathrm{T}}.$$

则线性变换 (4) 式可以写成

$$\boldsymbol{x} = \boldsymbol{P}\boldsymbol{y}.$$

若 $\boldsymbol{P}$ 是可逆阵, 则称这个线性变换是**可逆变换**.

现在讨论线性变换后的二次型与原来二次型之间的关系, 即找出线性变换后的二次型的矩阵与原来二次型的矩阵之间的关系.

设

$$f(\boldsymbol{x}) = \boldsymbol{x}^{\mathrm{T}}\boldsymbol{A}\boldsymbol{x}, \quad \boldsymbol{A}^{\mathrm{T}} = \boldsymbol{A} \tag{5}$$

是一个二次型. 作可逆变换

$$\boldsymbol{x} = \boldsymbol{P}\boldsymbol{y} \tag{6}$$

得到一个 $y_1,y_2,\cdots,y_n$ 的二次型

$$g(\boldsymbol{y}) = \boldsymbol{y}^{\mathrm{T}}\boldsymbol{B}\boldsymbol{y}, \quad \boldsymbol{B}^{\mathrm{T}} = \boldsymbol{B}.$$

现在来看 $\boldsymbol{A}$ 与 $\boldsymbol{B}$ 的关系.

把 (6) 式代入 (5) 式, 有

$$f(\boldsymbol{x}) = \boldsymbol{x}^{\mathrm{T}}\boldsymbol{A}\boldsymbol{x} = (\boldsymbol{P}\boldsymbol{y})^{\mathrm{T}}\boldsymbol{A}(\boldsymbol{P}\boldsymbol{y}) = \boldsymbol{y}^{\mathrm{T}}\boldsymbol{P}^{\mathrm{T}}\boldsymbol{A}\boldsymbol{P}\boldsymbol{y}$$

$$= \boldsymbol{y}^{\mathrm{T}}(\boldsymbol{P}^{\mathrm{T}}\boldsymbol{A}\boldsymbol{P})\boldsymbol{y} = \boldsymbol{y}^{\mathrm{T}}\boldsymbol{B}\boldsymbol{y}.$$

容易看出, 矩阵 $\boldsymbol{P}^{\mathrm{T}}\boldsymbol{A}\boldsymbol{P}$ 是对称阵. 因此

$$\boldsymbol{B} = \boldsymbol{P}^{\mathrm{T}}\boldsymbol{A}\boldsymbol{P}.$$

这就是这两个二次型的矩阵之间的关系. 与之对应, 引入下列的

定义 3 设 $\boldsymbol{A},\boldsymbol{B}$ 是同阶方阵. 若存在可逆阵 $\boldsymbol{P}$ 使得

$$\boldsymbol{P}^{\mathrm{T}}\boldsymbol{A}\boldsymbol{P} = \boldsymbol{B},$$

则称矩阵 $\boldsymbol{A}$ 与 $\boldsymbol{B}$ **合同**.

由此可知, 经过可逆变换后, 新二次型的矩阵与原二次型的矩阵是合同的.

* **注** 我们知道, 矩阵有等价、相似的概念, 且两者之间的关系是: 相似的矩阵必等价, 但等价的矩阵不一定相似.

对于矩阵的合同, 和这两者之间又有怎样的关系呢? 显然, 合同的矩阵必等价. 但等价的矩阵不一定合同. 例如,

$$\boldsymbol{A} = \begin{pmatrix} 1 & 0 \\ 0 & 0 \end{pmatrix}, \quad \boldsymbol{B} = \begin{pmatrix} 1 & 1 \\ 0 & 0 \end{pmatrix}.$$

由 $\boldsymbol{A}$ 与 $\boldsymbol{B}$ 的秩相等, 或 $\boldsymbol{A}$ 的第 1 列加到第 2 列上可得 $\boldsymbol{B}$, 知两者等价. 但 $\boldsymbol{A}$ 与 $\boldsymbol{B}$ 不合同, 因为 $\boldsymbol{A}$ 对称, 而 $\boldsymbol{B}$ 不对称.

合同的矩阵不一定相似. 例如,

$$\boldsymbol{A} = \begin{pmatrix} 1 & 1 & 1 \\ 1 & 2 & -3 \\ 1 & -3 & 19 \end{pmatrix}, \quad \boldsymbol{B} = \begin{pmatrix} 1 & 0 & 0 \\ 0 & 1 & 0 \\ 0 & 0 & 2 \end{pmatrix}.$$

由下一节例 1, 知 $\boldsymbol{A}$ 与 $\boldsymbol{B}$ 合同. 但两者不相似, 因为 1 是 $\boldsymbol{B}$ 的特征值, 但 1 不是 $\boldsymbol{A}$ 的特征值.

相似的矩阵不一定合同. 例如,

$$\boldsymbol{A}=\begin{pmatrix}3&1&0\\0&4&0\\0&0&4\end{pmatrix},\quad \boldsymbol{B}=\begin{pmatrix}3&0&0\\0&4&0\\0&0&4\end{pmatrix}.$$

由第 4 章第 2 节例 1, 知 $\boldsymbol{A}$ 与 $\boldsymbol{B}$ 相似. 但 $\boldsymbol{A}$ 与 $\boldsymbol{B}$ 不合同, 因为 $\boldsymbol{B}$ 对称, 而 $\boldsymbol{A}$ 不对称.

习 题

1. 选择题

若方阵 $\boldsymbol{A}$ 与单位阵合同, 则 ( ).

(A) $|\boldsymbol{A}|<0$ (B) $|\boldsymbol{A}|=0$ (C) $|\boldsymbol{A}|>0$ (D) $|\boldsymbol{A}|$ 的正负号不确定

2. 写出下列二次型的矩阵:

(1) $f(x_1,x_2x_3)=x_1^2+2x_2^2+3x_3^2-2x_1x_2+4x_1x_3+6x_2x_3$;

(2) $f(\boldsymbol{x})=\boldsymbol{x}^{\mathrm{T}}\begin{pmatrix}1&2\\3&4\end{pmatrix}\boldsymbol{x}$.

3. 已知二次型 $f(x_1,x_2x_3)=x_1^2+x_2^2+ax_3^2+4x_1x_2+6x_2x_3$ 的秩是 2. 求 a 的值.

5.2 标准形

在平面解析几何中, 为了便于研究二次曲线

$$ax^2+bxy+cy^2=1 \tag{1}$$

的几何性质, 可以选择适当的坐标旋转变换

$$\begin{cases} x = x'\cos\theta - y'\sin\theta, \\ y = x'\sin\theta + y'\cos\theta, \end{cases}$$

把方程化为标准方程

$$mx'^2 + ny'^2 = 1.$$

由标准方程可以比较方便地判断曲线的类型和研究曲线的性质等. 在空间解析几何中二次曲面

$$ax^2 + by^2 + cz^2 + dxy + exz + fyz = 1 \tag{2}$$

的研究也有类型的情况.

我们知道, (1) 式的左边是一个二元二次型. (2) 式的左边是一个三元二次型. 从代数学的观点看, 化标准形就是通过变量的线性变换化简二次型使它只包含平方项.

本节把二元和三元的情况推广到 n 元二次型. 只包含平方项的二次型被认为是最简单的二次型.

若二次型 $f(x_1, x_2, \cdots, x_n)$ 经过可逆变换 $\boldsymbol{x} = \boldsymbol{P}\boldsymbol{y}$ 化成只包含平方项的二次型, 即

$$f(x_1, x_2, \cdots, x_n) = d_1y_1^2 + d_2y_2^2 + \cdots + d_ny_n^2, \tag{3}$$

则称 (3) 式是二次型 $f(x_1, x_2, \cdots, x_n)$ 的**标准形**.

本节给出化二次型为标准形的两种方法.

5.2.1 用可逆变换化二次型为标准形

我们知道, 中学里学过的 "配方法", 就是利用两数和与两数差的完全平方公式

$$a^2 \pm 2ab + b^2 = (a \pm b)^2$$

把一元二次方程 $ax^2+bx+c=0$ 化成 $(mx+n)^2=p(p\geqslant 0)$ 的形式来解方程的方法. 这个方法也可以用于因式分解 $ax^2+bxy+cy^2$. 其实, $ax^2+bxy+cy^2$ 就是一个二元二次型. 用配方法可以把二元二次型化成标准形. 例如,

$$\begin{aligned} f(x_1,x_2) &= 2x_1^2+2x_2^2-8x_1x_2 = 2(x_1^2-4x_1x_2)+2x_2^2 \\ &= 2(x_1^2-4x_1x_2+(2x_2)^2)-6x_2^2 \\ &= 2(x_1-2x_2)^2-6x_2^2. \end{aligned}$$

令

$$\begin{cases} y_1 = x_1-2x_2, \\ y_2 = x_2, \end{cases}$$

即

$$\begin{cases} x_1 = y_1+2y_2, \\ x_2 = y_2. \end{cases}$$

则 $f(x_1,x_2)$ 化为标准形

$$f(x_1,x_2)=2y_1^2-6y_2^2.$$

对于一般的二次型, 我们有

定理 1　任意二次型都可以经过可逆变换化成标准形.

这个定理的证明是对二次型的元数利用数学归纳法来完成的. 考虑二次型包含平方项与不包含平方项两种情况. 这个证明就省略了.

实际上, 证明过程给出了一个具体的化二次型为标准形的方法, 本质上就是中学里学过的“配方法”, 通常称为**拉格朗日 (Lagrange) 配方法**. 以下举例说明这个方法.

例 1　化二次型

$$f(x_1,x_2,x_3)=x_1^2+2x_2^2+19x_3^2+2x_1x_2+2x_1x_3-6x_2x_3$$

为标准形, 并求所作的可逆变换.

解 注意到, $f(x_1,x_2,x_3)$ 含变量的平方项. 先把含 x_1 的项合并, 然后对 x_1 配方, 可得

$$\begin{aligned}f(x_1,x_2,x_3)&=x_1^2+2x_1x_2+2x_1x_3+2x_2^2+19x_3^2-6x_2x_3\\&=x_1^2+2x_1(x_2+x_3)+(x_2+x_3)^2-(x_2+x_3)^2+2x_2^2+19x_3^2-6x_2x_3\\&=(x_1+x_2+x_3)^2+x_2^2-8x_2x_3+18x_3^2.\end{aligned}$$

上式右边除第一项外其余各项都不含 x_1. 对 x_2 配方, 可得

$$f(x_1,x_2,x_3)=(x_1+x_2+x_3)^2+(x_2-4x_3)^2+2x_3^2.$$

令

$$\begin{cases}y_1=x_1+x_2+x_3,\\y_2=x_2-4x_3,\\y_3=x_3.\end{cases}$$

则

$$\begin{cases}x_1=y_1-y_2-5y_3,\\x_2=y_2+4y_3,\\x_3=y_3\end{cases}$$

是可逆变换, 且 $f(x_1,x_2,x_3)$ 化为标准形

$$f(x_1,x_2,x_3)=y_1^2+y_2^2+2y_3^2.$$

例 2 化二次型

$$f(x_1,x_2,x_3)=2x_1x_2+2x_1x_3-6x_2x_3$$

为标准形, 并求所用的替换矩阵.

解 注意到, $f(x_1,x_2,x_3)$ 不含变量的平方项. 由于 $f(x_1,x_2,x_3)$ 含有交叉项 x_1x_2 , 故令

$$\begin{cases}x_1=y_1+y_2,\\x_2=y_1-y_2,\\x_3=y_3,\end{cases}$$

即

$$\begin{pmatrix} x_1 \\ x_2 \\ x_3 \end{pmatrix} = \begin{pmatrix} 1 & 1 & 0 \\ 1 & -1 & 0 \\ 0 & 0 & 1 \end{pmatrix} \begin{pmatrix} y_1 \\ y_2 \\ y_3 \end{pmatrix}.$$

则

$$f(x_1,x_2,x_3) = 2y_1^2 - 2y_2^2 - 4y_1y_3 + 8y_2y_3.$$

这是一个含变量的平方项的二次型. 按照例 1 的方法, 先后对 y_1 和 y_2 配方, 得

$$f(x_1,x_2,x_3) = 2(y_1 - y_3)^2 - 2(y_2 - 2y_3)^2 + 6y_3^2.$$

令

$$\begin{cases} z_1 = y_1 - y_3, \\ z_2 = y_2 - 2y_3, \\ z_3 = y_3. \end{cases}$$

则

$$\begin{cases} y_1 = z_1 + z_3, \\ y_2 = z_2 + 2z_3, \\ y_3 = z_3, \end{cases}$$

即

$$\begin{pmatrix} y_1 \\ y_2 \\ y_3 \end{pmatrix} = \begin{pmatrix} 1 & 0 & 1 \\ 0 & 1 & 2 \\ 0 & 0 & 1 \end{pmatrix} \begin{pmatrix} z_1 \\ z_2 \\ z_3 \end{pmatrix}.$$

故 $f(x_1,x_2,x_3)$ 化为标准形

$$f(x_1,x_2,x_3) = 2z_1^2 - 2z_2^2 + 6z_3^2,$$

且所作的可逆变换是

$$\begin{pmatrix} x_1 \\ x_2 \\ x_3 \end{pmatrix} = \begin{pmatrix} 1 & 1 & 0 \\ 1 & -1 & 0 \\ 0 & 0 & 1 \end{pmatrix} \begin{pmatrix} 1 & 0 & 1 \\ 0 & 1 & 2 \\ 0 & 0 & 1 \end{pmatrix} \begin{pmatrix} z_1 \\ z_2 \\ z_3 \end{pmatrix}$$

$$
= \begin{pmatrix} 1 & 1 & 3 \\ 1 & -1 & -1 \\ 0 & 0 & 1 \end{pmatrix} \begin{pmatrix} z_1 \\ z_2 \\ z_3 \end{pmatrix},
$$

即所用替换矩阵是

$$
\begin{pmatrix} 1 & 1 & 3 \\ 1 & -1 & -1 \\ 0 & 0 & 1 \end{pmatrix}.
$$

注 1. 注意到, 二次型的矩阵 $\boldsymbol{A}$ 与它的标准形的矩阵 $\boldsymbol{D}$ 是合同的. 因此, 利用 $\boldsymbol{P}^{\mathrm{T}}\boldsymbol{A}\boldsymbol{P}=\boldsymbol{D}$ 可验证可逆变换 $\boldsymbol{x}=\boldsymbol{P}\boldsymbol{y}$ 把 $f(\boldsymbol{x})=\boldsymbol{x}^{\mathrm{T}}\boldsymbol{A}\boldsymbol{x}$ 化为标准形 $g(\boldsymbol{y})=\boldsymbol{y}^{\mathrm{T}}\boldsymbol{D}\boldsymbol{y}$ 所得 $\boldsymbol{P}$ 的正确性.

例如, 例 1 中的可逆变换

$$
\begin{pmatrix} x_1 \\ x_2 \\ x_3 \end{pmatrix} = \begin{pmatrix} 1 & -1 & -5 \\ 0 & 1 & 4 \\ 0 & 0 & 1 \end{pmatrix} \begin{pmatrix} y_1 \\ y_2 \\ y_3 \end{pmatrix},
$$

即 $\boldsymbol{x}=\boldsymbol{P}\boldsymbol{y}$ 把 $f(\boldsymbol{x})$ 化为标准形

$$
f(\boldsymbol{x})=y_1^2+y_2^2+2y_3^2,
$$

其中

$$
\boldsymbol{P}=\begin{pmatrix} 1 & -1 & -5 \\ 0 & 1 & 4 \\ 0 & 0 & 1 \end{pmatrix}.
$$

则

$$
\boldsymbol{P}^{\mathrm{T}}\boldsymbol{A}\boldsymbol{P}=\mathrm{diag}(1,1,2).
$$

2. 二次型的标准形不唯一. 例如, 在例 2 中, 令

$$
\begin{cases} z_1=\dfrac{1}{\sqrt{2}}w_1, \\ z_2=\dfrac{1}{\sqrt{2}}w_3, \\ z_3=\dfrac{1}{\sqrt{6}}w_2. \end{cases}
$$

则 $f(x_1, x_2, x_3)$ 化为标准形

$$f(x_1, x_2, x_3) = w_1^2 + w_2^2 - w_3^2.$$

3. 虽然二次型的标准形不唯一, 但是可以证明, 任意标准形中系数不为零的平方项的个数是唯一确定的, 它就是二次型的秩. 进一步可以证明, 任意标准形中系数为正的平方项的个数, 以及系数为负的平方项的个数都是唯一确定的, 与所作的可逆变换无关. 这个结果通常称为**惯性定理**, 这里就不证明了.

标准形中系数为正的平方项的个数, 以及系数为负的平方项的个数分别称为二次型的**正惯性指数**, **负惯性指数**.

例如, 例 2 中二次型的正惯性指数和负惯性指数分别是 2 和 1.

注意到, 正数总可以开平方. 因此, 二次型 $f(x_1, x_2, \cdots, x_n)$ 总可以经过可逆变换 $\boldsymbol{x} = \boldsymbol{P}\boldsymbol{y}$ 化成非零的平方项的系数是 ± 1 的二次型, 即

$$f(x_1, x_2, \cdots, x_n) = y_1^2 + \cdots + y_p^2 - y_{p+1}^2 - \cdots - y_r^2,$$

称为二次型 $f(x_1, x_2, \cdots, x_n)$ 的**规范形**. 惯性定理表明, 二次型的规范形是唯一的.

例如, 例 2 中二次型的规范形是

$$f(x_1, x_2, x_3) = y_1^2 + y_2^2 - y_3^2.$$

5.2.2 用正交变换化二次型为标准形

我们知道, 对于对称阵 $\boldsymbol{A}$ 存在正交阵 $\boldsymbol{P}$ 使得 $\boldsymbol{P}^{\mathrm{T}}\boldsymbol{A}\boldsymbol{P} = \boldsymbol{D}$ 是对角阵, 且 $\boldsymbol{D}$ 的主对角线上的元素是 $\boldsymbol{A}$ 的特征值. 故用二次型的语言可以将这个结果表述为

定理 2　任给二次型 $f(\boldsymbol{x}) = \boldsymbol{x}^{\mathrm{T}}\boldsymbol{A}\boldsymbol{x}$ $(\boldsymbol{A}^{\mathrm{T}} = \boldsymbol{A})$, 存在正交变换 $\boldsymbol{x} = \boldsymbol{P}\boldsymbol{y}$(意指 $\boldsymbol{P}$ 是正交阵) 把 $f(\boldsymbol{x})$ 化为标准形

$$f(\boldsymbol{x}) = \lambda_1 y_1^2 + \lambda_2 y_2^2 + \cdots + \lambda_n y_n^2,$$

其中 $\lambda_1,\lambda_2,\cdots,\lambda_n$ 是 $\boldsymbol{A}$ 的特征值.

例 3 求一个正交变换 $\boldsymbol{x}=\boldsymbol{P}\boldsymbol{y}$ 把二次型

$$f(x_1,x_2,x_3)=2x_1^2+5x_2^2+5x_3^2+4x_1x_2-4x_1x_3-8x_2x_3$$

化为标准形.

解 二次型 $f(x_1,x_2,x_3)$ 的矩阵是

$$\boldsymbol{A}=\begin{pmatrix}2&2&-2\\2&5&-4\\-2&-4&5\end{pmatrix}.$$

由第 4 章第 3 节例 1, 存在正交阵

$$\boldsymbol{P}=\begin{pmatrix}\dfrac{1}{3}&-\dfrac{2}{\sqrt{5}}&\dfrac{2}{3\sqrt{5}}\\\dfrac{2}{3}&\dfrac{1}{\sqrt{5}}&\dfrac{4}{3\sqrt{5}}\\-\dfrac{2}{3}&0&\dfrac{5}{3\sqrt{5}}\end{pmatrix}$$

使得

$$\boldsymbol{P}^{\mathrm{T}}\boldsymbol{A}\boldsymbol{P}=\boldsymbol{D}=\mathrm{diag}(10,1,1).$$

令 $\boldsymbol{x}=\boldsymbol{P}\boldsymbol{y}$. 则它是正交变换, 且二次型的标准形是

$$f(x_1,x_2,x_3)=10y_1^2+y_2^2+y_3^2.$$

注 用正交矩阵化对称阵为对角阵与用正交变换化二次型为标准形是同一问题的两种不同提法.

人物简介

拉格朗日 (Joseph Louis Lagrange, 1736~1813), 法国数学家、力学家、天文学家. 生于意大利都灵, 卒于巴黎. 少年时读到哈雷介绍牛顿有关微积分的短文, 对分析学产生兴趣. 后就读都灵大学. 18 岁时研究等周问题, 用纯分析的方法发

展了欧拉开创的变分法. 19 岁 (1755 年) 时被聘为都灵炮兵学院数学教授. 不久成为柏林科学院通讯院士. 1757 年参与创立都灵科学协会, 在协会出版的科技会刊上发表了大量论文. 1764 年用万有引力解释月球天平动问题获法国科学院奖金, 1766 年用微分方程理论和近似解法研究六体问题再度获奖, 成为欧洲极有声望的数学家. 1766 年被邀请到柏林科学院工作. 1787 年定居巴黎. 历任法国米制委员会主任、巴黎高等师范学院和巴黎综合工科学校数学教授. 1791 年, 拉格朗日被选为英国皇家学会会员. 1795 年建立了法国最高学术机构——法兰西研究院.

拉格朗日在数学、力学和天文学三个领域中都有历史性的贡献, 其中尤以数学方面的成就最为突出. 他在数学上最突出的贡献是使数学分析与几何与力学脱离开来, 使数学的独立性更为清楚, 从此数学不再仅仅是其他学科的工具. 他的成就包括拉格朗日中值定理, 创立了拉格朗日力学等. 拉格朗日总结了 18 世纪的数学成果, 同时又为 19 世纪的数学研究开辟了道路. 同时, 他的关于月球运动、行星运动、轨道计算、两个不动中心问题、流体力学等方面的成果, 在使天文学力学化、力学分析化上也起到了历史性的作用, 促进了力学和天体力学的进一步发展, 成为这些领域的开创性或奠基性研究.

拉格朗日的著作非常多, 全部著作、论文、学术报告记录、学术通讯超过 500 篇. 他去世后, 法兰西研究院编辑出版了十四卷《拉格朗日文集》, 由塞雷 (Serret) 主编, 1867 年出版第一卷, 直到 1892 年出版第十四卷.

习　题

1. 填空题

(1) 二次型 $f(x_1,x_2,x_3)=x_1^2+3x_2^2+x_3^2+2x_1x_2+2x_1x_3+2x_2x_3$ 的正惯性指数是____.

(2) 设二次型 $f(x_1,x_2,x_3)=x_1^2-2x_2^2+2ax_1x_3+4x_2x_3$ 的负惯性指数是 1. 则 a 的取值范围是____.

2. 用配方法把下列二次型化为标准形:

(1) $f(x_1,x_2,x_3)=x_1^2-3x_2^2-2x_1x_2-6x_2x_3$;

(2) $f(x_1,x_2,x_3)=-4x_1x_2+2x_1x_3-2x_2x_3$.

3. 求一个正交变换把下列二次型化为标准形:

(1) $f(x_1,x_2,x_3)=2x_1^2+3x_2^2+3x_3^2+4x_2x_3$;

(2) $f(x_1,x_2,x_3)=-2x_1x_2+2x_1x_3+2x_2x_3$.

*4. 已知二次型

$$f(x_1,x_2,x_3)=2x_1^2+3x_2^2+3x_3^2+2ax_2x_3$$

经过正交变换化为标准形 $f(x_1,x_2,x_3)=y_1^2+2y_2^2+5y_3^2$. 求参数 a 及所用的正交替换矩阵.

5.3 正定二次型

正定二次型在二次型中占有特殊的地位. 本节给出正定二次型的概念和四个常用的判别方法.

5.3.1 正定二次型的概念

首先看三元二次型

$$f(x_1,x_2,x_3)=x_1^2+2x_2^2+19x_3^2.$$

对任意一组不全是零的数 c_1,c_2,c_3 都有 $f(c_1,c_2,c_3)=c_1^2+2c_2^2+19c_3^2>0$. 对于满足这种条件的二次型, 我们引入下列定义.

定义 1　二次型 $f(x_1,x_2,\cdots,x_n)$ 称为**正定二次型**, 如果对任意一组不全是零的数 $c_1,c_2,\cdots,c_n$ 都有 $f(c_1,c_2,\cdots,c_n)>0$.

例如, 三元二次型

$$f(x_1,x_2,x_3)=x_1^2+2x_2^2+19x_3^2$$

是正定的. 但第 2 节例 2 中的三元二次型

$$f(x_1,x_2,x_3)=2x_1x_2+2x_1x_3-6x_2x_3$$

不是正定的, 这是因为对于不全是零的数 0,1,1, 有 $f(0,1,1)=-6<0$.

定义 2　对称阵 $\boldsymbol{A}$ 称为**正定矩阵**, 简称为**正定阵**, 如果二次型

$$f(\boldsymbol{x})=\boldsymbol{x}^{\mathrm{T}}\boldsymbol{A}\boldsymbol{x}$$

是正定二次型.

5.3.2　正定二次型的判别方法

这里给出正定二次型的四个常用的判别方法.

1. 概念法

利用正定二次型的概念判断二次型是否为正定二次型.

例 1　给出二次型

$$f(x_1,x_2,\cdots,x_n)=d_1x_1^2+d_2x_2^2+\cdots+d_nx_n^2$$

是正定的条件.

解　若 $f(x_1,x_2,\cdots,x_n)$ 是正定二次型, 则取 $(1,0,\cdots,0)\neq\mathbf{0}$, 有

$$f(1,0,\cdots,0)=d_1>0.$$

同样, $d_i > 0, i = 2, \cdots, n$.

反之, 若 $d_i > 0, i = 1, 2, \cdots, n$, 则对任意的 $(c_1, c_2, \cdots, c_n) \neq \mathbf{0}$, 有

$$f(c_1, c_2, \cdots, c_n) = d_1 c_1^2 + d_2 c_2^2 + \cdots + d_n c_n^2 > 0.$$

故 f 是正定二次型. 因此

$$f(x_1, x_2, \cdots, x_n) = d_1 x_1^2 + d_2 x_2^2 + \cdots + d_n x_n^2$$

是正定的充要条件是 $d_i > 0, i = 1, 2, \cdots, n$.

例 2 证明: 两个正定阵的和也是正定阵.

证明 设 $\boldsymbol{A}, \boldsymbol{B}$ 是同阶正定阵. 则二次型

$$f(\boldsymbol{x}) = \boldsymbol{x}^{\mathrm{T}} \boldsymbol{A} \boldsymbol{x}, \quad g(\boldsymbol{x}) = \boldsymbol{x}^{\mathrm{T}} \boldsymbol{B} \boldsymbol{x}$$

都是正定二次型. 因此对任意的 $\boldsymbol{x} \neq \mathbf{0}$, 有

$$\boldsymbol{x}^{\mathrm{T}}(\boldsymbol{A} + \boldsymbol{B})\boldsymbol{x} = \boldsymbol{x}^{\mathrm{T}} \boldsymbol{A} \boldsymbol{x} + \boldsymbol{x}^{\mathrm{T}} \boldsymbol{B} \boldsymbol{x} > 0.$$

故 $\boldsymbol{A} + \boldsymbol{B}$ 是正定阵.

2. 标准形判别法

由例 1, 容易判断标准形的正定性. 而任意二次型总可以经过适当的可逆变换化为标准形. 因此, 会想到通过标准形的正定性判断二次型的正定性. 首先证明, 可逆变换不改变二次型的正定性.

* 事实上, 设

$$f(\boldsymbol{x}) = \boldsymbol{x}^{\mathrm{T}} \boldsymbol{A} \boldsymbol{x} \tag{1}$$

是正定二次型, 经过可逆变换

$$\boldsymbol{x} = \boldsymbol{P} \boldsymbol{y} \tag{2}$$

化为二次型

$$f(\boldsymbol{x}) = g(\boldsymbol{y}) = \boldsymbol{y}^{\mathrm{T}} \boldsymbol{B} \boldsymbol{y}. \tag{3}$$

对于任意的 $\boldsymbol{y}\neq\boldsymbol{0}$, 有 $\boldsymbol{x}=\boldsymbol{P}\boldsymbol{y}\neq\boldsymbol{0}$, 因为 $\boldsymbol{P}$ 是可逆阵. 从而由 f 的正定性, 知 $f(\boldsymbol{x})>0$, 即 $g(\boldsymbol{y})=f(\boldsymbol{x})>0$. 因此 g 是正定的.

因为二次型 (3) 式可以经过可逆变换

$$\boldsymbol{y}=\boldsymbol{P}^{-1}\boldsymbol{x}$$

化为二次型 (1) 式, 所以按同样的理由, 当 (3) 式正定时 (1) 式也正定.

因此, 容易得到下列利用标准形判断二次型的正定性的方法.

定理 1　n 元二次型 $f(\boldsymbol{x})$ 是正定的充要条件是它的标准形中 n 个系数全大于零, 即 $f(\boldsymbol{x})$ 的正惯性指数等于 n.

例如, 第 2 节例 1 中的二次型

$$f(x_1,x_2,x_3)=x_1^2+2x_2^2+19x_3^2+2x_1x_2+2x_1x_3-6x_2x_3$$

是正定的, 这是因为它的标准形

$$f(x_1,x_2,x_3)=y_1^2+y_2^2+2y_3^2$$

中 3 个平方项的系数全大于零. 而第 2 节例 2 中的二次型

$$f(x_1,x_2,x_3)=2x_1x_2+2x_1x_3-6x_2x_3$$

不是正定的, 这是因为它的标准形

$$f(x_1,x_2,x_3)=2y_1^2-2y_2^2+6y_3^2$$

中 3 个平方项的系数 $2,-2,6$ 不全大于零.

3. 特征值判别法

我们知道, 对称阵的特征值都是实数. 而实数可以比较大小. 正定阵是特殊的对称阵. 正定阵的特征值应具有特殊的性质, 即下列的

定理 2　对称阵是正定的充要条件是它的特征值全大于零.

证明 设 $\boldsymbol{A}$ 是对称阵. 构造二次型 $f(\boldsymbol{x})=\boldsymbol{x}^{\mathrm{T}}\boldsymbol{A}\boldsymbol{x}$. 则存在正交变换 $\boldsymbol{x}=\boldsymbol{P}\boldsymbol{y}$ 把二次型 $f(\boldsymbol{x})$ 化为标准形

$$f(\boldsymbol{x})=\lambda_1 y_1^2+\lambda_2 y_2^2+\cdots+\lambda_n y_n^2,$$

其中 $\lambda_1,\lambda_2,\cdots,\lambda_n$ 是 $\boldsymbol{A}$ 的特征值. 据定理 1, $f(\boldsymbol{x})$ 是正定的当且仅当 $\lambda_i>0, i=1,2,\cdots,n$. 证毕.

推论 1 对于正定阵 $\boldsymbol{A}$ 存在正交阵 $\boldsymbol{P}$ 使得 $\boldsymbol{P}^{\mathrm{T}}\boldsymbol{A}\boldsymbol{P}=\boldsymbol{D}$ 是对角阵, 且 $\boldsymbol{D}$ 的主对角线上的元素是 $\boldsymbol{A}$ 的特征值且全大于零.

由于方阵的行列式等于这个方阵的所有特征值的乘积, 故有下列的

推论 2 正定阵的行列式大于零.

例如, 第 2 节例 3 中的二次型

$$f(x_1,x_2,x_3)=2x_1^2+5x_2^2+5x_3^2+4x_1x_2-4x_1x_3-8x_2x_3$$

是正定二次型, 这是因为 $f(x_1,x_2,x_3)$ 的矩阵 $\boldsymbol{A}$ 的特征值 10,1,1 全大于零.

例 3 证明: 正定阵的逆矩阵也是正定阵.

证明 令 $\boldsymbol{A}$ 是 n 阶正定阵. 则 $\boldsymbol{A}$ 是对称阵. 从而 $\boldsymbol{A}^{-1}$ 是对称阵. 由 $\boldsymbol{A}$ 的特征值 $\lambda_1, \lambda_2, \cdots, \lambda_n$ 全大于零, 知 $\boldsymbol{A}^{-1}$ 的特征值 $\lambda_1^{-1},\lambda_2^{-1},\cdots,\lambda_n^{-1}$ 全大于零. 故 $\boldsymbol{A}^{-1}$ 是正定阵.

* 这里利用概念法给出例 3 的另一个证明. 对任意的 $\boldsymbol{x}\neq\boldsymbol{0}$, 有

$$\boldsymbol{x}^{\mathrm{T}}\boldsymbol{A}^{-1}\boldsymbol{x}=\boldsymbol{x}^{\mathrm{T}}\boldsymbol{A}^{-1}\boldsymbol{A}\boldsymbol{A}^{-1}\boldsymbol{x}=(\boldsymbol{A}^{-1}\boldsymbol{x})^{\mathrm{T}}\boldsymbol{A}(\boldsymbol{A}^{-1}\boldsymbol{x})>0,$$

这是因为, $\boldsymbol{A}$ 是正定阵, 且 $\boldsymbol{A}^{-1}\boldsymbol{x}\neq\boldsymbol{0}$.

* **例 4** 设 3 阶对称阵 $\boldsymbol{A}$ 满足 $\boldsymbol{A}^2+2\boldsymbol{A}=0$, 且 $r(\boldsymbol{A})=2$.

(1) 求 $\boldsymbol{A}$ 的特征值;

(2) a 满足什么条件时, $\boldsymbol{A}+a\boldsymbol{E}$ 是正定阵?

解 (1) 设 $\boldsymbol{A}$ 的特征值是 λ. 则 $\lambda^2+2\lambda=0$. 因此 $\lambda=0$ 或 -2. 由 $\boldsymbol{A}$ 是对称

阵, 知 $\boldsymbol{A}$ 正交相似于对角阵, 且对角阵的主对角线上的元素是 $\boldsymbol{A}$ 的特征值. 又 $r(\boldsymbol{A})=2$. 故 $\boldsymbol{A}$ 的特征值是 $0,-2,-2$.

(2) 由于对称阵 $\boldsymbol{A}+a\boldsymbol{E}$ 的特征值是 $a,a-2,a-2$, 故 $\boldsymbol{A}+a\boldsymbol{E}$ 是正定的充要条件是 $a>2$. 因此 a 满足条件 $a>2$ 时, $\boldsymbol{A}+a\boldsymbol{E}$ 是正定阵.

* **例 5**　证明: 方阵 $\boldsymbol{A}$ 是可逆阵的充要条件是 $\boldsymbol{A}^{\mathrm{T}}\boldsymbol{A}$ 是正定阵.

证明　必要性. 首先, $\boldsymbol{A}^{\mathrm{T}}\boldsymbol{A}$ 是对称阵. 其次, 对任意的 $\boldsymbol{x}\neq\boldsymbol{0}$, 由 $\boldsymbol{A}$ 是可逆阵, 知 $\boldsymbol{A}\boldsymbol{x}\neq\boldsymbol{0}$. 因此

$$\boldsymbol{x}^{\mathrm{T}}(\boldsymbol{A}^{\mathrm{T}}\boldsymbol{A})\boldsymbol{x}=(\boldsymbol{A}\boldsymbol{x})^{\mathrm{T}}(\boldsymbol{A}\boldsymbol{x})>0.$$

故 $\boldsymbol{A}^{\mathrm{T}}\boldsymbol{A}$ 是正定阵.

充分性. 由 $\boldsymbol{A}^{\mathrm{T}}\boldsymbol{A}$ 是正定阵, 知 $|\boldsymbol{A}^{\mathrm{T}}\boldsymbol{A}|>0$, 即 $|\boldsymbol{A}|^2>0$, 即 $|\boldsymbol{A}|\neq 0$, 即 $\boldsymbol{A}$ 是可逆阵.

* 至此, 关于方阵是可逆阵的刻画, 有下列结果.

对于 n 阶方阵 $\boldsymbol{A}$, 下列条件等价:

(1) $\boldsymbol{A}$ 是可逆阵;

(2) $\boldsymbol{A}$ 的行列式 $|\boldsymbol{A}|\neq 0$;

(3) 存在 n 阶方阵 $\boldsymbol{B}$ 使得 $\boldsymbol{A}\boldsymbol{B}=\boldsymbol{E}$;

(4) 存在 n 阶方阵 $\boldsymbol{B}$ 使得 $\boldsymbol{B}\boldsymbol{A}=\boldsymbol{E}$;

(5) $\boldsymbol{A}$ 可表示为有限个初等矩阵的乘积;

(6) $\boldsymbol{A}$ 经过初等行 (列) 变换化为单位阵;

(7) $\boldsymbol{A}$ 经过初等变换化为单位阵;

(8) $\boldsymbol{A}$ 的行最简形矩阵是单位阵;

(9) $\boldsymbol{A}$ 的标准形是单位阵;

(10) $\boldsymbol{A}$ 与单位阵等价;

(11) $\boldsymbol{A}$ 的秩 $r(\boldsymbol{A})=n$;

(12) $\boldsymbol{A}$ 的任意行阶梯形矩阵中非零行的行数等于 n;

(13) 存在 n 维向量 $\boldsymbol{b}\neq 0$ 使得非齐次线性方程组 $\boldsymbol{Ax}=\boldsymbol{b}$ 有唯一解;

(14) 对任意 n 维向量 $\boldsymbol{b}\neq 0$, 非齐次线性方程组 $\boldsymbol{Ax}=\boldsymbol{b}$ 有唯一解;

(15) 齐次线性方程组 $\boldsymbol{Ax}=\boldsymbol{0}$ 只有零解;

(16) 存在 n 维向量 $\boldsymbol{b}$ 使得线性方程组 $\boldsymbol{Ax}=\boldsymbol{b}$ 有唯一解;

(17) 对任意 n 维向量 $\boldsymbol{b}$, 线性方程组 $\boldsymbol{Ax}=\boldsymbol{b}$ 有唯一解;

(18) 存在 $n\times m$ 矩阵 $\boldsymbol{B}$ 使得矩阵方程组 $\boldsymbol{AX}=\boldsymbol{B}$ 有唯一解;

(19) 矩阵方程组 $\boldsymbol{AX}=\boldsymbol{E}$ 有唯一解;

(20) 对任意 $n\times m$ 矩阵 $\boldsymbol{B}$, 矩阵方程组 $\boldsymbol{AX}=\boldsymbol{B}$ 有唯一解;

(21) 对任意 $n\times m$ 零矩阵 $\boldsymbol{0}$, 矩阵方程组 $\boldsymbol{AX}=\boldsymbol{0}$ 只有零解;

(22) 任意 n 维行 (列) 向量都可由 $\boldsymbol{A}$ 的行 (列) 向量组唯一线性表示;

(23) n 维单位向量组 $\boldsymbol{e}_1,\boldsymbol{e}_1,\cdots,\boldsymbol{e}_n$ 可由 $\boldsymbol{A}$ 的行 (列) 向量组唯一线性表示;

(24) n 维单位向量组 $\boldsymbol{e}_1,\boldsymbol{e}_1,\cdots,\boldsymbol{e}_n$ 可由 $\boldsymbol{A}$ 的行 (列) 向量组线性表示;

(25) n 维单位向量组 $\boldsymbol{e}_1,\boldsymbol{e}_1,\cdots,\boldsymbol{e}_n$ 与 $\boldsymbol{A}$ 的行 (列) 向量组等价;

(26) 任意 n 维行 (列) 向量都可由 $\boldsymbol{A}$ 的行 (列) 向量组线性表示;

(27) 对任意 n 维向量 $\boldsymbol{b}$, 线性方程组 $\boldsymbol{Ax}=\boldsymbol{b}$ 有解;

(28) $\boldsymbol{A}$ 的行 (列) 向量组是线性无关向量组;

(29) $\boldsymbol{A}$ 的任意行 (列) 都不是其余行 (列) 的线性组合;

(30) $\boldsymbol{A}$ 的行 (列) 向量组的秩等于 n;

(31) $\boldsymbol{A}$ 的行 (列) 向量组是向量空间 $\mathbb{R}^n$ 的基;

(32) 齐次线性方程组 $\boldsymbol{Ax}=\boldsymbol{0}$ 的解空间是零空间;

(33) $\boldsymbol{A}$ 的所有特征值都不是零;

(34) $\boldsymbol{x}=\boldsymbol{Ay}$ 是可逆变换;

(35) $\boldsymbol{A}^{\mathrm{T}}\boldsymbol{A}$ 是正定阵;

(36) $\boldsymbol{AA}^{\mathrm{T}}$ 是正定阵;

(37) $\boldsymbol{A}^{\mathrm{T}}$ 是可逆阵;

(38) $\boldsymbol{A}^*$ 是可逆阵.

* **注** 注意到, 上述结果中的条件 (1),(37),(38) 等价. 因此, 上述结果中的条件 (2) 到 (36) 中的 $\boldsymbol{A}$ 可以换成 $\boldsymbol{A}^{\mathrm{T}}$ 或 A^*.

4. 顺序主子式判别法

以下介绍的顺序主子式判别法可以直接从二次型的矩阵判断这个二次型的正定性.

在讨论矩阵的秩时, 我们引入了矩阵的子式的概念. 对于方阵, 我们引入一类特殊的子式, 考虑方阵的任意前 k 行和前 k 列构成的 k 阶子式, 即

定义 3 n 阶方阵 $\boldsymbol{A}=(a_{ij})_{n\times n}$ 的 k 阶子式

$$\begin{vmatrix} a_{11} & a_{12} & \cdots & a_{1k} \\ a_{21} & a_{22} & \cdots & a_{2k} \\ \vdots & \vdots & & \vdots \\ a_{k1} & a_{k2} & \cdots & a_{kk} \end{vmatrix}$$

称为 $\boldsymbol{A}$ 的 k 阶**顺序主子式**, $k=1,2,\cdots,n$.

定理 3 对称阵是正定的充要条件是它的所有顺序主子式全大于零.

此定理这里不证明.

例如, 用顺序主子式判别法判断第 2 节例 1 中的二次型

$$f(x_1,x_2,x_3)=x_1^2+2x_2^2+19x_3^2+2x_1x_2+2x_1x_3-6x_2x_3$$

的正定性.

首先, $f(x_1,x_2,x_3)$ 的矩阵是

$$\boldsymbol{A}=\begin{pmatrix} 1 & 1 & 1 \\ 1 & 2 & -3 \\ 1 & -3 & 19 \end{pmatrix}.$$

由于

$$|a_{11}|=1>0,\quad \begin{vmatrix} 1 & 1 \\ 1 & 2 \end{vmatrix}=1>0,\quad |\boldsymbol{A}|=2>0,$$

故 $f(x_1,x_2,x_3)$ 是正定的.

例 6 a 取何值时, 二次型

$$f(x_1,x_2,x_3)=x_1^2+2x_2^2+ax_3^2+2x_1x_2+2x_1x_3-6x_2x_3$$

是正定的.

解 首先, $f(x_1,x_2,x_3)$ 的矩阵是

$$\boldsymbol{A}=\begin{pmatrix}1&1&1\\1&2&-3\\1&-3&a\end{pmatrix}.$$

由于

$$|a_{11}|=1>0,\quad \begin{vmatrix}1&1\\1&2\end{vmatrix}=1>0,\quad |\boldsymbol{A}|=a-17,$$

故 $f(x_1,x_2,x_3)$ 是正定的当且仅当 $a-17>0$. 因此当 $a>17$ 时, $f(x_1,x_2,x_3)$ 是正定的.

注 1. 由上述四种判别方法都可以得到: 正数与正定阵的数乘也是正定阵.

2. 对于两个正定阵的差, 及两个正定阵的乘积都不一定是正定的. 例如,

$$\boldsymbol{A}=\begin{pmatrix}1&0\\0&2\end{pmatrix},\quad \boldsymbol{B}=\begin{pmatrix}1&1\\1&2\end{pmatrix}$$

都是正定阵. 但 $\boldsymbol{A}-\boldsymbol{B}=\begin{pmatrix}0&-1\\-1&0\end{pmatrix}$ 不是正定阵, 且 $\boldsymbol{AB}=\begin{pmatrix}1&1\\2&4\end{pmatrix}$ 不是对称阵, 当然 $\boldsymbol{AB}$ 不是正定阵.

习 题

1. 选择题

(1) 设 $\boldsymbol{A}$ 是正定阵. 则下列结论错的是 (　　).

(A) $\boldsymbol{A}$ 是可逆阵 (B) $|\boldsymbol{A}|>0$

(C) $\boldsymbol{A}$ 的特征值全大于零 (D) 上述都不对

(2) 若矩阵 $\begin{pmatrix} a & 0 & 0 \\ 0 & a & -2 \\ 0 & -2 & 4 \end{pmatrix}$ 正定, 则 ( ).

(A) $a>0$ (B) $a\geqslant 0$ (C) $a>1$ (D) $a\geqslant 1$

2. 填空题

(1) 设 n 阶对称阵 $\boldsymbol{A}$ 的特征值是 $1,2,\cdots,n$. 则当 $a>$____ 时, $a\boldsymbol{E}-\boldsymbol{A}$ 是正定阵.

(2) 设二次型

$$f(x_1,x_2,x_3)=5x_1^2+ax_2^2+4x_3^2+4x_1x_2-8x_1x_3-4x_2x_3$$

是正定的. 则 a 的取值范围是____.

3. 判断下列二次型的正定性:

(1) $f(x_1,x_2,x_3)=2x_1^2+3x_2^2+3x_3^2-4x_1x_3$;

(2) $f(x_1,x_2,x_3)=2x_1^2+3x_2^2+x_3^2-4x_1x_3$.

4. a 取何值时, 二次型

$$f(x_1,x_2,x_3)=2x_1^2+x_2^2+x_3^2+2x_1x_2+2ax_2x_3$$

是正定的.

5. 设 $\boldsymbol{A}=\begin{pmatrix} 1 & 0 & 1 \\ 0 & 2 & 0 \\ 1 & 0 & 1 \end{pmatrix}$, $\boldsymbol{B}=(\boldsymbol{A}+a\boldsymbol{E})^2$. 问: a 满足什么条件时 $\boldsymbol{B}$ 是正定阵?

6. 设 $\boldsymbol{A}$ 是 $s\times n$ 矩阵. 令 $\boldsymbol{B}=\boldsymbol{A}^{\mathrm{T}}\boldsymbol{A}+a\boldsymbol{E}_n$. 证明: 当 $a>0$ 时, $\boldsymbol{B}$ 是正定阵.

*7. 设 $\boldsymbol{A}$ 是正定阵. 证明: $|\boldsymbol{A}+\boldsymbol{E}|>1$.

*8. 证明: 正定阵的伴随矩阵也是正定阵.

参考文献

[1] 同济大学数学系. 线性代数 [M]. 5 版. 北京：高等教育出版社，2007.

[2] 吴赣昌. 线性代数 [M]. 4 版. 北京：中国人民大学出版社，2011.

[3] 刘建亚. 线性代数 [M]. 2 版. 北京：高等教育出版社，2011.

[4] 吴传生，王卫华，等. 线性代数 [M]. 2 版. 北京：高等教育出版社，2009.

[5] 黄午阳. 线性代数 [M]. 2 版. 上海：上海科学技术出版社，1984.

[6] 姚孟臣. 线性代数、概论统计 [M]. 2 版. 北京：高等教育出版社，2008.

[7] Steven J Leon. Linear Algebra with Applications[M]. 8th ed. New Jersey: Pearson Education Inc., 2009.

[8] David C Lay. Linear Algebra and Its Applications[M]. 4th ed. New Jersey: Pearson Education Inc., 2012.

[9] 北京大学数学系几何与代数教研室. 高等代数 [M]. 3 版. 北京：高等教育出版社，2003.

[10] 王文省，赵建立, 等. 高等代数 [M]. 济南：山东大学出版社，2004.

[11] 有马哲, 浅技阳. 线性代数讲解 [M]. 胡师度, 周世武, 译. 成都：四川人民出版社，1985.

[12] 毛刚源. 线性代数解题方法技巧归纳 [M]. 2 版. 武汉: 华中理工大学出版社，2000.

[13] 朱长青，姚红. 线性代数学习与解题分析指导 [M]. 北京：科学出版社，2000.

[14] 马杰. 线性代数复习指导 [M]. 2 版. 北京：机械工业出版社，2003.

[15] 徐德余. 高等代数评估与测试题库 [M]. 成都：四川科学技术出版社，1990.

[16] 米山国藏. 数学的精神、思想和方法 [M]. 毛正中, 吴素华, 译. 成都：四川教育出版社，1986.

[17] 孙兴运. 数学符号史话 [M]. 济南：山东教育出版社，1998.

[18] 杜石然，孔国平. 世界数学史 [M]. 2 版. 长春：吉林教育出版社，2009.

[19] 杜瑞芝. 数学史辞典 [M]. 济南：山东教育出版社，2000.

索　引